반도체
패키지

SEMICONDUCTOR PACKAGE

고광덕 지음

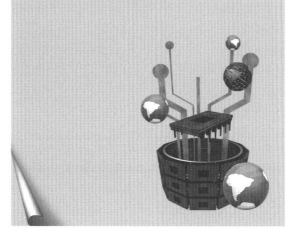

BM (주)도서출판 **성안당**

■ 도서 A/S 안내

성안당에서 발행하는 모든 도서는 저자와 출판사, 그리고 독자가 함께 만들어 나갑니다.

좋은 책을 펴내기 위해 많은 노력을 기울이고 있습니다. 혹시라도 내용상의 오류나 오탈자 등이 발견되면 "좋은 책은 나라의 보배"로서 우리 모두가 함께 만들어 간다는 마음으로 연락주시기 바랍니다. 수정 보완하여 더 나은 책이 되도록 최선을 다하겠습니다.

성안당은 늘 독자 여러분들의 소중한 의견을 기다리고 있습니다. 좋은 의견을 보내주시는 분께는 성안당 쇼핑몰의 포인트(3,000포인트)를 적립해 드립니다.

잘못 만들어진 책이나 부록 등이 파손된 경우에는 교환해 드립니다.

본서 기획자 e-mail : coh@cyber.co.kr(최옥현)

홈페이지 : http://www.cyber.co.kr

전화 : 031) 950-6300

『반도체 패키지』 발간에 즈음하여……

현재 반도체는 없어서는 안 될 문명의 이기로써 우리 생활 곳곳에 스며들어 있습니다. 그만큼 반도체의 중요성이 높아지고 특히 반도체 패키지 부문은 반도체 팹 중심에서 단순 조립으로 치부되던 영역이 2000년도 들어서며 비약적인 발전을 이루어 반도체의 한 축을 담당하게 되었습니다. 이에 많은 공학도들이 반도체 패키지에 관심을 갖고 있으나, 마땅한 책이 없어 배움의 기회가 어려운 것이 현실입니다. 이러한 현실을 조금이라도 해소하고자 이 책을 만들게 되었습니다.

이 책을 통해 반도체 패키지의 개념과 각 부문의 기초에 대하여 좀 더 체계적·이론적으로 집필하고자 하였으며, 나아가 점차 반도체 부문에서 중요성이 대두되고 있는 반도체 패키지를 좀 더 쉽게 이해하고 배울 수 있도록 학습의 지침서로 만들고자 하였습니다.

지난 2000년대 반도체 패키지는 아주 큰 변화 속에서 보냈습니다. 10년 이상을 주력 제품으로 생산하던 TSOP 패키지가 쇠퇴기로 접어들면서 FBGA 패키지가 명실공히 주력으로 자리매김한 원년이었고, 이것은 반도체 패키지가 향후 반도체 부문 경쟁력의 원천으로 전환됨을 의미하고 있습니다.

또한 해가 갈수록 반도체 패키지의 특성과 제조 방법이 부가가치 창출에 더욱 중요한 역할을 하고 환경에서 고속화 대응을 위한 다층 기술, 본딩 기술이 점점 새롭게 정립되며, 용량 증가를 위한 슬림화 및 적층 기술은 더욱 더 정교해지고 있습니다. 이러한 변화하는 환경 속에서 FBGA 패키지 경쟁력 확보를 위한 양산 기술, 재료 기술은 다양한 발전을 이루고 있습니다.

향후 다가올 미래의 IT 기술을 반도체 패키지가 선도하는 데 이 책이 작은 밑거름이 될 수 있다고 확신하며 이런 시점에서 반도체 패키지의 발간이 좀 더 체계적이고 효율적인 학습의 시작이 되고, 동시에 우리의 미래를 이끌 인재를 조기 육성하여 향후 반도체 패키지 기술 혁신의 모태가 될 수 있기를 기원합니다.

이 책이 발간되기까지 물심 양면으로 도움을 주신 분들께 지면을 빌어 감사의 말씀을 전합니다.

Contents

Chapter

1

반도체 패키지 개요

반도체 패키지 개요

1 패키지(Package)의 정의

패키지란 능동소자(반도체 칩)와 수동소자(저항, 콘덴서 등)로 이루어진 전자 하드웨어 시스템을 통칭하는 매우 광범위한 의미를 갖는다. 이는 여러 개의 회로 장치, 소자 부품 등을 조합하여 필요한 기능을 실현한 집합체를 통틀어 말하는 것이다. 그중에서 특별히 반도체 칩을 모듈기판이나 PCB기판, 카드(Card) 등에 실장할 수 있도록 만든 것 또는 만드는 일련의 모든 공정을 말하기도 하는데 이 책에서는 이러한 일련의 공정 및 그에 사용되는 재료에 대해 기술하려 한다.

쉽게 설명하면 반도체 제조 공정을 크게 두 부문으로 나누어 볼 때, 웨이퍼 표면에 소자를 만드는 부문을 패브리케이션(FAB), 이를 실장하기 용이하게 만드는 공정 또는 과정을 패키지(Package)라 한다(아래 그림 참조).

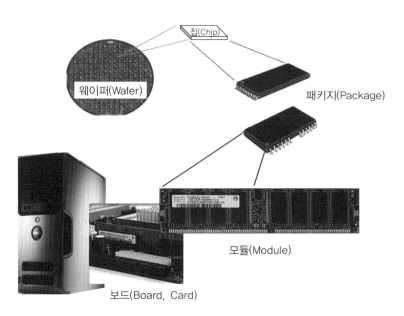

칩(Chip)

웨이퍼(Wafer)

패키지(Package)

모듈(Module)

보드(Board, Card)

PKG(PACKAGE)

FAB → Probe Test를 거쳐서 제작된 Wafer에서 양품의 Chip을 골라내어 완제품 형태로 제작하는 공정이다.

FAB	Probe Test	PACKAGE	Package Test	Module
Silicon Wafer에 회로 패턴 제작	Wafer 상태에서 Pass/Fail 선별	양품 Chip을 완성품으로 제작	Test를 진행하여 양품 판정과 특성 평가	PC에 장착 가능한 형태로 제작

② 패키지의 역할

(1) 복잡하게 설계된 고집적, 고속의 회로를 외부 환경으로부터 보호한다.

(2) 실리콘 상의 회로와 외부 회로를 안정되게 연결한다.

(3) Chip 동작 시 발생하는 온도로부터 회로를 보호한다.

(4) 근래에 들어 패키지의 또 하나의 중요한 역할은 다른 기능들을 하는 디바이스(Chip)를 여러 개 조합하여 하나의 패키지로 구현함으로써 다기능(Multi-Function)을 구현하는 것이다.

회로 보호	회로 연결	방열 기능
Chip 외관을 EMC로 밀봉하여 내부 회로 보호	외부 단자와 안정된 연결	Chip 동작 시 발생하는 열 방출을 통하여 내부 회로 보호

semiconductor package

③ 패키지 기술 트렌드

최근 패키지 기술은 사용되는 IT 기기의 변화만큼이나 급격하게 변화하고 있다. PC나 서버(Server) 등에 사용되던 시대를 지나 지금은 다양한 디지털 기기와 컨슈머 제품에 사용된다. 이러한 기기들이 분화와 융합화되어 새로운 제품으로 나타나게 됨에 따라 요구되는 패키지의 특성은 높은 신뢰성을 가지면서도, 낮은 가격의 제조 원가를 만족해야 한다는 것이다. 또 얇고 가벼우면서 최소한의 형태로 열을 효과적으로 방출하고, 저전력을 소비하는 특성, 그리고 여러 가지 제품의 특성을 모두 가지는 다기능, 고집적 기능을 갖추어야 한다.

이러한 환경적 변화로 패키지 공정이 단순한 조립(Assembly) 공정이 아니라, 팹 공정의 보완이나 변형을 통한 새로운 공정과 기능을 구현하여 발전하고 있으며 새로운 상품화의 기반으로 발전하고 있다.

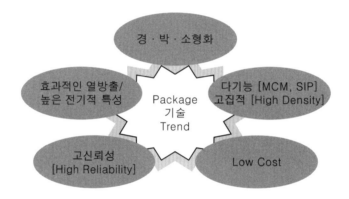

M.E.M.O

Chapter

2

패키지 종류와 공정

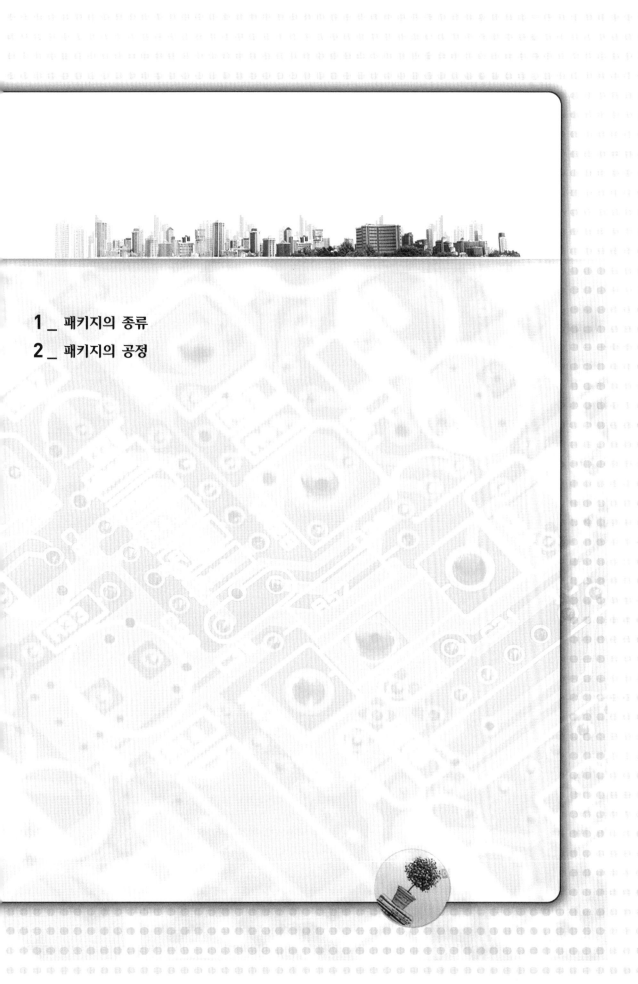

Chapter 2
패키지 종류와 공정

1 패키지의 종류

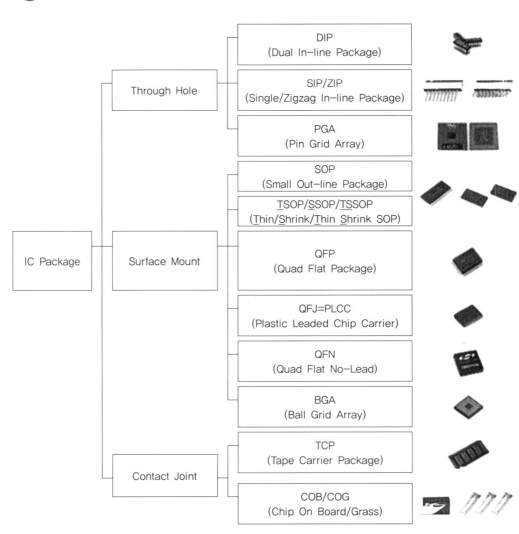

| 실장 방식에 따른 반도체 패키지 분류 |

패키지의 종류는 핀(Pin) 삽입 형태인 플라스틱 패키지(Plastic Package)의 원조라고 말할 수 있는 딥(DIP, Dual In-line Package)에서부터, 현재도 메모리용 패키지에 적용되는 TSOP(Thin Small Out-line Package), 많은 정보를 처리할 수 있도록 만들어진 부품의 핀이 4면으로 돌출된 QFP(Quad Flat Package) 형태와 핀 형태가 아닌 볼이 패키지 하부에 놓인 FBGA(Fine Ball Grid Array), 그리고 반도체 칩 크기 만한 CSP(Chip Scale Package)와 패키지 여러 개를 쌓아 올린 스택 패키지(Stack Package), 칩의 전기적 특성, 특히 동작 속도를 극대화하는 플립 칩(Flip Chip Package), 웨이퍼 단계에서 만들어져 패키지 공정을 거친 WLP(Wafer Level Package)까지 다양한 형태의 패키지가 현재 사용되고 있다.

최근에는 최소한의 패키지 크기에 동일 칩을 2개(DDP, Dual Die Stack Package)에서 8개(ODP, Octa Die Stack Package) 정도를 Stack하는 제품이 주력 제품이고, 16~32개 더 나아가 64개 정도를 Stack하여 최대의 집적도를 높이는 제품이 지속 개발되고 있다. 또한, 다른 종류의 패키지를 결합하는 PoP(Package on Package)와 하나의 Package 내에 Memory와 Non Memory 및 각종 능동/수동 소자까지 실장한 SiP(System in Package) 제품으로의 형태로도 지속 개발되고 있다.

또한, Application 분야도 기존 PC, Notebook, Game Console에서 Smart Phone, Tablet PC 등과 같은 휴대용 제품을 거쳐 IoT(Smart Car, Smart Home 등), Big Data 및 Cloud 시장으로 점점 확대되고 있다.

이 중 가장 Mobile 패키지 부분이 High Density, Low Power 및 High Speed와 같은 시장 환경 요구에 맞춰 패키지 두께는 점점 얇아지고 크기도 작아지는 경박단소화 추세에 맞춰 급변하고 있으며 향후 매우 다양한 패키지 제품으로 발전할 것으로 예상된다.

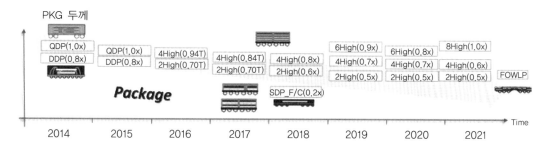

이번 장에서는 SOP부터 다양한 패키지 종류에 대해서 알아보기로 한다.

1-1 SOP(Small Out-line Package)

SOP는 DIP(Dual In-line Package)와 같이 패키지의 바깥쪽 양면 리드(Outer Lead)를 가지는 반면 실장(SMT, Surface Mounting Technology) 형태의 패키지로 회로의 규모가 그다지 크지 않은 패키지를 말한다. SOP는 한때 DFP(Dual Flat Package)라고도 불렸으며, 일부 반도체 제조업체에서는 SOIC(Small Out-line Integrated Circuit)로 표기하기도 한다.

패키지의 외관 재료로는 플라스틱(Plastic)과 세라믹(Ceramic)이 사용되고 있으며, 세라믹은 군사, 항공 등 특수한 경우에 사용하고 있다. 패키지 핀(Pin)의 간격은 0.8~0.5mm, 핀(Pin) 수는 48~86개가 일반적으로 사용되고 있다.

SOP는 메모리 LSI(Large Scale Intergrated Circuit)에 많이 사용되며 그 외에도 회로의 규모가 작은 ASSP(Application Specific Standard Products) 등에 널리 사용되고 있는데, 가장 많이 보급되고 있는 표면실장형 패키지는 입출력 단자수가 그다지 많지 않은 제품에 사용되고 있다.

SOP 계열의 패키지에는 바깥쪽 리드(Outer Lead)의 형태에 따라 갈매기 날개 모양(Gull Wing Form)을 가지는 SOP, 모듈기판 실장 시 높이가 1.27mm 이하가 되게 얇게 만든 TSOP(Thin SOP, 다음 그림 참조)가 있으며, 패키지 전체 두께가 0.520mm 이하인 USOP(Ultra Small Out-line Package) 등이 있다.

● F/U : Conventional ●
- Chip Bonding Adhesive : WBL Tape 또는 Epoxy
- Stack(DDP 이상) 자재 작업 용이

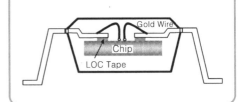

● LOC(Lead On Chip) ●
- Chip Bonding Adhesive : LOC Tape (Conventional Type 대비 Low Cost로 제작 가능)
- Stack 자재 작업 용이하지 않음

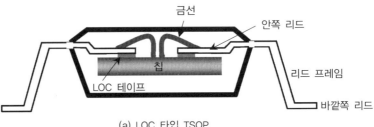

(a) LOC 타입 TSOP

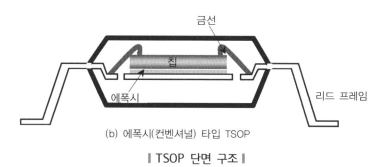

(b) 에폭시(컨벤셔널) 타입 TSOP

‖ TSOP 단면 구조 ‖

1 메인 메모리 응용 제품

메인 메모리(Main Memory, DRAM/SRAM) 패키지는 대부분 메모리 모듈(Memory Module)에 실장된 상태로 쓰이게 되며, 시스템의 보조 메모리 장치로 활용된다.

메모리 모듈에 실장된 형태에 따라, SIMM(Single In-line Memory Module, 단면실 장), DIMM(Dual In-line Memory Module, 양면실장)로 크게 구분되며, 현재는 대부분 집적도가 높은 DIMM 형태가 선호되고 있다.

주로 사용되는 시스템은 워크스테이션/서버(Workstation/Sever), 데스크톱, 노트북 등 이며, 다음 그림과 같이 그 형태와 기능이 상이하다.

● 서버용 Register DIMM ●

서버용 모듈은 고밀도 I/O를 가지며, 보다 안정적인 컴퓨 팅 환경을 위해 메모리 모듈에 레지스터를 추가로 실장하 여 효율적인 메모리 관리를 하도록 한다.

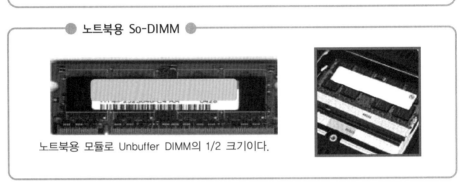

데스크톱용 Unbuffer DIMM

데스크톱용 모듈은 가장 범용적으로 사용되며,
일반적인 수준의 성능을 가진다.

노트북용 So-DIMM

노트북용 모듈로 Unbuffer DIMM의 1/2 크기이다.

② 낸드 플래시 응용 제품

낸드 플래시(NAND Flash) 제품의 경우 가장 많은 응용 제품에 범용적으로 사용되고 있으며, 모바일 기기에서 제거 가능한 카드 부분이 주요 응용 제품으로 패키지 형태가 다양하게 사용되고 있다.

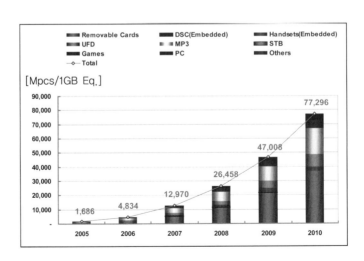

| NAND Flash SOM by Application |

semiconductor package

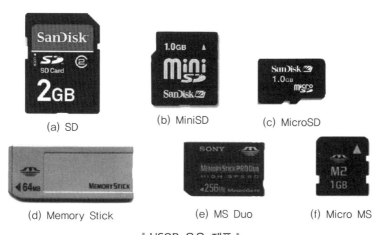

┃ 낸드 플래시 응용 제품 ┃

　고용량 메모리 응용 제품의 경우에는 기존 TSOP Type에서 Board에 Paste를 이용하여 바로 실장하는 LGA(Land Grid Array) Type의 패키지에서 NAND 특성을 제어하는 Controller까지 내장하여 제품 특성과 효율성을 높이는 쪽으로 변하고 있다.

(a) SD

(b) MiniSD

(c) MicroSD

(d) Memory Stick

(e) MS Duo

(f) Micro MS

┃ USOP 응용 제품 ┃

　주로 1GB 이하의 메모리 용량 제품에서 USOP(Ultra Small Out-line Package) 형태가 채용되며, 그 이상 메모리 용량의 경우에 LGA(Land Grid Array) 형태가 채용되기도 한다.

1-2　SOP 적층

　SOP는 적층(Stack) 형태로 사용되기도 하는데 대표적으로 DDP(Dual Die Stack Package)와 QDP(Quad Die Stack Package)는 고용량 제품에 사용되어 대부분 휴대용 USB 메모리, MP3, PMP, 휴대폰, 디지털카메라, 디지털 캠코더 등 최신 응용 제품에 적용된다(다음 그림 참조).

semiconductor package

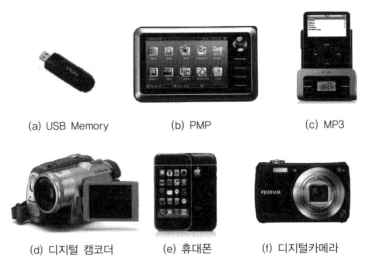

(a) USB Memory   (b) PMP   (c) MP3

(d) 디지털 캠코더   (e) 휴대폰   (f) 디지털카메라

❙ SOP 적층 응용 제품 ❙

1 DDP(Dual Die Package)

DDP는 반도체 칩(Chip) 2개를 1개의 패키지 안에 넣어 만드는 것으로 Up/Up 구조와 Up/Down 구조가 있다.

참고로, 일반적으로 반도체 칩 1개를 다이(Die)라고 부르고 있다.

(1) Up/Up 구조

접착제(Adhesive)로 에폭시(Epoxy)나 WBL 테이프, 스페이스 테이프(Space Tape)가 사용된다. Up/Up 방식에 에폭시를 사용할 경우 비전도성 에폭시를 사용하게 되는데 작업성과 신뢰성이 Up/Down 방식의 전도성 에폭시를 사용할 때보다 현저히 떨어지지만 다이(Die)가 직접 히터 블록(Heater Block)에 닿지 않기 때문에 다이 긁힘(Die Scratch) 문제는 Up/Down 방식보다 유리하다고 할 수 있다(아래 그림 참조).

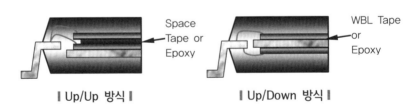

❙ Up/Up 방식 ❙   ❙ Up/Down 방식 ❙

(2) Up/Down 구조

Up/Down 형태는 두 가지가 있는데 접착제(Adhesive)를 WBL 테이프로 적용하는 타입과 전도성 에폭시로 적용하는 타입이 있다.

WBL 테이프를 적용하는 타입은 리드 프레임 패들(Lead Frame Paddle)이 민자이며 다이 접착(Die Attach) 시 열 압착을 이용하고 다이 접착 경화(Die Attach Cure) 공정이 없다. 전도성 에폭시를 적용하는 타입은 WBL 테이프 방식에 비해 제조 비용이 저렴하나 다이 접착 경화 공정이 추가로 적용된다. 공정의 복잡성이나 작업성, 신뢰성에 있어서는 WBL 테이프 방식이 유리하나 비용 및 생산성 측면에서는 전도성 에폭시 방식이 유리하다고 할 수 있다. 일반적으로 전도성 에폭시는 실버 에폭시(Ag Epoxy)를 많이 사용한다.

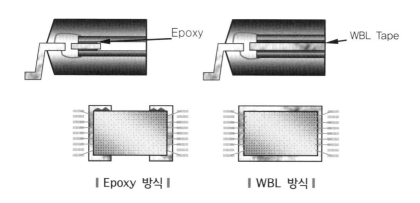

| Epoxy 방식 | | WBL 방식 |

② QDP(Quad Die Package)

QDP는 다이(Die) 4개를 한 패키지 안에 넣어 접착하여 패키지를 만드는 것으로 DDP와 마찬가지로 Up/Up 구조와 Up/Down 구조가 있다.

(1) Up/Up 구조

반도체 칩의 전기 단자인 패드(Pad)가 한쪽으로만 형성되어 있는 다이(Die) 적층 구조에 주로 적용되며, 한쪽 방향으로만 와이어 본딩(Wire Bonding)되고 반대편 핀(Pin)은 리드 프레임(Lead Frame) 형상을 변형시켜 와이어 본딩하는 쪽으로 리드 핀(Lead Pin)을 당겨 와서 리드(Lead)를 구성한다. Up/Up 방식의 장점은 다이 접착(Die Attach), 와이어 본딩 순서가 단순하다는 것과 다이가 히터 블록(Heater Block)에 닿지 않아 다이 표면의 손상이 없다는 것이다. 반면 몰드(Mold) 시에 충진 균형을 맞추기가 어렵고 와이어 본딩 시에 리드에 와이어 본딩 영역이 충분히 확보되어야 하는 단점이 있다.

(2) Up/Down 구조

QDP 초창기부터 진행되어 온 구조이며 구조상 상하 대칭 방식이므로 안정적이다. Up/Down 방식의 장점은 몰드 충진 균형(Mold Flow Balance)을 맞추기가 쉽고 리드가 짧아서 와이어 본딩 영역 확보가 쉬운 장점이 있다. 반면 제품의 공정 흐름 절차가 복잡하고 다이 표면의 손상 가능성이 있으며 단계적으로 반제품을 뒤집어야 하는 위험성이 있고 중간 검사 시에도 리드 프레임(Lead Frame)을 뒤집어야 한다는 단점이 있다.

semiconductor package

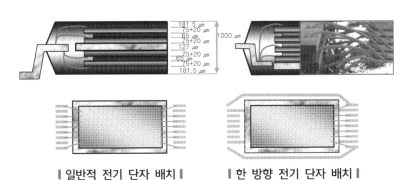

| 일반적 전기 단자 배치 | | 한 방향 전기 단자 배치 |

1-3 LGA(Land Grid Array)

    LGA(Land Grid Array)는 적층된 반도체 기판(Substrate)을 사용하며, 솔더 볼(Solder Ball)이 없고 반도체 기판의 전기 단자(Pad)를 외부로 노출시킨 형태로 제작된다. LGA 기술은 PCB 기판에 공간을 줄이기 위한 해결책으로 개발하게 되었다.

    LGA에는 패키지 전체 높이에 따라 VLGA(Very Land Grid Array), ULGA(Ultra Land Grid Array)로 분류된다.

    VLGA는 전체 높이가 $0.8 < T < 1.0$mm이며, ULGA는 $0.5 < T < 0.65$mm에 해당하는 제품으로 주로 메모리 카드(Memory Card)에 사용되고 있다(다음 그림 참조).

    DDR(Double Data Rated) 메모리처럼 보다 빠른 디바이스가 출현하면서 TSOP 방식의 근간을 이루는 Lead Frame을 적용하기에는 I/O(Input Output) 개수와 Power Pad의 숫자가 너무 많이 증가하여 출현한 패키지 타입이 LGA와 BGA이다. LGA와 BGA의 대표적인 특징은 패키지의 거의 모든 면적에 I/O Pad를 형성할 수 있어 그 수를 반도체 칩의 성능을 증대시킬 수 있다는 데 있다.

| LGA 응용 제품 |

semiconductor package

1-4 FBGA(Fine pitch Ball Grid Array)

BGA 형태에서 솔더 볼 간격(Solder Ball Pitch)을 보다 짧게 하였고, 볼 간격은 1.0mm 이하(0.80, 0.75, 0.65, 0.50)로 기존 TSOP에서 빠르게 전환되었으며, TSOP에 비해 전기적 특성이 우수하고 경박 단소하다. 기존 패키지에 비해 제조 공정이 간단하고 제조 비용이 적은 장점을 가지고 있으며 열, 전기 특성이 매우 뛰어나다.

FBGA는 반도체 칩(Chip) 상면 방향에 따라 페이스 업(Face-Up), 페이스 다운 (Face-Down)으로 분류된다. 페이스 다운 FBGA는 BOC(Board on Chip) 패키지라고도 부른다. 이는 반도체 칩 전기 단자(Chip Pad) 배열 및 위치에 따른 와이어 본딩(Wire Bonding) 문제와 연관되는데 페이스 업 FBGA, 페이스 다운 FBGA는 각각 가장자리 단자(Edge Pad), 중앙부 단자(Center Pad)의 반도체 칩을 패키지로 만들 때 구분된다.

페이스 다운 FBGA에는 WBL(Wafer Back-side Lamination) Tape와 반고상 에폭시 또는 실리콘 타입의 접착제를 사용한다.

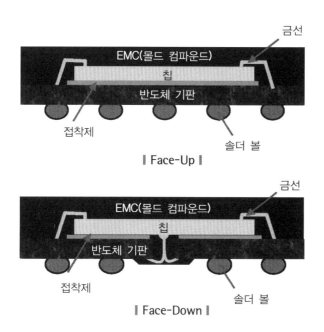

| Face-Up |

| Face-Down |

이러한 FBGA에서 메인 메모리(Main Memory) 제품은 페이스 다운 FBGA 구조로, 그래픽용 메모리(Graphic Memory) 제품은 페이스 업, 페이스 다운 구조 모두 사용된다. 그래픽 메모리 제품은 대부분 패키지 단품으로 GPU 업체, 그래픽 카드(Graphic Card) 제조업체와 노트북 제조업체 등에서 사용되고 있다. 즉, 응용 제품은 모두 데스크톱, 노트북용 그래픽 카드이며, 메인 메모리 제품은 대부분 메모리 모듈(Memory Module)로 제작된다.

1-5 다이 적층 BGA

다이 적층(Die Stack) BGA는 기존의 BGA 제조에 사용하는 공정과 기반 구조를 이용하여 하나의 다이(Die) 위에 또 같거나 다른 다이를 올려놓는 작업을 추가하는 것이다.

다이 적층 BGA 기술은 박막 코어 기판 재료, 웨이퍼(Wafer) 후면 절삭 기술(3mil = 0.0762mm)과 기존의 BGA 표면 실장 기술을 접목하여 기기의 기능을 배가하여 메모리의 저장 용량을 증가시킴과 동시에 크기도 감소시킬 수 있다는 장점이 있다.

이 기술을 이용하면 PCB 기판의 면적을 효율적으로 사용할 수 있고 크기, 무게도 함께 줄일 수 있기 때문에 궁극적으로 고객의 시스템 레벨 비용 절감이라는 목표도 달성할 수 있다.

일례로 낸드 플래시 응용 제품 패키지에는 낸드 플래시와 모바일 디램 및 컨트롤러를 하나의 패키지 안에 내재하여 모바일 응용 제품의 소형화, 슬림화 트랜드에 최적화된 메모리 패키지 기술을 추구하고 있다.

이를 통해 휴대폰, MP3 플레이어, PDA, 캠코더, 디지털 카메라 등 기타 무선 가전 용품과 같은 휴대용 전자 기기들이 다이 적층 BGA가 제공하는 적층 칩과 작은 크기라는 장점에 적합한 분야의 향후 기술 집약에 따른 응용 범위가 점점 커지고 있는 상태이다.

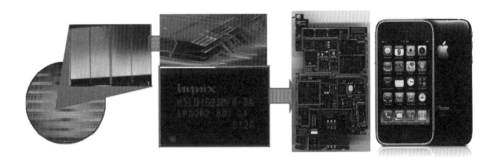

① DDP(Dual Die Package)

DDP는 동일 크기의 다이를 페이스 업(Face-Up) 또는 페이스 다운(Face-Down) 타입으로 2개 적층하는 것으로 현재 웨이퍼 상에 RDL(Re-Distribution Layer) 공정을 적용하여 동일한 다이를 적층하여 패키지를 구현하기도 한다.

여기서 RDL이란 다이의 전기 단자(Pad)를 기존 위치에서 다른 위치로 이동하는 기술, 즉 전기 단자 재배열 기술이다.

| Face-Up/Down DDP FBGA |

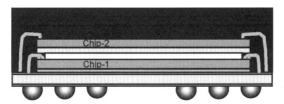

| Face-Up/Up DDP FBGA |

② MCP(Multi Chip Package)

　동일 칩(Chip) 또는 다른 칩을 2개 이상 적층(Stack)하는 패키지 형태로 특히,
HDOC(Hybrid Disk On Chip)은 컨트롤러(Controller)를 MCP 형태로 낸드 플래시 메모
리(NAND Flash Memory) 위에 적층하는 방식이며, 낸드 플래시 메모리의 강점을 살리
면서 노어 플래시 메모리(Nor Flash Memory)와 흡사하게 동작하도록 하는 것이다(아래
그림 참조).

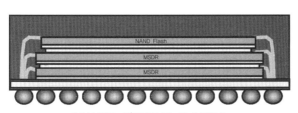

| NAND×1/SDRAM×2 MCP |

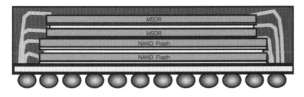

| NAND×2/SDRAM×2 MCP |

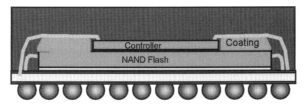

| Controller/NAND×1 MCP |

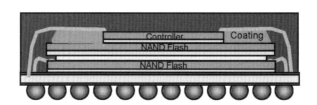

❙ Controller/NAND×2 MCP ❙

③ VLGA(Very Thin Land Grid Array)

VLGA는 매우 얇은 LGA 패키지란 의미로 기존의 다이 적층 패키지에 비해 패키지 두께가 얇고, 동일 또는 다른 다이(Die)를 많이 적층(Stack)하는 제품으로 최종 제품에는 휴대폰, PDA, 노트북, 디스크 드라이브, 디지털 카메라, MP3 플레이어, GPS 항법장치 등이 포함된다.

패키지 제조상 솔더 볼 마운트(Solder Ball Mount) 공정은 하지 않고, 최종 제품의 모듈 단에서 Paste를 사용하여 실장한다(아래 그림 참조).

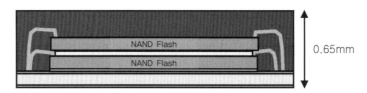

❙ NAND×2 ULGA ❙

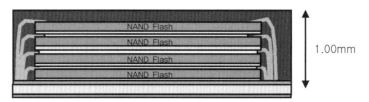

❙ NAND×4 VLGA ❙

1-6 기타 패키지

① POP(Package On Package)

POP는 말 그대로 패키지 위에 패키지를 쌓아서 만든 패키지를 일컫는다.

갈수록 소형화, 경량화되고 있는 휴대폰, PDA 등 모바일 기기에서 실장 면적을 줄이기 위해 패키지 단품을 상/하에 적층(Stack)한 형태의 패키지 구조이며, LSI와 메모리 IC(Memory IC)를 통합하기 위한 3D 패키지 기술로서 모바일 기기의 수요 증가에 따라 등장하였다. 하단의 LSI 반도체와 상단의 메모리 반도체가 짝을 이루도록 설계되며 서로 다른 반도체 IC 공급업체로부터 각각 공급받은 뒤에 최종 적층 공정을 거쳐 완성된다(구조는 아래 그림 참조).

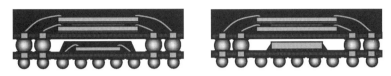

▎POP(Bottom Package : Wire Bond)▎ ▎POP(Bottom Package : Flip Chip)▎

POP 패키지의 장점은 아래 패키지와 위 패키지를 별도로 제조하고 전기적 테스트를 하므로 최종 패키지의 테스트 수율을 올리며 테스트 불량 발생 시 불량 패키지만 제거할 수 있으므로 재작업이 용이하고 메모리(Memory) 용량 및 LSI 반도체(Logic Device)의 다양한 구성 선택이 가능하다. 또한 실장 면적의 감소로 기기의 소형화 구현이 가능하다.

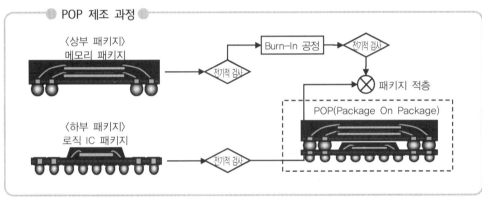

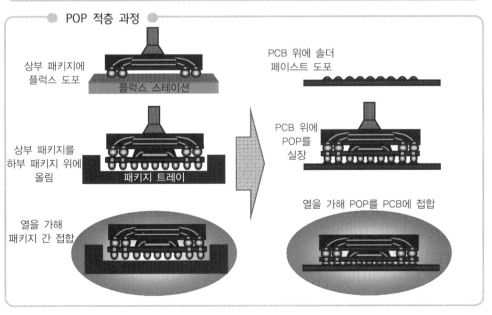

② PIP(Package In Package)

PIP는 패키지를 패키지 내부에 넣어서 패키지를 구현한 형태이다.

패키지가 완료된 칩(Chip)과 반도체 칩 그 자체로 내부 패키지 JEDEC 규격의 패키지를 적층(Stack)하는 구조로, 기반이 되는 패키지(BAP, Base Assembly Package) 위에 테스트가 완료된 내부 패키지를 적층하여 와이어 본딩으로 전기적 연결을 한 다음, 몰드(Mold) 공정을 거쳐 칩 스케일 패키지(CSP) 제품으로 완성한다. 내부 적층 모듈(ISM, Internal Stack Module)은 플래시(Flash) 메모리, 디램(DRAM) 등과 같은 반도체 칩을 적층할 수 있는 LGA 형태이며, BAP 형태는 사용 목적에 따라 하나의 ASIC 칩이나 ASIC 칩과 다른 칩의 적층이 될 수 있다.

PIP 제품의 크기는 일반 SDP(Single Die Package)에 비해 크다고 할 수 있으나, 패키지 높이는 여전히 1.2~1.6mm 내에 들기 때문에 휴대폰 제조 규격에 적합하다.

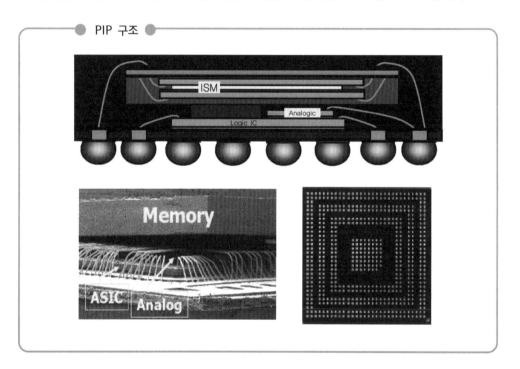

● PIP 구조 ●

POP와 더불어 PIP와 같은 3차원 패키지(3D-Package)는 서로 다른 반도체 칩(Chip)의 기능 통합, 실장 면적의 감소 및 생산 비용의 감소로 인해 휴대폰과 같은 모바일 시장의 수요 증가에 따라 빠른 성장이 예상되고 있다. 또한 서로 다른 제조사에서 생산된 메모리 IC와 LSI 반도체를 다이 적층 구조로 제조할 경우에 발생할 수 있는 많은 위험을 감소시킬 수 있으며, 고객들은 LSI 반도체와 메모리 IC를 선택 및 조합하는 데 있어 보다 많은 유연성을 가질 수 있게 된다.

③ SIP(System In Package)와 SOC(System On Chip)

SIP는 여러 기능을 가진 반도체 칩(Chip)을 조합하여 하나의 패키지에 적재하는 기술이다. 이동통신, 반도체, 네트워크 등 IT 기술의 발달에 힘입어 여러 가지 기능이 하나의 단말기에 통합된 IT-융합(IT-Convergence) 제품에 대한 시장 수요가 급격하게 팽창하고 있는데, 이러한 제품에는 여러 기능을 가진 다수의 반도체 칩을 단일 패키지로 집약하는 SIP 기술이 필수적이다. MCP, MCM 등을 총칭해서 SIP로 표현하는 경우가 많으나, MCP나 MCM은 반도체 칩이나 모듈(Module)을 하나의 패키지 안에 구현하는 반면, SIP는 하나의 패키지 안에 시스템을 구현한다는 점이 다르다.

또한 MCP와 같이 메모리 칩을 적층한 패키지 기술의 연장선이 아니라 CPU 등 논리 회로가 포함된 SIP는 시스템 설계 기술과 테스트 기술이 병행되어야 한다.

반면에 SOC는 시스템으로 구현하고자 하는 여러 기능을 단일 반도체 칩에 구현하는 패키지이다.

(1) SIP와 SOC의 비교

① SOC 기술은 반도체 칩 기술 자체가 하나의 시스템을 의미하지만, SIP는 SOC를 포함한 모든 반도체 칩들을 하나의 부품으로 고려한다.

② SIP는 부품 기술이라기보다는 부품을 경제적으로 통합하여 경쟁력을 높이는 시스템 설계 방법론이다.

③ SIP는 반도체 칩 또는 부품을 제작하는 SOC 기술과 부품 기술의 상위에 자리 잡은 시스템 통합 기술이다.

(2) SIP의 장점

이미 개발된 반도체 칩 설계를 큰 변경 없이 그대로 사용할 수 있기 때문에 빠른 시장 진입과 타임 투 마켓(Time-To Market)이 가능하다.

① 초기 개발비가 적다.

② 단일 반도체 칩으로 제작되는 SOC에 비해 여러 기능을 개별 반도체 칩으로 제작하기 때문에 수율이 높고 가격이 낮다.

③ 이종소자와 수동소자를 한꺼번에 집적하기 때문에 시스템 전체를 단일 패키지로 구현할 수 있다.

④ 제조 공정이 서로 달라서 단일 SOC로 통합되기 어려운 여러 개의 칩을 단일 패키지로 통합하기 때문에 소형 경량화가 가능하다.

무선통신 단말기 분야가 가장 큰 시장을 형성할 것으로 예측됨에 따라 시장분석가들은 향후 대부분의 IT-융합 제품이 SOC, RF, 메모리, 수동소자, 안테나, 센서 등을 SIP로 통합하여 가격, 면적, 전력 소모를 절감하고 시장에 빠르게 대응하는 추세를 보일 것으로 예측하고 있다.

단일 패키지화가 절실히 요구되면서 현재 모바일 기기에 사용되는 MCP와 더불어 차세대 고속 디램(DRAM)이 SIP 기술을 채택하려는 움직임을 보이고 있고, 이런 점을 감안하면 SIP 시장의 규모는 급격하게 성장할 것으로 예측된다.

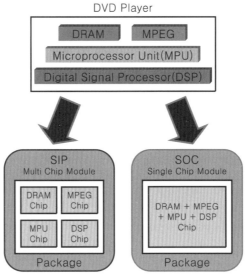

▌ DVD 플레이어에서 SOC 및 SIP 구현 사례 ▌

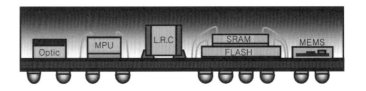

▌ SIP 기술에서의 단일 패키지 통합 ▌

▌ 3-D SIP 구조 ▌

④ SOP(System On Package)

미국 조지아 대학의 Tummala 교수는 SIP와 SOP를 구분하고 있다. Tummala 교수에 의하면 SIP는 실리콘을 재료로 하여 반도체 칩이나 패키지를 적층한 패키지 모듈 (Package Module)에 해당되고, SOP는 수동소자 등이 포함된 SOP로서 3차원으로 적층한 시스템에 해당하는 패키지이다. 따라서 SOP는 SIP를 포함하여 수동소자를 적층하는 경우를 말하므로 SOP가 더 넓은 범위라고 할 수 있겠다. 그러나 일반적으로 능동소자와 수동소자를 적층한 것을 SIP라고 하므로 SIP와 SOP는 구분하지 않고 같은 개념으로 사용될 수도 있을 것이다.

SIP의 장점을 제외한 SOP의 장점은 다음과 같다.

① 수동소자, 커넥터, 인덕터 등 여러 요소들을 포함하여 완전한 시스템을 구성할 수 있다.
② 개별 수동부품을 사용하는 것보다 PCB 기판의 부피, 실장 면적을 줄일 수 있다.
③ 수동소자가 가까이 배치되어 있기 때문에 데이터 전송 속도가 빨라진다.
④ 수동소자를 패키지 내에 집적함으로써 PCB 기판의 배선을 단순화할 수 있다.
⑤ 수동소자를 패키지 내에 집적함으로써 EMI 문제를 제거할 수 있다.

제조 공정 관점에서 SOP 기술은 다층 3가지로 구분할 수 있다.

- PCB 기술을 바탕으로 한 SOP-L(Laminated) 기술
- LTCC(Low Temperature Coffered Ceramics) 기반으로 한 SOP-C(Ceramic) 기술
- 박막 기술을 바탕으로 한 SOP-D(Deposited) 기술

SOP-L 기술은 유기 소재 기반 기술로서, 기존의 PCB 공정을 기반으로 내부 배선을 고집적화하기 위한 마이크로 비아 형성 기술과, 기판 내에 수동소자를 내장하는 수동소자 내장 기술로 나뉜다.

SOP-C 기술은 세라믹 기반 기술로서, LTCC 재료를 이용하여 기판과 수동소자, 그리고 배선회로를 동시에 소성하는 방법이다. 대부분의 R, L, C 등의 수동소자 및 필터는 세라믹 소재로 만들어지기 때문에 세라믹 소재를 기판으로 하면 내장하기 쉬운 장점이 있다.

SOP-D 기술은 박막 기반 기술로서, 고집적 연결도선과 집적된 수동소자를 진공 증착, 제거 가공(Sputtering), 도금 CVD, 그리고 스핀 코팅(Spin Coating)과 같은 반도체 공정 기술을 사용하여 절연체 기판이나 고저항 기판에 얇은 도체와 유전막을 순차적으로 성막하여 제작한다.

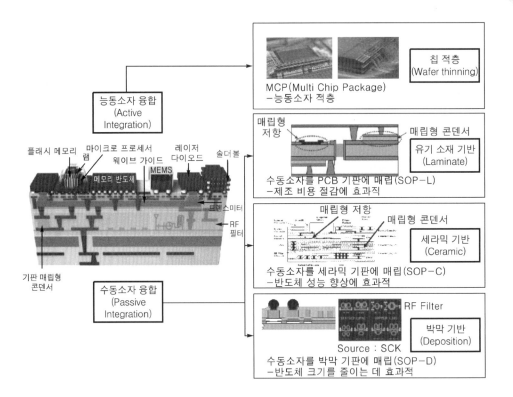

능동소자 융합
(Active
Integration)

MCP(Multi Chip Package)
－능동소자 적층

칩 적층
(Wafer thinning)

매립형
저항

매립형 콘덴서

유기 소재 기반
(Laminate)

수동소자를 PCB 기판에 매립(SOP-L)
－제조 비용 절감에 효과적

매립형 저항
매립형 콘덴서

세라믹 기반
(Ceramic)

수동소자를 세라믹 기판에 매립(SOP-C)
－반도체 성능 향상에 효과적

RF Filter

박막 기반
(Deposition)

Source : SCK

수동소자를 박막 기판에 매립(SOP-D)
－반도체 크기를 줄이는 데 효과적

플래시 메모리
램　마이크로 프로세서
웨이브 가이드
메모리 반도체
MEMS
레이저
다이오드
솔더볼
트랜스미터
RF
필터
기판 매립형
콘덴서

수동소자 융합
(Passive
Integration)

앞서 언급했듯이 무선통신 단말기 분야가 가장 큰 시장을 형성할 것으로 예측됨에 따라 시장분석가들은 향후 대부분의 IT-융합 제품이 SOC, RF, 메모리(Memory), 수동소자, 안테나, 센서 등을 SIP/SOP로 통합하여 가격, 면적, 전력 소모를 절감하고 시장에 빠르게 대응하는 추세를 보일 것으로 예측하고 있다.

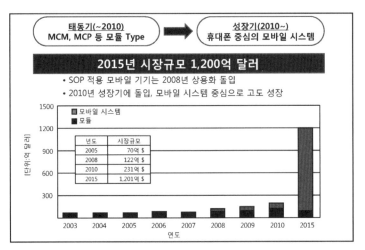

태동기(~2010)
MCM, MCP 등 모듈 Type → 성장기(2010~)
휴대폰 중심의 모바일 시스템

2015년 시장규모 1,200억 달러

• SOP 적용 모바일 기기는 2008년 상용화 돌입
• 2010년 성장기에 돌입, 모바일 시스템 중심으로 고도 성장

년도	시장규모
2005	70억 $
2008	122억 $
2010	231억 $
2015	1,201억 $

‖ SOP 시장 전망 ‖

⑤ 플래시 카드

플래시 메모리 카드(Flash Memory Card)란 플래시 메모리(Flash Memory)를 사용한 디지털 데이터(Digital Data) 기억장치이다. 초소형, 초경량이면서 데이터 보존, 음악 녹음, 영상 녹화 등 다양한 기능을 가지고 있고, 전원이 끊겨도 저장된 데이터를 보존하는 낸드(NAND)형 플래시 메모리를 기본으로 하고 있다.

이러한 특성을 기반으로 한 플래시 카드는 다양한 정보를 반영구적 저장이 가능하여 휴대용 보조저장장치로 활용도가 증가되고 있으며, 현재 디지털 카메라, 휴대용 정보통신기기에서 급성장 추세를 이어가고 있으며, 매년 모바일 시장의 급격한 발전에 힘입어 지속적으로 상승하고 있다.

(a) MMC 외관

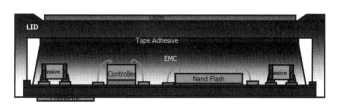

(b) MMC 단면 구조

❙ MMC 제품 구조(size : 32×24×1.4mm) ❙

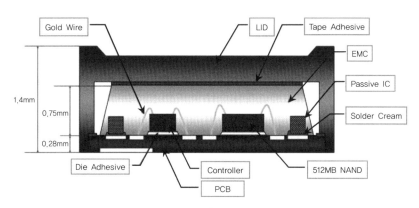

❙ 소형화 MMC 제품 구조(size : 18×24×1.4mm) ❙

② 패키지의 공정

2-1 라미네이션(Lamination)

라미네이션 공정이란 반도체 웨이퍼(Wafer)의 뒷면을 연삭하는 백그라인딩(Back Grinding) 공정을 하기 전에 웨이퍼 상면(반도체 패턴이 형성되어 있는 면)에 물리적, 화학적 손상을 막기 위하여 보호테이프 역할을 하는 백그라인딩 테이프를 붙이는 공정이다.

① 라미네이션의 변화

초기의 라미네이션 공정의 경우 단순히 웨이퍼에 백그라인딩 테이프를 붙이는 공정이 었으나 패키지의 다양한 형태가 개발됨에 따라 라미네이션 공정도 복잡해지고 있다.

앞서 배운 플립 칩 패키지의 경우 웨이퍼 상면에 범프(Bump)가 형성되어 있어 이럴 경우 일반적인 백그라인딩 테이프를 사용할 수 없다. 이유는 범프로 인하여 웨이퍼가 깨지기 때문이다. 이러한 것을 방지하기 위하여 백그라인딩 테이프로 두껍고, 탄성력이 좋은 특수한 테이프를 사용한다. 테이프의 접착제 두께가 두꺼워지면서 자연적으로 접착력도 상승하게 되는데, 이런 경우 일반적인 라미네이션 장비로는 작업이 불가능하게 된다. 이러한 문제를 해결하기 위하여 토시카루(Toshikaru)와 테프론(Tefron)을 입힌 치구를 사용하여 백그라인딩 테이프가 장비에 달라붙지 않고 정상적으로 작업할 수 있도록 한다.

최근 제품의 소형화 추세에 맞춰 $50\mu m$ 이하 반도체 칩 두께의 요구가 증가되면서 라미네이션 공정의 중요성 또한 대두되고 있다. 웨이퍼 두께를 $50\mu m$ 이하로 가공할 때 문제점은 웨이퍼 깨짐도 있겠지만, 웨이퍼 휨에 의해 백그라인딩 공정에 많은 어려움이 발생한다는 것인데, 이러한 문제점을 라미네이션 공정에서 해결하게 된다.

이처럼 라미네이션 공정도 계속 진화되고 있으며, 부가 공정이지만 투자비나 재료비 등에서 중요한 공정이 되어 가고 있다.

② 라미네이션 장비 소개

본 공정에 사용되는 장비로서 보통 200mm 웨이퍼용 장비, 300mm 웨이퍼용 장비 두 종류가 주로 사용되며 현재는 300mm용 장비가 주종을 이루고 있다. 향후 450mm 웨이퍼 개발에 따라 라미네이션 장비(Laminator)도 발전될 것으로 생각된다.

현재 300mm 라미네이션 장비로 사용되는 모델 중 DR3000-II를 소개하면, 이 장비는 2개의 웨이퍼 투입부(Load Port)를 사용하고 한 웨이퍼 투입부의 작업이 끝나면 또 다른 웨이퍼 투입부에서 연속 작업할 수 있도록 되어 있다. UPH(Unit Per Hour)는 80장/hr 정도이며, 백그라인딩 테이프를 자르는 커터(Cutter)에만 온도 변수가 사용된다. 커터의 온도는 백그라인딩 테이프의 물성에 맞게 적용되며 백그라인딩 테이프 모델별 최적 온도 변수는 다르게 적용되고 있다. 이는 백그라인딩 테이프의 내열성에 따라 차이가 발생하며 조건이 맞지 않는 경우 백그라인딩 테이프가 커터에 눌어붙는 문제가 발생할 수 있다.

현재까지 라미네이션 공정도 백그라인딩 공정을 위한 부가 공정으로 여겨지고 있으나 향후 패키지 박형화에 따라 중요성이 커질 것으로 내다본다.

③ 라미네이션 공정 물질 : Laminatoin Tape

라미네이션 테이프(Laminatoin Tape)가 갖추어야 할 특징은 다음과 같다.

(1) 쿠션(Cushion) 작용

미세입자(Particle)가 존재하여도 백그라인드 웨이퍼(Back Grind Wafer)가 깨지지 않도록 어느 정도 쿠션을 가지고 있어야 한다.

(2) Easy De-Taping

백그라인딩(Back Grinding) 완료 후 라미네이션 테이프(Laminatoin Tape)를 제거할 때 쉽게 제거되어야 한다.

(3) High Adhesion

백그라인딩(Back Grinding) 시 Si Dust가 패턴(Pattern)부로 유입되지 않도록 높은 점착 능력을 가지고 있어야 한다.

(4) Low Contamination

테이프를 De-taping 시 테이프의 접착제가 웨이퍼 표면에 남아 신뢰성 문제를 발생시키면 안 된다.

(5) Low Thickness Variation

테이프 두께로 인한 웨이퍼 두께 편차가 최소화 될 수 있도록 테이프 두께가 관리되어야 한다.

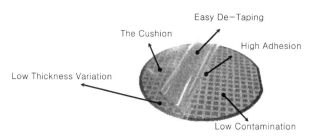

2-2 백그라인딩(Back Grinding)

백그라인딩 공정은 규정되어 있는 제품별 패키지 높이에 맞추기 위해 웨이퍼 뒷면을 목표 두께만큼 연삭하는 공정이다. 백그라인딩 장비는 장비 구조에 따라 두 가지 종류로 나눌 수 있다.

● B/G(Back Grind) 공정 소개 ●

- 웨이퍼 연마용 다이아몬드 휠(Diamond Wheel)로 웨이퍼의 뒷면을 연마하여 웨이퍼 두께를 패키지(Package)의 크기에 맞게 그라인딩(Grinding)하는 공정

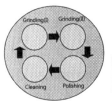

| FAB 작업 완료된 웨이퍼 두께(약 720μm) | 백그라인딩 완료된 웨이퍼 두께(약 30~280μm) |

- **제품별 B/G 두께가 달라지는 이유**
  동일한 PKG Height에 칩(Chip)을 몇 개를 쌓느냐에 따라 백그라인딩 시 웨이퍼의 두께가 달라짐.

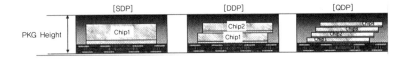

PKG Height   [SDP]   [DDP]   [QDP]

① 스탠드 얼론 타입(Stand Alone Type Back Grinder)

웨이퍼 뒷면 백그라인딩 공정(Back Grinding)을 완료한 후 별도의 리무브 장비(Remover)에서 백그라인딩 테이프를 제거하고, 웨이퍼 마운터(Wafer Mounter)라는 별도 장비에서 다이싱 테이프(Dicing Tape)를 웨이퍼 뒷면에 붙이는 형태로 백그라인딩, 리무브, 웨이퍼 마운트 작업이 각각 독립적인 장비에서 이루어지게 된다.

이와 같은 스탠드 얼론 타입은 웨이퍼를 취급하는 데 취약하여 주로 웨이퍼 두께가 200μm를 초과하는 제품에 적용한다. 현재 스택 패키지나 특수 패키지에서 요구하는 두께가 얇은 웨이퍼가 늘어나고, 특히 웨이퍼 휨이 큰 300mm 웨이퍼가 증가함에 따라서 스탠드 얼론 타입 백그라인드 장비의 경우 점점 비중이 작아지고 있는 추세이다.

여기서 잠깐 리무브(Remove) 공정, 웨이퍼 마운트 공정에 대해 알아보자.

(1) 리무브(Remove) 공정

라미네이션 공정에서 웨이퍼 전면에 백그라인딩 테이프를 붙이고 백그라인딩 공정에서 원하는 두께만큼 뒷면이 연삭된 웨이퍼는 리무브 공정에서 보호 역할이 끝난 백그라인딩 테이프를 제거하게 된다. 이때 제거 방법은 리무브용 테이프(Removing Tape)를 백그라인딩 테이프에 붙인 후 리무브용 테이프를 당기면서 백그라인딩 테이프가 제거된다.

(2) 웨이퍼 마운트(Wafer Mount) 공정

리무브 공정을 완료한 후 마운트 테이프(Mount Tape)를 웨이퍼 뒷면에 붙인다. 이는 다음 웨이퍼 소(Wafer Saw) 공정에서 칩을 낱개로 분리 시 칩이 마운트 테이프에 접착되어 떨어져 나가지 않게 하기 위함이다.

이때 부착하는 테이프 종류는 다이싱 테이프(Dicing Tape)와 WBL 두 종류가 있다.

① 다이싱 테이프(Dicing Tape) 부착 : D/A 공정에서 Die를 부착할 때 에폭시(Epoxy), 실리콘(Silicone), LOC 테이프 등을 이용한다.

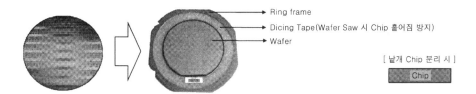

② WBL(Wafer Backside Lamination) 테이프 부착 : D/A 공정에서 다이(Die)를 부착할 때 WBL 테이프를 이용한다.

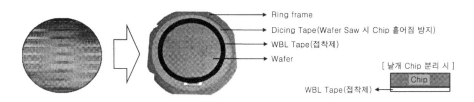

2 인라인 타입(In-Line Type)

라미네이션(Lamination) 공정을 제외한 백그라인딩(Back Grinding), 리무브(Remove), 웨이퍼 마운트(Wafer Mount) 공정을 한 장비에서 동시에 작업할 수 있는 장비 형태를 말한다. 모든 세부 공정 진행 시 웨이퍼를 진공으로 잡아 진행되기 때문에 스탠드 얼론 타입 장비에서 가장 문제가 되었던 웨이퍼 이송으로 인한 불량을 해결할 수 있다.

3 백그라인딩 순서

백그라인딩(Back Grinding) 공정은 거친 연삭(Rough Grinding) Z_1을 하고, 미세 연삭(Fine Grinding) Z_2를 진행한다. 상황에 따라서는 Z_1, Z_2를 마친 후 초미세 연삭(Super Fine Grinding)으로 연마(Polishing) 작업을 진행할 수도 있다. 연마의 경우 웨이퍼의 거칠기(Wafer Roughness)를 좋게 하고 스트레스 층을 제거하여 웨이퍼의 강도를 강하게 하기 때문에 얇은 웨이퍼로 갈수록 필수 사항으로 적용되고 있다.

웨이퍼 뒷면 거칠기를 살펴보면 Z_2 가공 후 20~40nm 정도이고, Z_3 가공 후는 약 0.2~1.5nm 정도로 측정된다(다음 그림 참조).

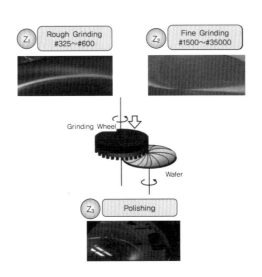

(1) 웨이퍼 연삭 방식

웨이퍼 연삭 방식에는 인 피드 그라인딩(In-Feed Grinding)과 크리프 피드 그라인딩(Creep-Feed Grinding) 2가지 방식이 있다. 인 피드 그라인딩(In-Feed Grinding) 방식은 숫돌(Wheel)이 설정된 속도로 웨이퍼 위에 내려오는 동안에 웨이퍼도 같은 방향으로 회전하면서 깎아내는 방식이고, 크리프 피드 그라인딩(Creep-Feed Grinding) 방식은 숫돌(Wheel)이 설정된 속도로 회전하고 웨이퍼가 서서히 숫돌(Wheel) 내부로 슬라이드(Slide)되면서 깎아내는 방식이다.

높은 가공 품질 때문에 인 피드 그라인딩(In-Feed Grinding) 방식이 백그라인드(Back Grind) 장비에 주로 사용되고 있다.

① 인 피드 그라인딩(In-Feed Grinding) 방식 : 인 피드(In-Feed) 연삭 방식의 특징은 숫돌(Wheel)의 마모가 일정하게 유지되기 때문에 웨이퍼 두께를 일정하게 가공할 수 있다. 수지(Resin) 본드 숫돌(Wheel)을 쉽게 사용할 수 있다.

② 크리프 피드 그라인딩(Creep-Feed Grinding) 방식 : 크리프 피드(Creep-Feed) 연삭 방식은 소 마크(Saw Mark)를 웨이퍼의 결정 구조와 일치시키거나 소 마크(Saw Mark) 모양을 조정할 수 있다. 웨이퍼 두께를 일정하게 유지하기 힘든 단점이 있다.

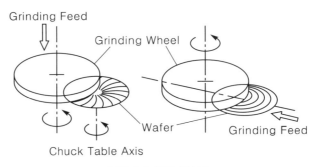

‖ 웨이퍼 연삭 방식 ‖

(2) 백그라인드(Back Grind) 연삭 원리

백그라인딩 방법은 테이프를 붙인 웨이퍼가 고정 테이블(Chuck Table) 위에 안착되어 약 300rpm 회전을 하면 상부에 있는 스핀들(Spindle)이 고속으로 회전하면서 다운(Down)하여 다이아몬드 휠(Diamond Wheel)로 웨이퍼를 깎아내는 방식이다.

그라인딩 시 스핀들(Spindle)이 $-20\mu m$ 또는 $-30\mu m$ 기울어져 있어 특정 존(Zone)에서만 그라인딩이 진행되며 아래 그림의 소 마크(Saw Mark) 특성처럼 웨이퍼의 중심축을 기준으로 반원 모양의 숫돌(Wheel)에 의한 마크(Mark)가 생기게 된다.

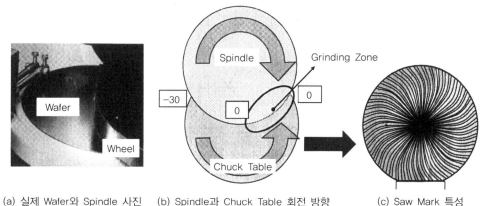

(a) 실제 Wafer와 Spindle 사진 (b) Spindle과 Chuck Table 회전 방향 (c) Saw Mark 특성

(3) Z_3 그라인딩 공정(Grinding Process)

최근에는 매우 얇은 다이(Die)가 휴대폰에 사용되며, 스택 패키지(Stack PKG) 및 기타 응용 제품에 대한 수요가 증가하고 있는 추세이다.

그러나 얇은 다이(Die)는 다이(Die) 강도가 약해지고 Warpage가 증가하는 결과를 가져왔다. 스트레스 릴리프(Stress Relief)는 웨이퍼 뒷면에 존재하는 미세 대미지(Damage)층을 제거하여 다이(Die) 강도를 향상시키고 Warpage를 줄여 Thin PKG를 가능하게 하였다. 현재 백그라인드 시스템(Back Grind System)에 드라이 폴리싱(Dry Polishing) 방식(Disco社 DFG8760)과 슬러리(Slurry)를 사용한 CMP 방식(TSK社 PG200/300RM) 2종을 사용하고 있다.

아래의 도표는 드라이 폴리싱(Disco社 특허)을 포함하여 스트레스 릴리프의 네 가지 주요 유형을 보여주고 있다.

Dry Polishing	CMP(Chemical Mechanical Polishing)	Wet Etching	Dry Etching
Dry Polishing Wheel / Wafer	Slurry / Wafer	$HF+HNO_3$ / Exhaust Gas System / Wafer	Fluorine Gas / Wafer / Plasma

아래 표는 드라이 폴리싱(Dry Polshing)량에 따른 다이(Die) 강도를 나타낸 것으로 2μm 이상 드라이 폴리싱(Dry Polishing)을 진행 시 다이(Die) 강도가 우수한 것을 보여주고 있다.

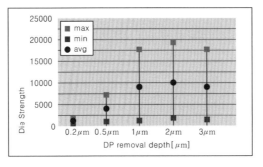

┃ Dry Polshing에 따른 Die 강도 비교 ┃   ┃ Dry Polshing Wheel(DP05) ┃

④ 백그라인드 장비의 공정 변수

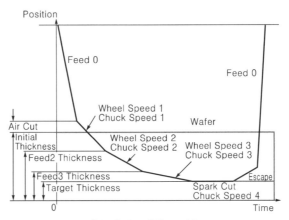

┃ Z₁과 Z₂ 작업 조건 ┃

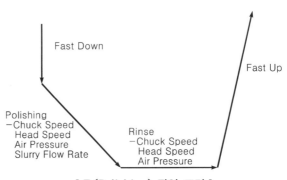

┃ Z₃(Polishing) 작업 조건 ┃

백그라인드 장비(Back Grinder)의 공정 변수는 웨이퍼 거칠기, 웨이퍼 가장자리 미세 깨짐 등 품질에 직접적인 영향을 미친다. 그림은 작업 조건(Recipe)의 예를 보여준다.

⑤ Thin Die 백그라인딩(DBG) 기술

먼저 웨이퍼를 반으로 자른 후에 백그라인딩(Back Grinding)을 실시하여 칩(Chip)을 분할하는 기술을 말한다.

(1) 장점

① 백 슬라이드 치핑(Back Slide Chipping)이 적어 높은 항절 강도를 유지하면서 초박형 웨이퍼를 가공할 수 있고 강도가 높은 칩의 생산이 가능하다.

② 백그라인더(Back Grinder)에 의한 연삭으로 칩(Chip)이 분리되기 때문에 얇은 웨이퍼를 반송하는 부담이 없어진다.

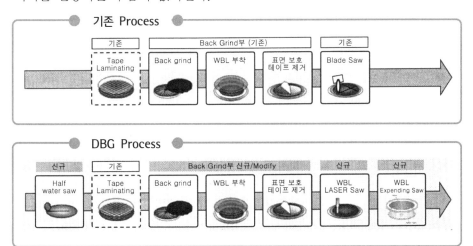

(2) DBG 공정

공정 순서	도 식	상세 설명
Half Wafer Saw	▨▨▨▨▨▨▨▨▨ Top side / Back side	• Bare wafer 상태에서 Pattern면 상의 Scibe Lane을 B/G 시 원하는 두께보다 30μm 더 Sawing을 실시함. 예를 들어, B/G 원하는 두께가 100μm 이면 130μm 를 Sawing을 실시함. • Wafer 이송 시 비접촉 방식의 Transfer arm을 사용하고 Saw 깊이에 대한 조정이 정밀해야 하므로 새로운 기술의 Sensor를 적용함. → 기존 Wafer Sawing 장비의 활용 또는 개조가 불가능함.
B/G Tape Laminator	Back Grinding Tape ▨▨▨▨▨▨▨▨▨ Top side / Back side	• Wafer Back Side를 Grinding 하기 위해서는 그라인딩 공정에서 Wafer Top Side가 장비의 Chuck Table 위에 놓여야 하는데 이때 이 물질에 의한 Wafer Top Side에 손상을 방지하기 위해서 B/G Tape을 붙이는 공정

semiconductor package

공정 순서	도 식	상세 설명
Grinding & Polishing	Back side / Top side / Back Grinding Tape	Wafer Back Side면을 Wheel을 이용해 원하는 두께만 남기고 갈아내고 표면을 부드럽게 하기 위해서 Polishing을 진행하는 공정으로 완료되면 개별 Chip으로 분리가 됨.
WBL Mount	Base Tape	Wafer Ring에 2층 구조(Base Tape + DAF Tape)의 Tape를 이용해 Wafer를 부착하고 첫번째 공정에서 부착한 B/G Tape를 제거해주는 공성
WBL Saw(Laser + Expand)	Base Tape	Wafer는 개별 Chip으로 분리가 되어 있으나 DAF는 분리가 되어 있지 않아 Laser와 Expanding 장비를 이용해 DAF를 잘라주는 공정으로 후공정인 Die Attach에서 Wafer와 DAF를 함께 부착함.

⑥ 점검 사항

일반적인 두께 표준은 웨이퍼 두께 목표치의 ±13μm이고, 품질 점검은 보통 런(Run)[1] 당 1장씩 웨이퍼 두께를 측정한다. 또한 웨이퍼 두께 200μm 미만의 제품의 경우, 백그라인드 숫돌(Wheel)이나 웨이퍼 고정 테이블 교체와 같이 기준점 변경 발생 시 백그라인드 테이프를 제거한 뒤 전체 두께 변동(TTV, Total Thickness Variance)을 측정하며 10μm 이내로 관리한다.

두께 50μm 미만의 웨이퍼의 경우 현재의 연삭 숫돌을 사용하는 물리적 백그라인드 장비의 문제점을 극복하기 위해 화학적 백그라인드 장비의 개발이 검토되고 있으며, 이에 따른 문제점도 지속적으로 개선 중에 있다.

(1) 좁은 Kerf 적합한 SDBG(Stealth Dicing Before Grinding) 프로세스

스마트폰과 태블릿 단말기의 소형화 및 용량 증가에 따라 플래시 메모리를 얇게 가공하는 기술이 필요하게 되었다. 종래에는 블레이드 다이싱(Blade Dicing)을 사용하였으나 웨이퍼 뒷면에 칩 가장자리 깨짐(Chipping) 문제가 발생하였다. DBG는 백그라인드(Back Grind) 이전에 다이싱(Dicing)을 진행하여 Die 강도를 향상시킴으로써 이러한 문제를 해결하고 박막 칩을 생산하는 PKG 현장에서 사용이 가속화되고 있다. 여기서, DBG 프로세스 중 하나로서, 웨이퍼의 스크라이브 라인(Scribe Lane) 폭을 좁혀 Net Die를 증가한 웨이퍼에 적합한 SDBG가 개발되게 되었다.

---

1) 반도체 팹(Fab) 공장에서의 웨이퍼 단위 생산 기준으로 대개 25장이 런으로 구성된다.

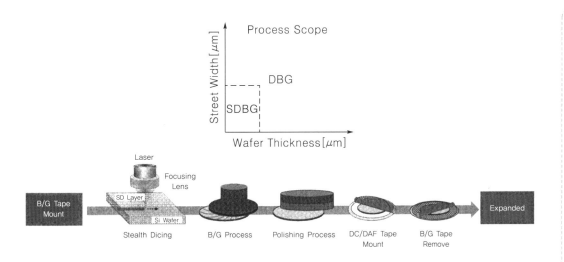

(2) 웨이퍼 당 다이(Die) 수의 증가

SD는 개질층으로부터 다이(Die)를 분리하는 방식이다. 이는 절단 마진을 필요로 하지 않으며 절단 폭은 거의 제로에 가깝다. 결과적으로, 상당한 거리를 감소시켜 웨이퍼 당 다이(Die)의 수가 증가하는 이점이 있다.

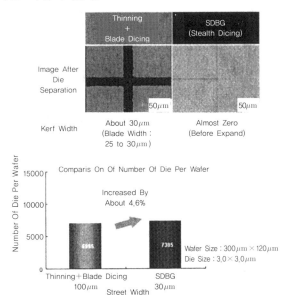

(3) 초박막 다이(Die)의 강도 개선

블레이드를 사용하여 다이(Die)를 분리하는 방법은 다이(Die) 측에 가공 흔적이 남아 다이(Die) 강도에 영향을 미친다. SDBG 연삭에서는 레이저가 Si Wafer 내부의 개질 영역을 제거하기 때문에, 다이(Die) 옆에 가공 흔적이 남지 않는다. 이것으로 고강도 초박막 다이(Die)를 제조하는 것이 가능하게 된다.

SDBG 공정은 웨이퍼의 스크라이브 라인(Scribe Lane) 폭이 좁아지면 블레이드 소잉(Blade Sawing)에는 한계가 발생하기 때문에 PKG 업체에 보급이 확산될 가능성이 있다.

semiconductor package

① 웨이퍼 소 공정의 의미

웨이퍼 소 공정이란 웨이퍼 상면에 있는 소잉 라인[2](또는 스크라이브 라인)을 따라서 다이아몬드 블레이드로 절삭하면서 개별 반도체 칩(Chip)으로 분리가 가능하게 만드는 공정이다(다음 그림 참조).

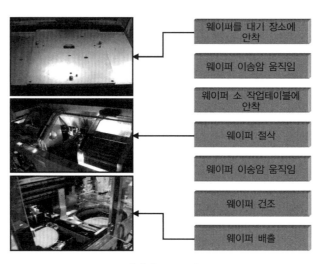

	웨이퍼를 대기 장소에 안착
	웨이퍼 이송암 움직임
	웨이퍼 소 작업테이블에 안착
	웨이퍼 절삭
	웨이퍼 이송암 움직임
	웨이퍼 건조
	웨이퍼 배출

▌웨이퍼 소 순서▐

(1) 웨이퍼 소 공정

백그라인딩이 완료된 상태의 웨이퍼를 다이 접착 공정(Die Attach) 작업을 위해 낱개의 칩(Chip)으로 분리하는 공정이다.

백그라인딩 완료 웨이퍼 → 블레이드 소(Blade Saw) → 낱개의 칩(Chip)으로 분리

(2) 절삭의 원리

작은 다이아몬드 입자가 다이아몬드 크기만큼 칩 가장자리 깨짐(Chipping) 현상을 유발시키면서 피식재를 절단하는 원리이다.

---

2) 1장의 웨이퍼는 수백 또는 수천 개의 반도체 칩이 존재하므로 각각의 개별 칩을 분리할 수 있도록 칩 사이마다 좁은 영역이 존재한다. 이를 소잉 라인 또는 스크라이브 라인이라 한다.

Rotation
Direction

Fracture Type Of Cutting

(3) 웨이퍼 소 절삭 방식

소잉(Sawing) 방식에는 아래와 같이 3가지의 절삭 방식이 있으며 작업하는 제품의 특성에 맞게 적절히 선택 적용해야 한다.

절삭 방법	Full Cut	Step Cut	Bevel Cut
모식도	Z_1/Z_2 Wafer Tape	Z_1 Z_2 / 동일 Blade 사용 Z_1 Z_2 Tape 이중 Blade 사용 Tape	Z_1 Z_2 Tape
적용	일반적으로 널리 적용	• Heavy Metalized Wafer • Back Side Chipping이 크게 발생하는 Wafer	• Heavy Metalized Wafer • Back Side Chipping이 크게 발생하는 Wafer
장점	생산성 우수	Wafer Top/Back Side Chipping 우수	• Wafer Top Side Chipping 가장 우수 • Wafer Back Side Chipping 우수
단점	Wafer Back Side Chipping 개선 한계	생산성 저하, Dual Spindle M/C 요구	• Z_1 Bevel Blade 고가 • 생산성 저하, Dual Spindle M/C 요구

② 웨이퍼 소 공정 주요 공정 변수

웨이퍼 소 공정의 주요 공정 변수(Wafer Saw Main Parameter)는 웨이퍼 이송 속도(Wafer Feeding Speed), 블레이드 높이(Blade Height), 블레이드 회전 수(Blade Rotation) 등이 있다.

우선 웨이퍼 이송 속도는 웨이퍼가 절삭되는 속도를 말한다. 블레이드 높이의 경우 블레이드 날(Exposure)이 웨이퍼 안착 테이블 기준으로 얼마나 떨어져 있는가, 즉 잘리는 깊이를 뜻한다. 블레이드 회전 속도는 블레이드가 분당 얼마나 회전하는지를 RPM[3]으로 나타낸다. 이 중 웨이퍼 이송 속도는 생산성에 가장 큰 인자이며, 주요 3가지 공정 변수의 조합에 의해서 다음 공정인 다이 접착 공정(Die Attach) 시 픽업(Pick-up)성, 다이싱 테이프 잔사(Tape Burr), 칩 가장자리 깨짐(Chipping), 칩 깨짐(Crack) 등의 작업성 및

---

3) Rotation Per Minute. 분당 회전 수

semiconductor package

품질에 영향을 미친다(그림 참조).

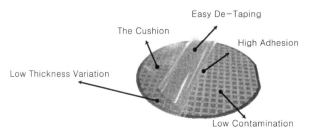

여기서 웨이퍼 소 공정 변수의 상관 관계를 DOE[4]를 통해 살펴보면(다음 그림 참조), WBL 테이프 잔사(WBL Tape Burr)는 웨이퍼 이송 속도가 느리고 블레이드 높이가 높을수록 양호하다. 칩 가장자리 깨짐은 블레이드 회전 수와 웨이퍼 이송 속도가 높을수록 양호하다. 즉, 웨이퍼 소 공정 변수(Wafer Saw Parameter)의 경우 WBL 테이프 잔사, 칩 가장자리 깨짐, 다이 칩(Chip) 접착 공정의 칩 픽업성 등에 종합적으로 영향을 미치므로 종합적인 검토가 필요하다.

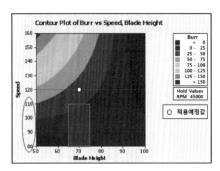

| 테이프 잔사를 고려한 최적 조건 등고선도 |

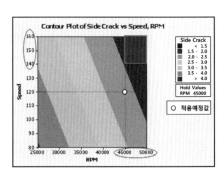

| 칩 가장자리 깨짐을 고려한 최적 조건 등고선도 |

2-4 자외선 조사

자외선 조사(UV Irradiation)란 다이싱 테이프를 자외선에 반응시켜 웨이퍼와 다이싱 테이프 사이의 접착력을 제거하여 다이 접착 공정에서 반도체 칩 픽업 시 작업 효율을 높이기 위해서 행하는 공정이다. 일반적인 경우 자외선(UV, Ultra Violet) 조사 전 접착력이 $120g/mm^2$에서 자외선 조사 후 $22g/mm^2$ 이하로 감소된다.

① 자외선 조사 원리 소개

앞서 설명한 바와 같이 다이싱 테이프의 분자 사슬 구조가 크로스 링크(Cross Linking)되어 접착력을 유지하고 있던 것을 자외선 조사 후 자외선에 의해 이 크로스 링크(Cross Link)구조가 깨져 접착력을 떨어뜨리게 된다.

---

4) Design Of Experiments. 실험계획법. 효율적인 실험 방법을 설계하고 결과를 제대로 분석하는 것을 목적으로 하는 통계학의 응용 분야

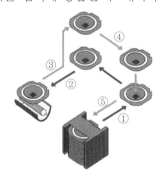

② 자외선 조사 공정 소개

① **웨이퍼 공급, 검색, 반송** : 카세트 내의 웨어퍼를 수납 상태에서 자동 검색 후 얼라 인먼트부로 반송한다.

② **조사 준비** : 얼라인먼트(Alignment)된 웨이퍼는 반송 ARM의 하부 패스라인을 이동하 여 챔버 내에 수납되고 조사 개시 위치로 이동된다. 이때 챔버 내에 질소가 충전된다.

③ **UV 조사** : 챔버 내의 웨이퍼는 UV램프 위를 이동하며 균일하게 조사된다.

④ **수납 대기** : 조사를 마친 웨이퍼는 챔버 및 반송 ARM의 상부 패스라인을 이동하여 얼라인먼트 상부에서 대기한다.

⑤ **웨이퍼 수납** : 다음 웨이퍼를 챔버에 공급한 후 대기하던 웨이퍼는 카세트에 수납된다.

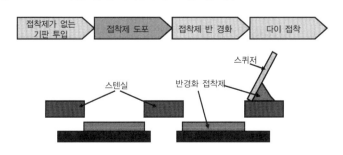

2-5 접착제 도포

(1) 접착제 도포(Adhesive Print) 공정은 반도체 기판(Substrate) 위에 접착제(Adhesive)를 일정한 모양으로 도포하는 공정이다(아래 그림 참조).

semiconductor package

(2) 접착제 도포 공정 장비

스크린 프린트(Screen Print) 방식의 도포 장비로 반도체 기판(Substrate) 위에 접착제를 도포한다.

스크린 프린트 방식으로 도포되는 접착제는 에폭시 또는 실리콘 타입의 접착제를 사용한다.

① 정밀도 : $\pm 50 \mu$m
② 주요 변수 : 압력, 분리 속도, 분리 거리

2-6 접착제 반경화 공정

(1) 접착제 반경화 공정(B-Stage Cure Process)은 반도체 기판(Substrate) 위에 도포된 접착제(Adhesive)를 적당한 열을 가해 반경화 상태로 경화를 진행하는 공정이다. 즉, 액상의 접착제를 반고상 상태로 만드는 공정이라 할 수 있다.

(2) 접착제 반경화 장비

열풍 오븐(Oven) 장비
① 열 정확도 : ± 5℃
② 용량 : 최대 4개 컨테이터 작업 가능

2-7 다이 접착 공정(F/D FBGA)

1 F/D FBGA 패키지의 다이 접착 공정의 의미

(1) F/D(Face-Down) FBGA 패키지의 다이 접착 공정은 반도체 칩을 반도체 기판에 접착하는 공정이다(아래 그림 참조).

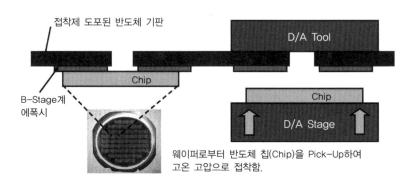

접착제 도포된 반도체 기판
D/A Tool
Chip
B-Stage계 에폭시
Chip
D/A Stage
웨이퍼로부터 반도체 칩(Chip)을 Pick-Up하여 고온 고압으로 접착함.

semiconductor package

(2) D/A(Die Attach) 공정 소개(BOC)

DRAM 제품의 D/A는 다음 과정을 따라 진행된다.

A/P(Adhesive Print) Epoxy 상태 : A-Stage	B-Stage Cure Epoxy 상태 : B-Stage	D/A(Die Attach) Epoxy 상태 : A-Stage	DAC(Die Attach Cure) Epoxy 상태 : C-Stage
[공정 소개] 반도체 기판에 칩을 부착하기 위한 접착제(Epoxy)를 도포하는 과정 [접착제 도포 후] 	[공정 소개] 반도체 기판에 도포된 에폭시를 반경화 상태로 만드는 공정 [B-Stage Cure] 접착제가 도포된 반도체 기판을 오븐에 넣어 접착제를 반경화화 상태로 만듦. (Cure 전 에폭시는 흐름성이 좋아 D/A 작업성이 떨어짐)	[공정 소개] 에폭시가 반경화된 상태의 반도체 기판에 칩을 부착하는 공정 [D/A 후] 	[공정 소개] Chip이 부착된 반경화된 에폭시를 완전 경화하는 공정 [DAC] D/A 후 반경화된 상태의 에폭시를 완전 경화시킴(에폭시 흐름성 없어짐).

나중에 언급하겠지만 반도체 기판과 F/D FBGA용 접착제에 대해 간단히 알아보면 다음과 같다.

② 반도체 기판과 F/D FBGA용 접착제

(1) 반도체 기판

반도체 칩이 접착되며 반도체 칩과 패키지가 실장되는 PCB 기판과의 전기적 연결을 이어 주는 매개체 역할 및 최종적으로 패키지의 뼈대 역할을 하는 주요 패키지 원재료이다.

(2) F/D FBGA용 접착제

① 반도체 칩과 반도체 기판 간의 접착제 역할을 하는 B-Stage계 에폭시 형태이다. B-stage계 에폭시(액상수지)는 오븐에서 일정한 온도로 반경화하여 젤 상태가 유지된 후 다이 접착을 실시한다.

② A/P(Adhesive Print) 소개
반도체 기판에 접착제(Epoxy, Silicone)를 도포하며, 접착제 두께(Adhesive Thickness), 형태(Shape) 등을 결정하는 공정이다.

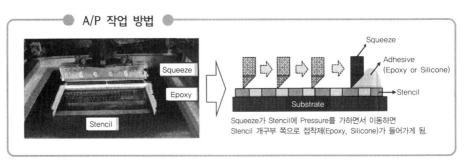

A/P 작업 방법

Squeeze
Epoxy
Stencil

Squeeze
Adhesive
(Epoxy or Silicone)
Substrate
Stencil

Squeeze가 Stencil에 Pressure를 가하면서 이동하면
Stencil 개구부 쪽으로 접착제(Epoxy, Silicone)가 들어가게 됨.

접착제별 비교

Adhesive	Stencil	Squeeze	A/P 완료 후
Epoxy	Metal Type	Metal	불투명
Silicone	Mesh Type	Urethane	투명

2-8 다이 접착 공정(에폭시 접착제)

① F/U FBGA의 다이 접착 공정의 의미

F/U(Face-Up) FBGA의 다이 접착 공정은 반도체 칩을 에폭시를 이용하여 리드 프레임 (Lead Frame) 또는 반도체 기판(Substrate)에 접착시키는 방식의 공정이다(아래 그림 참조).

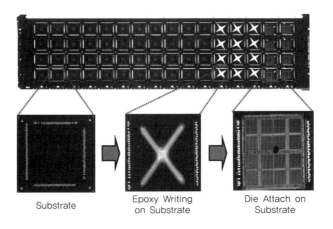

Substrate   Epoxy Writing on Substrate   Die Attach on Substrate

여기서 간단히 사용하는 접착제(Adhesive)에 대해 알아보면 다음과 같다.

② 접착제

반도체 칩과 반도체 기판을 접착시키는 목적으로 사용되는 에폭시(Epoxy)계 접착제이다.

(1) 비전도성 에폭시(Non Conductive Type Epoxy)

에폭시 접착제는 필러(Filler)의 종류에 따라 전도성(Conductive)과 비전도성(Non-conductive) 타입으로 나뉜다. 전도성 타입의 경우는 보통 은(Ag) 필러가 첨가되며, 비전도성 타입에는 비전도성 폴리머(Polymer)가 사용되는데 F/U FBGA 패키지의 경우 비전도성 에폭시가 주로 사용되고 있다.

(2) 에폭시 도포 방식

다이 접착 장비(Die Bonder)에서 에폭시(Epoxy)를 반도체 기판(Substrate)에 도포하는 방식에는, 크게 에폭시 툴(Epoxy Tool)을 이용한 도팅(Dotting) 방식과 라이팅(Writing) 방식이 있다. 접착 면적이 넓은 F/U FBGA 패키지에는 라이팅 방식의 에폭시 도포 방식을 택하고 있다.

(3) 에폭시 접착제 도포 방법에 따른 차이

에폭시 접착제는 도포 방법에 따라 디스펜스 타입(Dispense Type)과 스크린 프린트 타입(Screen Print Type)으로 나눌 수 있으며 이에 따라, 접착제 도포를 위한 추가 장비(Adhesive printing) 필요 여부가 갈라진다.

구 분	접착제 도포	접착제 도포 후	다이 접착 공정 후
디스펜스 타입 (Dispense Type)			
스크린 프린트 타입 (Screen Print Type)			

2-9 다이 접착 공정(LOC 테이프 사용)

① LOC 다이 접착 공정의 의미

LOC(Lead On Chip) 다이 접착 공정(Die Attach)은 LOC 테이프를 접착제로 이용하여 반도체 칩을 리드 프레임(Lead Frame)에 접착시키는 공정이다(다음 그림 참조).

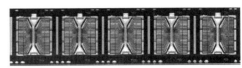

| LOC TSOP 단면도 | | 리드 프레임 |

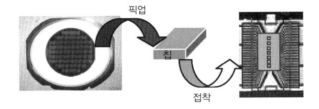

여기서 간단히 리드 프레임(Lead Frame)과 LOC 테이프에 대해 살펴보면 다음과 같다.

② 리드 프레임과 LOC 테이프

(1) 리드 프레임(Lead Frame)

니켈(Ni) 42% 함유의 Alloy-42(또는 Copper)로 만들어지며, 반도체 칩이 접착되어 최종적으로 패키지의 뼈대 역할을 하는 원재료이다.

(2) LOC 테이프(LOC Tape)

리드 프레임의 이너 리드(Inner Lead) 아래 부분에 부착되어 반도체 칩(Chip)과 리드 프레임 간의 접착제 역할을 하는 열경화수지(Thermo-Plastic)계의 폴리이미드(Polyimide) 재질의 테이프이다(아래 그림 참조).

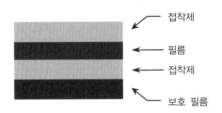

2-10 다이 접착 공정(칩 적층)

칩 적층 다이 접착 공정(Stack Die Attach)은 반도체 칩을 WBL 테이프를 이용하여 리드 프레임 또는 반도체 기판에 첫 번째 다이를 접착한 후 스페이서 테이프(Spacer Tape)를 이용하여 추가로 반도체 칩을 2단, 3단으로 쌓아 작업하는 방식과 WBL 테이프가 붙어 있는 두 번째 다이(2nd Die)를 첫 번째 다이 위에 접착하는 다이 접착 방식이 있다(다음 그림 참조).

| 스페이서 테이프 | WBL 테이프 | 반도체 기판 |

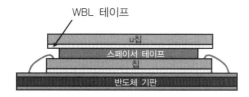

(1) 다이 픽업(Die Pick Up)과 접착제

PKG Type(F/U 또는 F/D)에 따라 다이 접착 공정은 크게 달라지는데 이는 아래 그림과 같다. Face-Up PKG의 경우, Bond Head가 Die를 Pick Up하여 그대로 반도체 기판에 부착하며 Face-Down PKG에서는 Picker가 Die를 Pick Up하여 Bond Stage 위에 올려놓으면 Bond Stage가 이동, Bond Head와 압착하여 Die를 부착한다.

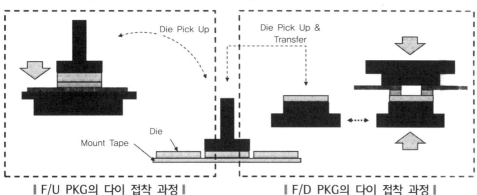

| F/U PKG의 다이 접착 과정 | | F/D PKG의 다이 접착 과정 |

(2) 일반적인 다이 접착 공정(Needle Pin 방식)

1단계 : Die Align	2단계 : Die 분리	3단계 : Die Pick-Up	4단계 : Die 부착
Saw가 완료된 웨이퍼가 Loading되어 특정 Die를 인식하여 Align을 진행한다. Vacuum을 사용하여 Mount Tape를 Dome에 흡착시킨다.	Needle Pin이 Die를 Mount Tape에서 Die를 분리하면 Pick-Up Rubber가 Down한다.	Pick-Up Rubber의 Vacuum이 On하여 Die를 흡착 후 반도체 기판이나 리드 프레임(Lead Frame)으로 이동한다.	반도체 기판과 리드 프레임에 Temp가 올라가고 Pick-Up Rubber가 일정한 Force와 Time으로 Die를 접착한다.

(3) 테이프의 종류

여기서 사용되는 테이프에 대해 간단히 설명하면 다음과 같다.

① WBL 테이프(Wafer Back-Side Lamination Tape)

반도체 칩(Chip)과 리드 프레임(Lead Frame) 또는 반도체 기판(Substrate)을 접착시키는 목적으로 사용된다. 반도체 칩의 뒷면에 얇은 양면 접착 테이프가 접착되어 있다고 보면 된다. WBL 테이프는 자외선(UV) 조사 공정 유무에 따른 자외선 조사 타입(UV Type)과 자외선 비조사 타입(Non-UV Type)으로 나뉜다. 자외선 조사 타입의 경우는 보통 다이 접착 전 접착력이 높기 때문에 접착력을 떨어뜨리기 위해 자외선 조사를 한다. 자외선 비조사 타입은 접착력이 다소 낮은 편이라 자외선 조사 없이 다이 접착을 진행한다. 경화 타입(Cure Type) WBL 테이프는 다이 접착 후 접착력 향상 및 테이프 기포(Tape Void)를 제거하기 위하여 경화를 진행하는 타입이다.

② 스페이서 테이프(Spacer Tape)

칩 적층 다이 접착 공정에서 첫 번째 다이와 두 번째 다이의 접착 및 두 반도체 칩 사이의 공간을 두게 하여 첫 번째 다이의 골드 와이어가 두 번째 다이의 뒷면에 닿아 전기적 단락을 일으키는 것을 방지하기 위해 추가로 다이와 다이 사이에 붙이는 테이프이다.

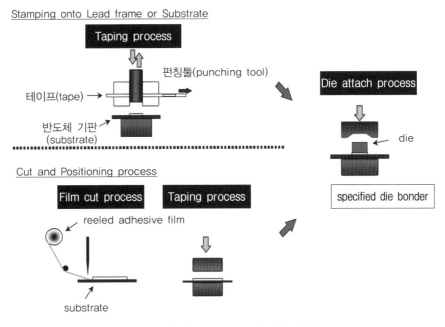

| 스페이서 테이프(Spacer Tape) 커팅 공정 |

③ 테이프 접착제 종류에 따른 차이

테이프 접착제는 WBL과 스페이서 테이프(Spacer Tape)로 나눌 수 있으며 이에 따라, 다이 접착 공정 진행 시 테이프 접착 공정 진행 여부가 갈라진다.

구 분	테이프 부착	테이프 부착 전	테이프 부착 후
(P)WBL 테이프			
스페이서 테이프			

2-11 다이 접착 공정(WBL 테이프)

WBL 테이프 다이 접착 공정은 반도체 칩(Chip)을 WBL 테이프를 이용하여 리드 프레임(Lead Frame) 또는 반도체 기판(Substrate)에 접착시키는 방식의 공정이다(다음 그림 참조).

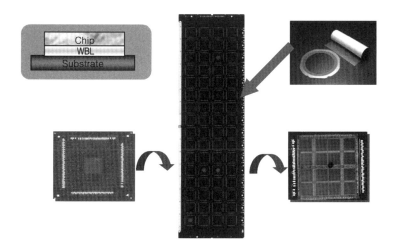

semiconductor package

2-12 DAC(Die Attach Cure) 공정

(1) D/A(Die Attach) 시 반도체 기판 또는 리드 프레임(Lead Frame)에 부착한 칩(Chip)이 이후 공정에서 떨어지지 않도록 일정 시간 동안 열을 가해 접착제를(Epoxy, Silicone, WBL 등) 경화시키는 공정이다.

(2) 경화 시간은 접착제 종류에 따라 다르며, WBL Tape은 125℃에서 90분 정도 경화를 진행한다.

제 품	조 건	장 비	사용 목적
DAC (Die Attach Cure)	Temperature + Time		Adhesive 경화
PCO (Pressure Cure Oven)	Temperature + Time + Pressure		Adhesive 경화+Void 제거 [PCO 전] [PCO 후]

2-13 플라즈마 클리닝(Plasma Cleaning)

플라즈마 클리닝이란 진공 속에서 Ar/N₂(아르곤/질소) 기체에 고전압을 가하여 발생되는 플라즈마라는 활성화된 기체의 이온을 매질로 반도체 칩, 반도체 기판(Substrate)의 표면에 증착된 유기물을 물리적으로 분리, 제거하는 것으로 일종의 표면 에칭(Etching) 공정이라고 할 수 있다.

(1) P/C(Plasma Cleaning)의 개념

챔버(Chamber) 내부를 진공 상태로 만든 후 가스(아르곤 : Ar)를 Flow시키고 RF(Radio Frequency)를 흘려주면 가스가 이온화되면서 이온화된 전자가 PCB 표면을 때려주면서 그 충격력으로 인하여 PCB 표면의 불순물(유기물)을 제거하기 위해 W/B 전이나 M/D 전에 P/C를 실시한다.

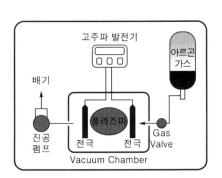

① 진공 펌프 : 단시간에 최저 진공을 만든다.
② 고주파 발진기 : 진공 상태에서 고주파를 발생하여 내부 가스(Ar)를 이온화시킨다.
③ 가스 : 아르곤(Ar) 가스를 일반적으로 사용한다.

(2) 공정별 플라즈마 품질 점검 주기 - 접촉각 측정

표면에 맺힌 물방울 표면의 각을 측정하여 플라즈마 효과가 잘 된 것인지 확인한다.

플라즈마

제4의 물질 상태라고 알려져 있으며 물질 중 가장 낮은 에너지 상태는 고체이다. 이것이 열(에너지)을 받아서 차츰 액체로 되고 그 다음에는 기체, 그 다음에는 플라즈마로 전이를 일으킨다. 기체와 비교하여 정리하자면 다음과 같다.
• 기체 상태 : 원자가 날아다니는 상태
• 플라즈마 상태 : 원자가 전자와 원자핵으로 분리되어 날아다니는 상태

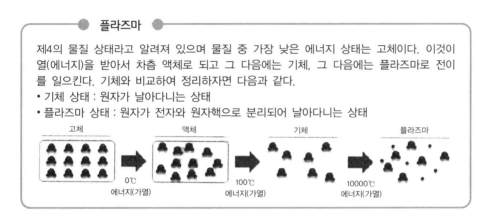

① 플라즈마 클리닝 원리

플라즈마(Plasma)란 기체에 에너지를 인가하면 기체 원자들이 이온화되어 활성화된 상태를 일컬으며, 제4의 물질 상태라고 한다(아래 그림 참조).

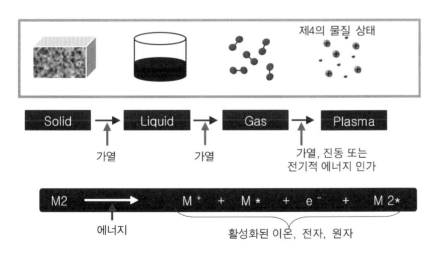

플라즈마 기체(Plasma Gas)로 Ar, N, O_2, C_4(물리적 세정용), HBr, Cl_2, SF_6, CHF_3(화학적 식각용), He, N_2(희석용) 등이 사용되며, 고전압에 의해 활성화된 기체 이온, 전자들이 전압에 의해 형성된 전기장(e)에 의해 일정 방향으로 가속되며 오염된 반도체 기판(Substrate) 표면의 오염 물질과 충돌함으로써 불순물(유기물)을 제거하게 된다(아래 그림 참조).

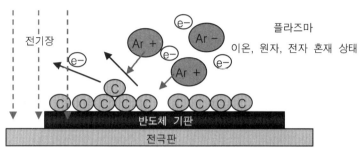

② 플라즈마를 발생시키는 3가지 요소

(1) 진공(Vacuum)

낮은 에너지에서 플라즈마(Plasma)를 발생시키기 위해 필요

(2) 기체(Gas)

작용 매질

(3) R/F(Radio Frequency) 전력(Power)

기체를 이온화하기 위한 에너지원

③ 플라즈마 특성

이온과 전자가 혼합된 형태로 존재하며, 전위차에 의해 집단으로 이동하는 특성을 갖는다.

이온화된 Ar(아르곤) 이온은 C(탄소)보다 원자량이 3배 이상 무겁고, 충격에 의한 물리적 표면 처리 효과를 갖는다.

④ 플라즈마 클리닝 효과

오염이라 함은 일반적으로 유기물에 의한 오염이며, 이러한 오염 물질의 제거는 물리, 화학적인 방법으로 처리하는데, 다음의 그림은 아르곤(Ar) 플라즈마 처리 전, 후 반도체 기판의 볼 패드(Ball Pad)[5]에 잔존하는 오염물을 제거한 예이다.

---

5) 반도체 기판에 솔더 볼이 놓이는 영역

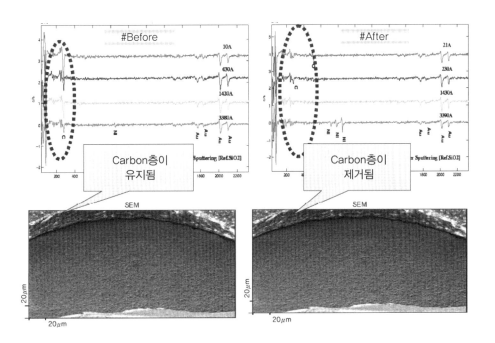

⑤ 기술 포인트

품질에 영향을 끼치는가 여부는 MRT(Moisture Resistance Test)라 불리는 흡습 저항 테스트를 통해 패키지 몰딩 수지(EMC, Epoxy Mold Compound)와 반도체 기판 (Substrate) 또는 패키지 몰딩 수지와 반도체 칩 간의 박리 유무로 평가가 가능하다.

표면 처리 후의 표면 변화는 접촉각(Contact Angle) 측정으로 확인하며, 측정값이 처리 전, 후 변화가 없을 시 또는 몰드 후 경화 공정(PMC, Post Mold Cure) 이후 박리가 발생한 경우에는 공정 조건, 특히 RF Power가 정상인가 하는 부분과 플라즈마 상태의 불빛이 정상인지를 통해 확인할 수 있다.

⑥ 공정 조건

(1) 플라즈마 클리닝(Plasma Cleaning) 조건은 인가 RF Power(100~600W), 시간, 그리고 기체 주입량에 의해 결정된다. 통상 동일 조건에서 처리 시간에 따라 반응 표면의 일관 성, 표면 상태가 달라진다.

(2) 장비 조건

　① 교류 전기력 : 300~500W

　② 시간 : 300~500s

　③ 가스 : 150schf

　④ 진공도 : 100mTorr 이하 유지

플라즈마

- 정상 상태 : 밝은 보라색 ~ 밝은 분홍색
- 비정상 상태 : 붉은색, 어두운 보라색

▌ 플라즈마 가동 후 플라즈마 상태 확인 ▌

⑦ 신뢰성

(1) 플라즈마 클리닝(Plasma Cleaning) 공정은 패키지 신뢰성에 영향을 주는 요인이며, 몰딩 수지(EMC, Epoxy Mold Compound)와 접촉하는 표면으로, 접착이 원활하지 않은 경우 MRT에서 박리가 발생함을 알 수 있다(아래 그림 참조).

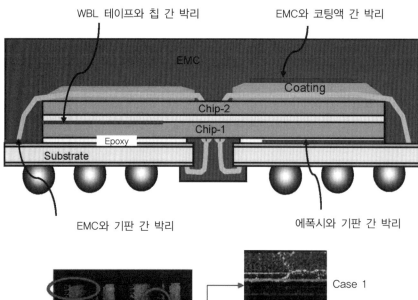

WBL 테이프와 칩 간 박리   EMC와 코팅액 간 박리

EMC와 기판 간 박리   에폭시와 기판 간 박리

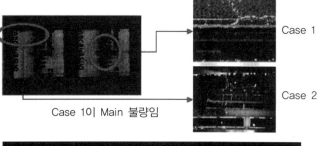

Case 1

Case 2

Case 1이 Main 불량임

특히, 앞 그림의 패키지는 골드 와이어 코팅 적용을 한 제품으로 코팅 물질과 몰딩 수지 사이에 접착이 이루어지지 않았을 경우 발생하는 깨짐 불량의 전형적인 모습이다. 이러한 깨짐 불량을 방지하기 위해서는 패키지 종류에 따른 플라즈마 클리닝 공정 조건을 최적화하며 불충분한 장비 조건에서의 작업을 사전에 방지할 수 있어야 한다.

(2) 접착력 저하에 의한 불량 발생 요인과 발생 유형

① EMC와 반도체 기판(Substrate) : 패키지 계면 박리(Package Delamination), 깨짐 (Crack)
② EMC와 반도체 칩(Chip) 또는 코팅 물질 표면 : 패키지 계면 박리, 깨짐
③ EMC와 골드 와이어(Gold Wire) : 패키지 계면 박리

8 접촉각(Contact Angle)

접촉각은 접촉각 측정기(DSA-100)로 측정하며 FBGA 제품의 접촉각은 50도 이내여야 한다. 접촉각 측정 원리는 표면이 오염되면 측정하고자 하는 물체 위에 물방울을 떨어뜨릴 시 표면장력 증가에 의한 각도 증가 원리를 응용한다.

9 장비 동작 가이드

(1) 장비의 동작을 위해 확인되어야 할 사항

① 공정 조건 확인(현 작업 조건)
② 작업 전, 장비의 이상 유무 확인
③ 시작 후 장비 창을 통한 플라즈마 불빛의 색을 확인
④ 작업 중 시그널 타워 램프(Signal Tower Lamp) 확인(이상 유무 확인)

(2) 장비 상태 이상(Tower Lamp 점멸)

① 리플렉트 파워 증가 : 기준치 이상 반사되면 플라즈마 "On" 알람
② 진공 리키지 : 기준치 이상이면 진공 알람
③ RF 파워 : "Not On"

모니터

제품 투입

작업 조건 확인	①
시작 (자동 모드)	②
시그널 타워 램프 확인 (녹색 점등)	③
"RF Power" 인가 확인	④
고주파 발생기의 파워 "On" 확인	⑤
플라즈마 불빛 확인	⑥

육안으로 확인

제품 꺼냄

2-14 W/B(Wire Bond) 공정 소개

칩(Chip)의 전극(Pad)과 외부 리드(Lead) 부위의 전극을 금속 세선(Wire)으로 연결하는 것을 말한다.

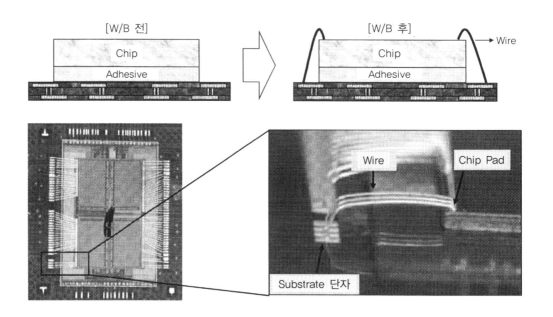

[W/B 전]
Chip
Adhesive

[W/B 후]
Chip
Adhesive
→ Wire

Wire
Chip Pad
Substrate 단자

① 와이어 본딩(Wire Bonding)의 4요소

(1) 본드 파워

본드 파워(Bond Power)에 의해 조정되는 본딩 에너지는 와이어 본딩 시 고열이 생성되는 요인으로서 초음파 에너지가 공급될 때 캐필러리(Capillary)를 진동시킨다.

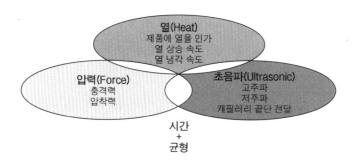

① 임피던스(Impedance)

본딩 에너지는 생성된 만큼 캐필러리(Capillary) 끝단에 전달되지 않는다. 또한 장비 프로그램 상에 입력한 수치가 항상 동일하게 캐필러리 끝단에 전달되지도 않는다. 이는 장비 부속품의 부적합한 세팅, 잘못된 장비 편차, 캐필러리가 정확하게 장착되지 않았을 때 발생된다. 트랜스듀서 혼(Transducer Horn) 상태가 일정한 와이어 본딩 결과를 만드는 중요한 역할을 하는데, 캐필러리 장착이 너무 느슨하거나 또는 너무 타이트할 때 설정된 값과 큰 차이를 보이는 와이어 본딩 파워가 캐필러리 끝단에 인가되므로 와이어 본딩 품질에 영향을 미친다.

② USG 방향

트랜스듀서(Transducer)에 전달되는 힘은 기본적으로 Y축 방향으로 인가된다.

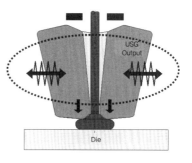

(2) 본드 포스(Bond Force)

본드 포스(Bond Force)는 캐필러리(Capillary)가 와이어 본딩이 되는 지점을 누르는 힘으로 초음파 본드 파워가 동작 중에 영향을 준다.

과도한 본드 포스는 본딩된 볼 높이(Bond Ball Height)가 낮아지며, 칩 패드 깨짐을 유발하고, 스티치(Stitch) 부분에서는 캐필러리 끝단이 과도하게 눌리게 된다. 본드 파워(Bond Power)보다는 와이어 본딩 품질에 작은 영향을 미친다.

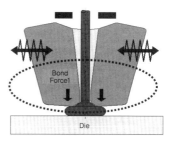

(3) 본드 타임(Bond Time)

볼 본드(Ball Bond)와 스티치 본드(Stitch Bond) 시 본드 파워(Bond Power)가 가해지는 시간이다.

(4) 본드 온도(Bond Temperature)

히트 블록(Heat-Block)의 열은 본드 파워(Bond Power)와 함께 실제 골드 와이어(Gold Wire)와 본드 패드/리드(Bond Pad/Lead) 간의 접합에 큰 역할을 한다. 낮은 온도는 볼 본드의 볼 접착력이 약해지며, 골드 와이어 루프를 형성하는 과정에서 타이트한 와이어 형성 가능성이 있다.

또한 과도한 온도는 볼 본드가 크게 퍼지며, 와이어(Wire)의 지나친 소프트함(Excessive Softness)으로 인해 와이어의 처짐 현상(Sagging)을 유발할 수 있다.

2 **와이어 본딩 파트(Wire Bonding Part)** : 경로모식도(Wire Bonding 장비)

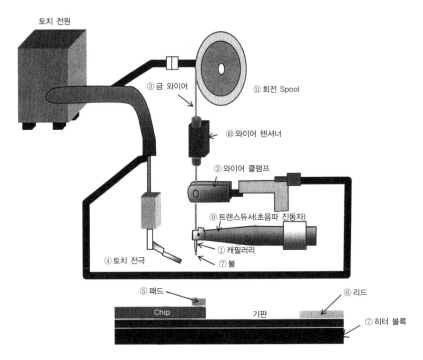

① 캐필러리 : 트랜스듀서(초음파 진동자)의 끝에 설치된, 초음파 에너지를 와이어에 접촉 전달하는 툴
② 와이어 클램프 : 상황에 따라 개폐해 와이어의 공급을 제어
③ 와이어 : 패드와 리드를 전기적으로 연결하기 위한 배선 재료는 보통 99.99% 순도의 금을 사용
④ 토치 전극 : 와이어의 끝 부분에 볼을 형성하기 위해서 전기 스파크를 발생
⑤ 패드 : 칩 측의 배선 접속부

⑥ 리드 : 리드 프레임 측의 배선 접속부

⑦ 볼 : 패드에 본딩하기 위해서 와이어의 끝 부분이 구형으로 형성된 상태의 것

⑧ 히터 블록 : 패드나 리드에 본딩할 때 아래쪽으로부터 가열

⑨ 트랜스듀서(초음파 진동자) : 본딩할 때 초음파 진동을 줌

⑩ 와이어 텐셔너 : 와이어의 공급 및 직진성을 제어

⑪ 회전 스풀(Spool) : 금 와이어 스풀(Spool)을 장착하는 곳

3 와이어 본딩 공정(1 Cycle Bonding)

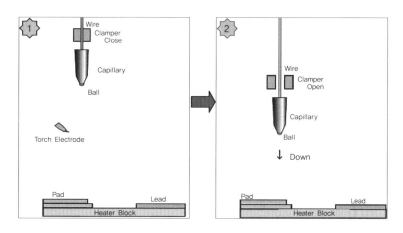

① 캐필러리 끝 부분에 볼이 존재한 상태로 스파크 레벨(Spark Level)에 대기한다. 이 때 클램프는 닫힌 상태이다.

② 클램프가 열리는 동시에 캐필러리가 하강한다. 서치 레벨(Search Level) 지점부터 서치 스피드(Search Speed)로 감속하여 하강한 후 패드와 접촉되면 임팩트 포스(Impact Force) 이후 본드 포스가 인가된다.

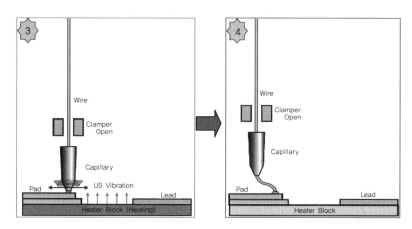

③ 와이어 본드 3요소인 가열, 하중, 초음파 진동이 설정 시간만큼 공급된다. 볼이 눌려서 접합부(Au-Al)에 금속 간 화합물 접합이 발생하고, 이때 클램프는 열리게 된다.

④ 적정한 와이어 모양(Loop)을 형성하기 위해서 캐필러리가 상승하면서 와이어 모양을 형성하고자 하는 방향의 반대로 움직인다(Reverse Action). 와이어 모양의 형성에 필요한 와이어 길이만큼의 캐필러리 끝으로부터 인출한다.

클램프는 Reverse Clamper Action을 "YES"로 설정했을 때를 제외하고 열려 있는 상태를 유지한다.

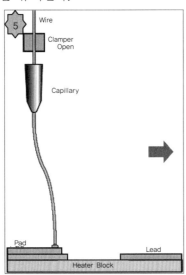
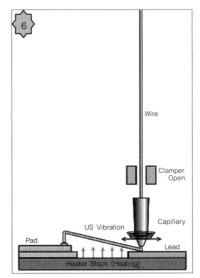

⑤ 캐필러리(Capillary)가 최상점에 도착하면, 클램퍼(Clamper)는 "클램퍼 개폐"를 "0"으로 설정했을 때를 제외하고는 닫아 X축 테이블, Y축 테이블, Z축 테이블이 동시에 움직여 캐필러리가 리드(Lead) 위치까지 이동한다.

⑥ 와이어 본드 3요소인 가열, 하중, 초음파진동이 설정 시간 공급된다.

와이어(Wire)가 눌려 접합부(Au−Al)에 금속 간 화합물 접합이 발생한다. 이때 클램퍼는 열리게 된다.

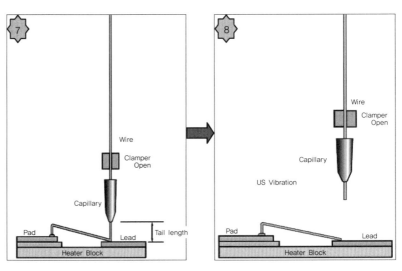

⑦ 캐필러리가 상승한다. 설정한 와이어 테일 길이(Tail Length)에 이르면 클램퍼는 닫히게 된다.

⑧ 클램퍼가 닫힌 상태로 캐필러리가 상승하고, 리드 접합부에서 와이어가 절단된다.

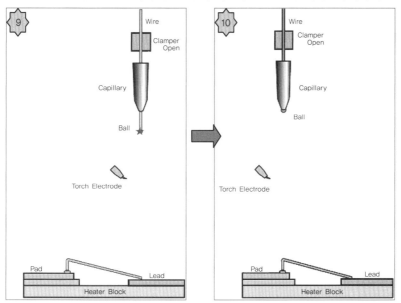

⑨ 캐필러리(Capillary)가 한층 더 상승하여 설정한 스파크 간격(Spark Gap)에 이르면 토치 막대(Torch Electrode)가 스파크(Spark)를 발생시켜 와이어 끝이 용해된다. 용해된 부분은 표면장력에 의해 볼이 된다.

⑩ X축 테이블, Y축 테이블이 이동하여 연속 동작 작업 시 다음의 패드(Pad) 상에서 정지한다.

④ 주요 와이어 본딩 모양

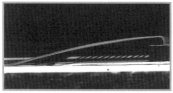

- 가장 기본적인 루프 모드

‖ 포워드 루프 ‖

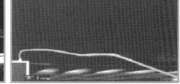

- 와이어의 변형으로 끊어짐을 방지하기 위해 "M" 형태로 형성

‖ M 루프 ‖

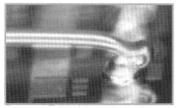

- 끊어짐에 취약한 볼목을 이중으로 눌러 구현

‖ 포워드 폴디드 루프 ‖

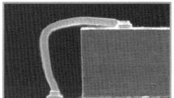

- 첫 번째 범프(Bump) 후 리버스 루프
- MCP 등 Low Loop Height 구현 시 사용

‖ 리버스 루프 ‖

루프 구조 명칭을 나타내는 그림에 Capillary, Gold Wire, Edge Height, Loop Height, Stitch부, Ball부, Die, Load, Wire Lead Length, Substrate 등이 표시되어 있다.

▌루프 구조 명칭 ▌

⑤ 와이어 본딩 공정 주요 불량 : 패드 뜯김 불량(Pad Peeling)―Lifted Metal and Cratering

일반적으로 다음의 인자들 간의 상호작용에 의해 와이어 본딩 중 전달되는 초음파 에너지의 총량에 영향을 받는다.

① 초음파 제너레이터 트랜스듀서의 임피던스와 와이어 본딩 설비의 부착 상태
② 캐필러리의 형성과 트랜스듀서의 장착 상태
③ 와이어 표면의 경도
④ 본딩 패드의 금속화

칩의 Al(알루미늄) 본드 패드와 본드 패드 하부층 간의 접착력을 높이기 위해 중간에 Ti(티타늄), TiN(티타늄나이트라이드)이 사용된다.

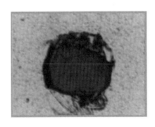 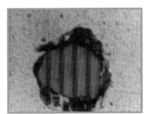

⑥ 와이어 본딩 방식

와이어 본딩에는 크게 2가지 본딩 방식이 있는데, 포워드 본딩(Forward Bonding) 방식과 리버스 본딩(Reverse Bonding) 방식이다. 포워드 본딩 방식은 와이어 본딩 횟수가 2회로 작업 속도가 빠르며, 리버스 본딩 방식은 Low Loop 및 Loop Height 편차가 적은 장점이 있다.

포워드 본딩(Forward Bonding)	리버스 본딩(Reverse Bonding)
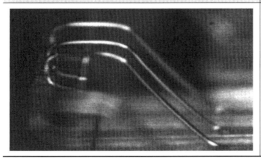	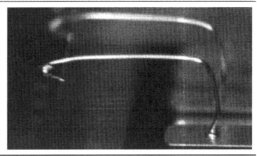

(1) 포워드 본딩 방식

칩(Chip)의 패드(Pad)에 볼(Ball)을 본딩(Bonding)하고 리드(Lead)에 스티치(Stitch)를 형성하는 본딩(Bonding) 방식이다.

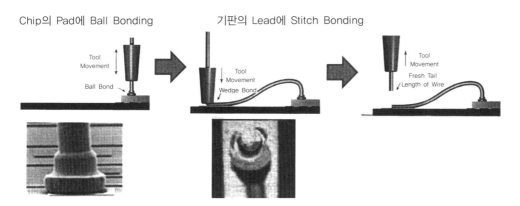

(2) 리버스 본딩 방식

칩(Chip)의 패드(Pad)에 범프 볼(Bump Ball)을 본딩(Bonding)하고 리드(Lead)에 볼 본딩한다. 이어 패드에 본딩된 범프 볼(Bump Ball) 위에 스티치(Stitch)를 본딩하는 방식이다.

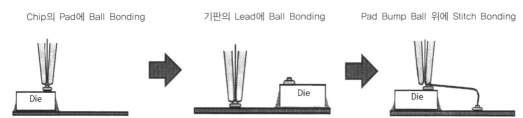

7 와이어 본딩 품질 항목

와이어 본딩 공정의 품질 관리 항목은 다음과 같다.

① 루프 높이(Loop Height) : 패드를 기준으로 루프의 정점(와이어 직경을 포함한 높이)

② 에지 높이(Edge Height) : 칩 끝단에서 바로 위 루프까지의 높이(와이어 직경을 포함한 높이)

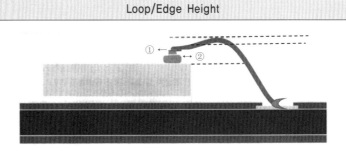

Loop/Edge Height

③ 본드 풀 테스트(Bond Pull Test) : 루프의 인장력 테스트(본딩된 와이어의 루프에 고리를 걸어 위로 당겼을 때 끊어지는 강도)

④ 본드 시어 테스트(Ball Shear Test) : 패드와 볼 간의 접착력 테스트(볼을 밀어서 본딩 패드에 본딩된 볼의 응력을 검사)

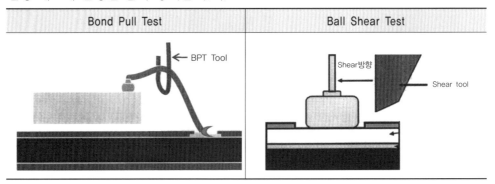

| Bond Pull Test | Ball Shear Test |

8 Wire Bonding 접합 여부 검출 방법 : NSOP, NSOL

(1) NSOP(Non Sticking in Pad)

패드에 볼을 접합하고 난 뒤 패드에 볼 접합 여부를 검출한다.

검출 순서는 다음과 같다.

① 와이어에 (+) 혹은 (−)의 전압을 가한다.

② 와이어가 패드에 접합되어 있으면, 디바이스(Device)를 통해 장비의 그라운드(Ground)와 연결이 되기 때문에, 0V가 검출된다.

semiconductor package

③ 접합되어 있지 않은 경우(불착), 장비의 그라운드(Ground)에 연결되어 있지 않아 가해진 전압이 검출된다.

④ 따라서, 0V가 검출되면 정상, 설정 값 이상의 전압이 검출되면 패드에 볼이 접합되어 있지 않다고 판단하여 장비에서 NSOP 에러가 발생된다(불착이라고 판단된다). 단, 제품이 장비의 그라운드(Ground)와 접지되어 있지 않으면 검출할 수 없다).

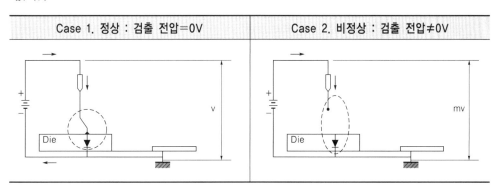

| Case 1. 정상 : 검출 전압＝0V | Case 2. 비정상 : 검출 전압≠0V |

(2) NSOL(Non Sticking On Lead)

리드(Bon Finger)에 스티치(Stitch) 접합 완료 후 스티치(Stitch)의 접합 여부를 검출한다.

검출 순서는 다음과 같다.

① 스티치 본드(Stitch Bond) 후 와이어가 상승할 때 와이어에 전압을 가한다.

② 와이어가 끊어져 있다면, 가해준 전압이 검출된다.

③ 리드와 와이어가 연결되었을 경우, 장비의 그라운드(Ground)와 연결이 되어 0V가 검출된다.

④ 따라서, 설정값 이상의 전압이 검출되면 정상, 0V가 검출되면 리드에 와이어가 접합되어 있다고 판단하여 장비에서 NSOL 에러가 발생된다.

단, 제품이 장비의 그라운드(Ground)와 접지되어 있지 않으면 검출할 수 없다.

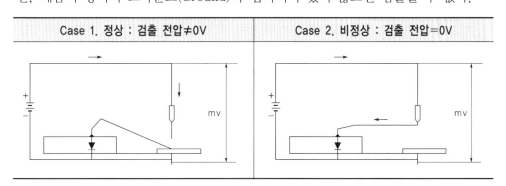

| Case 1. 정상 : 검출 전압≠0V | Case 2. 비정상 : 검출 전압＝0V |

semiconductor package

2-15 몰드(Mold) 공정

(1) 몰드 공정의 개요

몰드(Mold)란 한자로는 덮는다고 하여 봉지(封脂)라고도 하고 영어로는 Encapsulation, 통상적인 말은 '몰드(Mold)한다' 혹은 '성형(成形)한다'라고 한다.

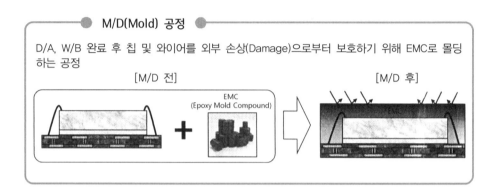

M/D(Mold) 공정

D/A, W/B 완료 후 칩 및 와이어를 외부 손상(Damage)으로부터 보호하기 위해 EMC로 몰딩하는 공정

[M/D 전]   EMC (Epoxy Mold Compound)   [M/D 후]

금형에 반제품을 넣고 몰드 수지(EMC, Epoxy Mold Compound)를 녹여 외곽 부분을 덮어서 굳혀 주는 공정이다(아래 그림 참조).

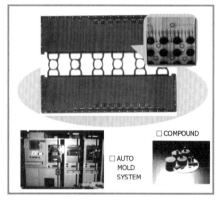

❚ BOC 타입 ❚

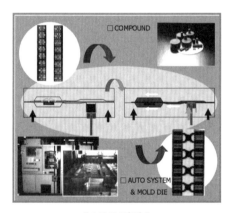

❚ LOC 타입 ❚

(2) EMC(Epoxy Molding Compound)

와이어 본딩(Wire Bonding)된 반제품의 칩(Chip) 및 반도체 기판(Substrate) 일부를 봉지하는 데 사용되는 성형 재료이다. 필러(Filler) 및 수지(Resin)를 주성분으로 각종 배합제를 가하여 성형하기 쉽게 만든 수지로서, 한 번 열을 받아 모형이 형성되면 변형되지 않는 성질(열경화성 수지)을 갖고 있는 원재료이다. 원기둥 형태의 태블릿(Tablet)으로 제공된다.

(3) 열경화성 수지(Thermo-Set Resin)

일정 온도의 열을 받으면 점도가 낮아지다가 내부적으로 결합반응에 의한 크로스 링크(Cross-Link) 구조가 형성되면서 급격히 점도가 올라가고, 반응이 완전히 완료되면 물리적, 화학적으로 안정되고 기계적 강도가 높은 경화물이 되는 수지를 말한다.

(4) 몰드 방법

① Transfer Mold(T-Mold) : 가장 보편적인 성형 방법이다.

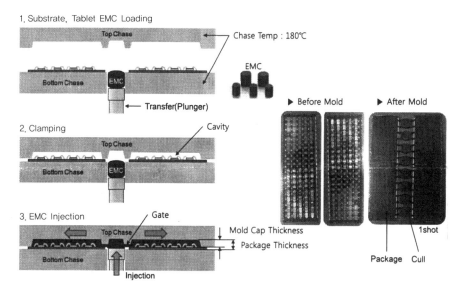

② Vacuum Transfer Mold(V-Mold) : 두께가 상대적으로 얇은 성형 방법(모바일 제품에 사용)이다.

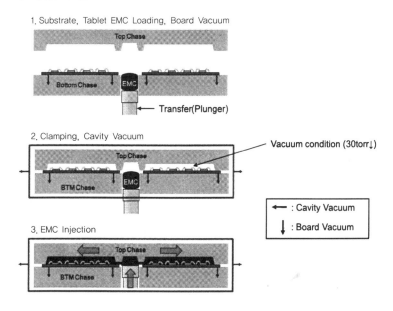

③ Compression Mold(C-Mold) : EMC의 필러(Filler) 분산성을 향상하여 패키지의 비틀림(Warpage)을 보정하기 위해 사용하는 성형 방법으로 Thin 패키지에 적용이 증가하는 추세이다.

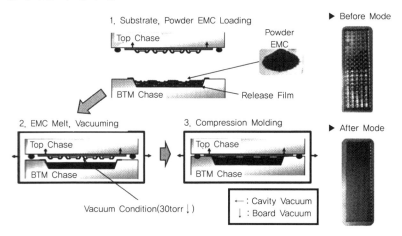

▌몰드 방법 비교▐

구 분	Transfer Mold	Vacuum Mold	Compression Mold
모식도			
적용 & 방식	Normal Product	• Premium Product • 기존 Transfer Mold에 Board Vacuum 및 Cavity Vacuum 추가된 장비	• High Premium Product • Powder EMC 사용하여 Compression Mold하는 방식
장점	• Low Cost • High UPH • 장비 구조 Simple	• High UPH • 기존 T-Mold와 동일 EMC 적용(호환성) • Cavity Vacuum에 의한 Mold 충진성 우수 → EMC 흐름성 차이 최소화로 품질 향상 • Vacuum 적용으로 Wire Sagging 극복	• Narrow Top Margin 구현 가능 • EMC의 유동이 없어 Wire Sweep 미발생(Fine Pitch & Long Wire에 유리. Void 없음) • Release Film 사용으로 Cleaning 불필요(Wax Less Resin 사용 → Delamination 억제)
단점	• High Stack에서 Wire Sweeping 발생 • 금형 Cleaning 필요	• Vacuum Hole 막힘에 의한 불량 발생 • Vacuum에 대한 Maintenance 중요(금형 Cleaning 시간 증가)	• Low Capa • High Running Cost(Power EMC, Release Film) • 기존 EMC와 색상 차로 인한 호환성 부족
Material	Tablet	←	Powder

2-16 마킹(Marking) 공정

제품의 표면에 반도체 칩(Chip)의 고유 명칭, 제조 연월일, 제품의 특성, 일련번호 등을 고객 요구에 맞게 인쇄하는 공정이다. 방법으로는 제품 표면에 표시하는 T.S.S와 제품 뒷면에 표시하는 B.S.S 방법이 있다. 마킹(Marking) 재질에 의한 분류는 잉크 마킹(Ink Marking), 레이저 마킹(Laser Marking) 방법이 있다.

마킹 공정에서 확인해야 할 사항으로는 마킹 블록(Marking Block)과 마킹 패드(Marking Pad)의 적절한 사용 등을 고려하고 또한 마킹 패드(Marking Pad)에 의한 압력이 칩에 미치게 될 영향 등을 고려해 칩에 손상이 가지 않을 정도의 압력을 가하는 것이 중요하다.

◆ Marking 공정의 정의 ◆

레이저를 이용하여 몰딩이 완료된 패키지의 몰드면에 1번 핀(Pin) 위치와 Lot No.를 표기하는 공정이다. 일부 고객의 요청으로 업체 로고(Logo)도 표기하고 있다.

→ 제품 이력 관리(Traceability)를 용이하게 하기 위해 고유한 Lot No.를 PKG 표면에 마킹한다. 모바일 패키지의 경우 M/D에서 와이어 간의 탑 마진(Top Margin)이 적어 그린 레이저 소스(Green Laser Source) 사용이 증가하는 추세이다.

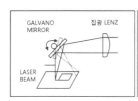
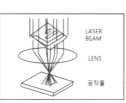
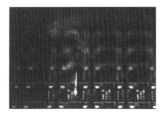

2-17 PMC 공정

1 PMC의 의미

PMC란 포스트 몰드 큐어(Post Mold Cure)의 약자로 EMC의 크로스 링크 구조를 좀
더 견고한 구조로 경화시켜 물리적인 신뢰성을 향상시키는 공정이다.

(1) PMC 공정 변수

온도 ⇒ 175℃ / 시간 ⇒ EMC에 따라 1~5hrs

(2) 유리 전이 온도(Tg, Glass Transition Temperature)

재료의 원자 또는 분자의 결합 및 배열 정도가 달라져 스페시픽 히트(Specific Heat,
Cp)와 같은 열적 성질이 급격하게 달라지는 온도 또는 열팽창계수가 달라지는 온도이다.

(3) 망상 구조(Cross-Link Structure)

선 모양의 고분자 화합물의 일부가 다른 선 모양의 고분자 화합물과 반응하여 붙음으
로써 여러 선들이 연결되어 그물 모양이 되는 것처럼 그물 모양의 구조를 가진 화합물로
변화하는 현상이다.

2 F/D FBGA 패키지 PMC 온도 조건

Cure Oven

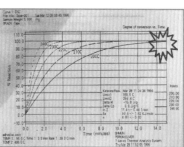

접착력 증가

③ LOC 패키지 PMC 온도 조건

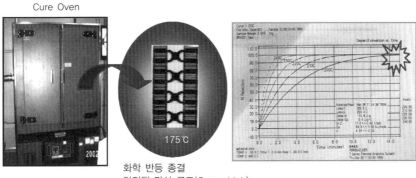

Cure Oven

175℃

화학 반등 종결
안정된 망상 구조(Cross-Link)
우수한 역학적 물성

2-18 솔더 볼 마운트 공정

(1) SBM 공정 구성

솔더 볼 마운트(Solder Ball Mount) 공정은 반도체 기판의 솔더 볼 패드에 플럭스(Flux)를 도포 후 솔더 볼(Solder Ball)을 부착하여 리플로우(Reflow)를 통해 솔더 볼과 반도체 기판의 솔더 볼 패드 간의 합금이 이루어지게 하는 공정으로 크게 3가지 장비로 구성되는데, 장비는 솔더 볼 마운트 장비, 리플로우 장비, 플럭스 제거 장비이다.

(2) SBM 공정순서

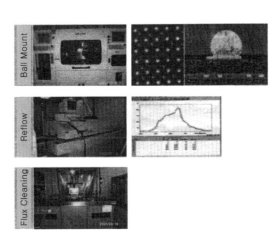

TERMS

① Ball Mount
Squeeze로 Flux 도포 높이를 균일화 후 Pin에 Flux 묻히고 Pin이 이동하여 Ball Land에 Flux 묻힌 후 Vision으로 장비가 확인하여 Vacuum으로 Ball을 운반하여 Ball Land에 Ball을 놓음.
※ Flux 성분 : 송진
※ Vision이 볼 붙일 위치, Ball Size Inspection 한다.

② Reflow
열을 가하면 Sub의 Cu와 Ball의 Sn이 Intermetall 하여 Ball이 Pad에 붙는다.
※ 5개의 온도 구간으로 온도를 서서히 올린다. 급하게 올리면 Stress를 많이 받기 때문.

③ Reflex
Deionized Water로 잔여물(Flux)을 제거한다.

SBM(Solder Ball Mount) 공정은 PKG 완제품을 외부 단자와 연결할 수 있도록 Substrate 에 Solder Ball을 부착하는 공정이다.

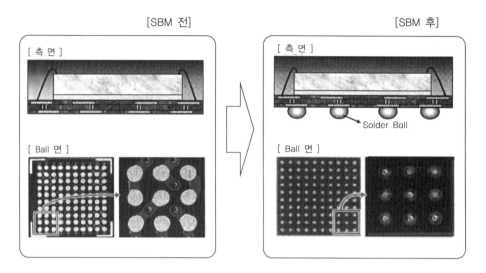

① 구성 장비 및 역할

(1) 솔더 볼 마운트(SBM, Solder Ball Mount)

① 솔더링(Soldering)을 위해 플럭스(Flux)를 솔더 볼 패드(Ball Pad)에 도포하고 솔더 볼을 부착하며, 품질을 확인하는 공정이다.

② 솔더링이란 솔더 볼과 반도체 기판의 솔더 볼 패드 간에 합금이 이루어지게 하는 것이다.

③ 플럭스 도포(Flux Dotting)량, 솔더 볼 부착 위치(Ball Attach Position) 등이 주요 관리 포인트이다.

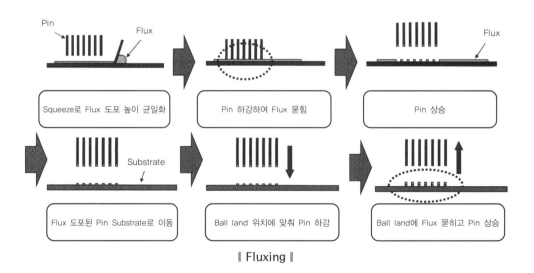

| Fluxing |

semiconductor package

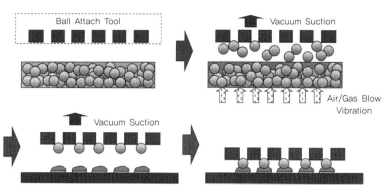

┃ Ball Placement ┃

(2) 리플로우(Reflow)

솔더 볼과 부착된 반도체 기판에 온도를 가하여(최고 온도 240~250℃) 솔더 볼 기판의 솔더 볼이 접합되도록 한다. 즉 솔더링(Soldering)이 이루어지는 공정이다.

① 리플로우 온도 곡선(Reflow Profile)에 의해 솔더 조인트(Solder Joint) 신뢰성이 결정된다.

② **관리 항목** : 리플로우 구간(Reflow Zone)별 온도 및 시간을 제어해야 한다.

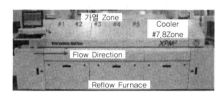 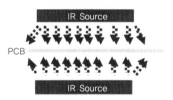

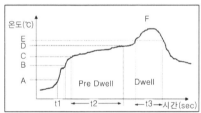

Zone	Condition	Remarks
Ramp Up(B–A)/t1	50 → 140℃ 1~4℃↑/sec	—
Pre Dwell (C~D 구간 t2시간)	150 → 190℃ 55~120sec	자재 전체의 온도 차이(Δt)를 최소화 플럭스의 유기 용제 성분을 휘발, 플럭스의 활성을 유도
Dwell (E 온도 이상의 시간)	220℃ 이상 20~40sec	Melting Temperature 이상에서의 유지 시간 솔더링에서의 양·불량 결정의 기준
Peak Temp (최상점 온도 F)	240~255℃	자재의 최상점의 온도 솔더링 품질을 결정
Cooling (최상점 이후 온도)	220 → 100℃ 1~4℃↑/sec	솔더 볼 표면의 품질을 결정하는 인자 너무 느리거나 너무 빠른 온도 곡선(Profile) 조건 시 불량 발생

semiconductor package

(3) 플럭스 클리닝(Flux Cleaning)

솔더링(Soldering)을 위해 도포되었던 플럭스(Flux)를 제거하는 공정으로 DI 워터(DI Water)를 분사하여 표면 플럭스 잔여물(Flux Residue)을 제거한다.

(4) 플럭스 클리닝을 제외한 솔더 볼 마운트 공정 장비 구성 및 역할 그림은 다음과 같다.

Solder Ball Mounter	Reflow Furnace
• 플럭스 도포 • 솔더 볼을 올림	• 리플로우 장비에서 열 인가

※ 주요 관리점은 플럭스양, 솔더 볼 위치 등

● **플럭스(Flux)의 개념** ●

금속 또는 합금을 용해할 때 용해한 금속 면이 직접 대기에 닿으면 산화하거나 대기 속의 수분과 반응하여 수소를 흡수하여 불편한 경우가 있으므로, 대기와 닿는 것을 방해할 목적으로 금속의 표면에 용해한 염류에 의한 얇은 층을 만드는 것을 생각하게 되었다. 이를 위해서는 용해한 금속과 반응하여 자체로부터 불순물이 들어갈 염려가 없는 염을 섞어서 공정(共晶)을 이용하여 녹는점을 내리면 녹아 있는 금속보다 융점이 낮아지면서 녹은 염은 금속의 액체보다 비중이 가벼우므로 염류가 녹은 것이 금속 액체의 표면에 떠서 얇은 층을 이루어 이것을 뒤덮는다. 이를 위해 사용하는 혼합염을 플럭스라고 한다. 납땜·용접 등으로 금속을 접합할 때에 접착면의 산화를 방지하여 접합이 완전하게 되도록 염화물·플루오르화물·수지(樹脂) 등을 플럭스로 이용한다.

---

② 솔더 볼 마운트 공정(SBM Process)

솔더 볼 부착 전 플럭스(Flux)의 도포는 공정 진행에 있어 매우 중요하다.

플럭스 도포는 솔더 볼 패스를 기준으로 100% 이상이어야 하며, 솔더 볼 부착 시 솔더 볼의 위치가 40% 이상 벗어나지 않아야 한다. 세부 규정은 다음과 같다.

(1) 플럭스 도포 위치(Flux Dotting Position)

반도체 기판의 솔더 볼 패드(Ball Land 또는 Ball Pad) 전체에 도포되어야 한다.

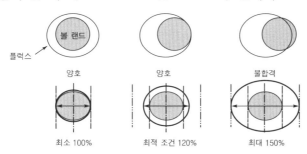

(2) 솔더 볼 부착 위치(Ball Attach Position)

여기서, L : 볼랜드 가장자리선에서 솔더 볼의 끝선이 벗어날 길이로 L은 볼랜드 직경의 40% 이하여야 양호하다.

(3) 무연 솔더 볼, 유연 솔더 볼 외관 구별

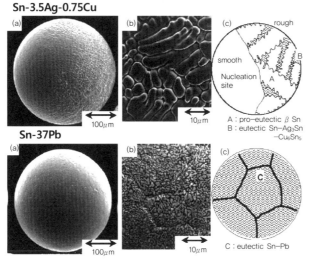

(a) Low Mag., (b) High Mag., (c) Schematic Microstructure

(4) 무연 솔더 볼(Lead Free Ball) 표면 특징

Sn-3.5Ag-0.75Cu의 그림 "C"에서 보듯이 Sn/Ag/Cu Ball은 2개의 영역으로 나뉜다 (예 : Rough Area / Smooth Area). Smooth 표면은 핵 형성부이고, Rough 표면은 미공용(未共融) 상태의 Sn과 공용 상태의 $Sn-Ag_3Sn-Cu_6Sn_5$의 혼합물이다. Rough 표면의 미세구조는 Ag_3Sn & Cu_6Sn_5의 운동역학과 관계된다. 반면 공용 결합된 SnPb는 항상 미세구조로 존재한다.

③ SBM 공정 절차(SBM Process Flow)

솔더 볼 마운트(Solder Ball Mount) 공정에서 가장 중요한 것이 리플로우(Reflow)의 온도 곡선이다.

다시 설명할 것이지만, 리플로우 온도 곡선(Reflow Temp. Profile)의 무단 변경 또는 임의 변경은 철저히 배제되어야 한다.

다음의 그림은 SBM 공정 절차를 도식화한 것이다.

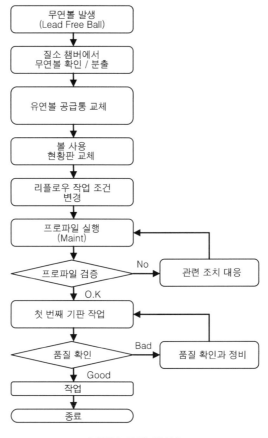

┃ SBM 공정 절차 ┃

● **용융 온도(Melting Temperature)** ●

- 63Sn37Pb : 183℃
- Sn3Ag0.5Cu : 220℃

- Sn4Ag0.5Cu : 218℃
- Sn1Ag0.5Cu : 232℃

---

④ 기술 지원(Technical Support)

(1) 리플로우 온도 곡선(Reflow Profile)의 의미

리플로우(Reflow)는 각 구간으로 나뉘어 따로 온도를 설정할 수 있으며 이 구간의 온

semiconductor package

도를 조정함으로써 온도 구간 설정의 온도 곡선을 제어할 수 있다.

이외에 리플로우 장비의 기판 이송 속도의 속도를 조정함으로써 온도 곡선(Profile)의 전체 시간 및 각 구간에서의 시간을 제어할 수 있다. 일반적인 리플로우 전체 시간, 그리고 기판 이송 속도는 다음과 같이 구할 수 있다.

$$S(\text{Reflow Length}) = V \times T \,(V : \text{cm/min}, \ T : \text{Time})$$

예로 리플로우 길이가 3m이고, 기판 이송 속도가 50cm/Min인 장비의 공정 시간(T)은 6분이 소요된다.

(2) 온도 곡선 예시

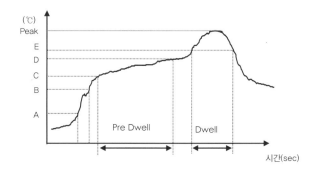

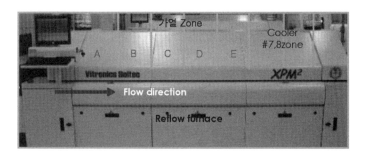

분 류	역 할
플럭서(Fluxer)	플럭스를 도포하는 역할
프리 히터	솔더링하기 전에 기판과 부품을 예비 가열하는 곳 • PCB로부터 플럭스의 알코올 등 휘발물질을 제거하는 역할(물 증발) • 예열은 플럭스의 활성화를 도움 • 열 충격에 의해 발생할 수 있는 기판의 휨이나 부품의 열손상을 완화함

솔더 조	• 솔더링을 하는 분류식 조
	• 더블 웨이브
	  – 1차 솔더 웨이브 : 기판 사이에 존재하는 가스를 제거하고 칩 부품의 공간을 메우면서 솔더링
	  – 2차 솔더 웨이브 : 과도한 솔더를 깎아내거나 브리지의 발생 억제

분 류	역 할
냉각 팬	솔더링의 강도를 높이고 열 쇼크 방지. 냉각 속도가 빠르면 조직이 더 미세해짐(조직이 미세할수록 솔더의 Grain Size가 작아져 인장강도 증가, 전단강도에는 영향 크지 않음). 예를 들어, 10K/min에서 50K/min로 증가시켰을 때 솔더와 패드 계면의 IMC층의 두께가 감소하였으나 그 이상은 냉각 속도를 증가시켜도 두께가 감소하지 않음. 냉각 속도는 3℃/s 이상으로 할 것
컨베이어	기판 운반 역할

(3) 리플로우 온도 곡선 스펙

항 목	정 의	SnPb(63:37)	SnAqCu(Lead Free)
Ramp Up	(B-A)/t1	50→120℃, 1~4℃/sec	50→140℃, 1~4℃/sec
Pre Dwell	D~C구간의 t2시간	130→160℃, 60~120초	150→190℃, 60~120초
Dwell	E온도 이상의 시간	183℃ 이상, 35~55초	220℃ 이상, 25~45초
Peak Temp	최상점 온도	Max 240℃	250±5℃

⑤ 온도 곡선의 작성

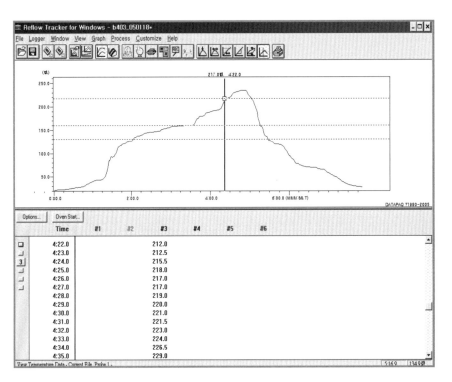

(1) 예열 구간(Preheating, Pre Dwell)

예열 구간에서는 자재 전체의 온도 차이(Δt)를 최소화하고, 플럭스(Flux) 성분 중 유기 용재 성분을 휘발시켜 충분한 플럭스의 활성을 유도하기 위해 설정하며, 온도가 너무 낮거나 시간이 짧으면 최고 온도 구간에서의 온도 차이로 냉납이 될 수 있다.

(2) 드웰 구간(Dwell Time)

드웰 구간(Dwell Time)은 솔더 볼의 용융 온도 이하에서의 유지 시간으로 솔더링(Soldering)에서의 양, 불량 결정의 기준이 된다. 짧은 온도와 시간 설정은 미접합이 발생할 수 있으며 불량한 솔더링이 일어날 수 있기 때문에 중요한 구간이다.

(3) 최고 온도 구간(Peak Temperature)

자재의 최상점의 온도로서 솔더링(Soldering)에서 가장 중요한 부분이며 전체적인 솔더링 품질을 결정한다. 너무 낮은 온도는 냉납(Cold Soldering)이라고 하는 접합 불량이 나타날 수 있다.

(4) 쿨링 구간(Cooling Rate)

쿨링 구간은 솔더 볼(Solder Ball) 표면의 품질을 결정하는 인자로 작용한다. 너무 느리거나 너무 빠른 쿨링 속도는 불량률을 높일 수 있다.

6 불량 점검 및 주요 불량

(1) 점검 항목

① 솔더 볼 표면 검사(Ball Surface Inspection) : 솔더 볼 표면 불량 여부 점검
② 본더빌리티 점검(Bondability Check) : 솔더 볼 전단 검사(BST, Ball Shear Test), 솔더 볼 인장 검사(BPT, Ball Pull Test)를 통해 강도값(평균치 및 STD), 파단면 점검(Ball Fail, IMC Fail, Pad Fail 등) 주로 BST로 평가
③ 단면 절단(Cross-section) 후 합금층 성장 거동 관찰 : 합금층(IMC, Intermetallic Compound)의 두께 및 분포
④ 단면 절단 후 또는 X-ray 관찰로 합금층 기포 점검

(2) 젖음성(Wettability) 특성에 따른 불량 형태

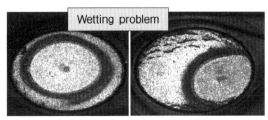

젖음성(Wetting) 문제 발생 원인은 다음과 같다.

① 금속 패드 산화(Metal Pad Oxidation) 또는 금속 패드 오염(Metal Pad Contamination)

② 플럭스(Flux) 도포 불균일 또는 플럭스 성능 불량

③ 오염된 솔더 볼 또는 솔더 볼 산화

④ 잘못된 리플로우 온도 곡선(Reflow Profile)에 의한 플럭스 성능 열화 또는 플럭스가 기능을 제대로 발휘하지 못하는 경우

이 중 가장 주된 원인은 플럭스와 관계가 있다.

또 한 가지 가능성으로는 너무 짧은 예열 구간 시간(Preheating Time)에 의해 플럭스의 활성화가 채 이루어지지 않은 경우 또한 젖음성 문제(Wetting Problem)가 발생할 수 있다.

(3) 솔더 볼 기포(Solder Ball Void) 불량 형태

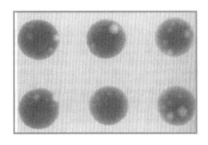

기포(Void) 발생 원인은 다음과 같다.

① 솔더 볼 또는 기판 패드에 존재하는 비젖음 영역(Non-Wettable Spot)에 의해 플럭스가 갇히게 되어 기체 방울(Fume Bubble)이 형성되어 기포(Void)를 형성한다. 너무 긴 예열 구간 시간일 경우가 그렇다.

② 플럭스 내 활성물질의 Dry-out인 경우 발생한다.

③ 기판 패드 또는 솔더 볼 산화(Solder Ball Oxidation)에 의한 플럭스 갇힘(Entrapped Flux) 증가를 야기하여 기포 생성을 촉진하고 또한 드웰 구간이 너무 짧아 발생된 기체가 솔더링 영역 밖으로 탈출할 시간적 여유를 주지 않아 이 역시 기포 형성의 원인이다.

7 솔더 접합 신뢰성(Solder Joint Reliability)

FBGA 패키지를 PCB 기판에 실장하였을 경우, 실제 응용 제품에서 발생할 수 있는 주요 불량 메커니즘은 CTE(열팽창계수) 차이에 의한 솔더 접합부 깨짐(Solder Joint Crack)이며, 열팽창계수의 차이는 반도체 소자의 전력 분산, 외부 시스템 On/Off, 환경 등에 의해 발생하며 주로 솔더 볼(Solder Ball)과 PCB 기판 패드 사이의 전기적 연결 끊어짐 형태로 나타난다.

솔더 접합 불량 양상은 다음과 같다(아래 그림 참조).

① 1번은 반도체 기판 계면에서 Initial Crack Point를 따라 Crack이 발생되는 양상이다.

② 2번은 PCB 계면을 따라 Crack이 발생되는 양상이다.

③ 1, 2번의 불량은 IMC(Inter Metallic Compound) 계면을 따라 Crack이 발생되며, 원인으로는 Brittle한 IMC가 솔더링 후 External Damage(Mechanical, Thermal Stress)를 받는 경우 발생이 된다.

④ 3번의 경우에는 PKG Pattern에서 Crack이 발생하는 양상이며, 5번의 경우에는 PCB Pattern에서 Crack이 발생하는 양상이다. 이는 External Damage를 받았을 경우 Ball Land와 Solder Ball 간의 접착력이 Pattern의 지지력보다 클 경우에 발생이 되며, PCB 또는 반도체 기판의 도금 불량 발생 시에 발생되는 경우도 있다.

⑤ 4번의 경우 Solder Bulk 내 Crack이 발생되는 경우로 Solder Crack 측면에서는 가장 안정적으로 발생되는 양상이다.

⑥ 응력으로 보았을 때 IMC부 Crack이 발생 빈도가 높으며, 4번의 경우에는 Solder Composition에 대한 조사가 필요하다.

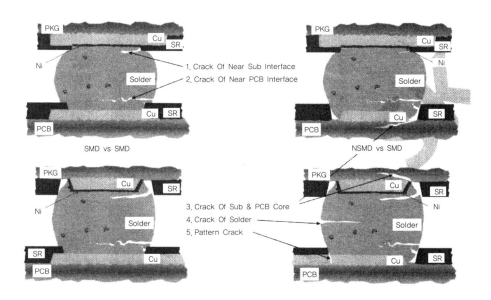

(1) CTE(열팽창계수)에 의한 솔더 접합부 깨짐

FBGA 패키지는 PCB 기판과 솔더 볼(Solder Ball)로서 연결된다. 솔더 볼은 패키지와

PCB 기판과의 전기적 신호의 연결뿐만 아니라 기계적인 결합의 역할도 한다. 따라서 솔더 볼의 깨짐 발생은 반도체의 신뢰성에 큰 영향을 미치게 되는데, 솔더 볼에 깨짐이 발생하는 주요한 원인은 패키지와 PCB 기판의 열팽창계수(CTE) 차이 때문이다.

다음 그림의 (a)에서 보이는 것처럼 열팽창계수가 큰 PCB 기판이 열팽창계수가 상대적으로 작은 패키지에 비해서 고온에서는 많이 팽창하고, 저온에서는 더 많이 수축함으로써 온도 구간 반복(Thermal Cycle) 인가 시 솔더 볼에 주기적인 응력을 주게 되고, 결국 솔더 볼에 깨짐을 발생시킨다.

참고로 반도체 패키지에서 온도 반복 구간은 대부분 0~125℃ 온도 범위이다.

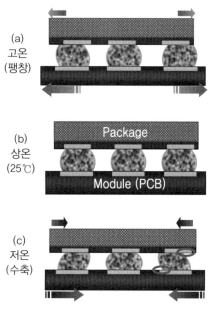

‖ 열팽창계수 차이에 의한 솔더 볼의 응력 변화 ‖

(2) CTE(열팽창계수)에 의한 솔더 접합부 깨짐 모델링

아래 그림과 같이 고온이 인가될 경우 팽창, 반대의 경우 수축에 의한 전단 스트레스(Stress)가 작용한다.

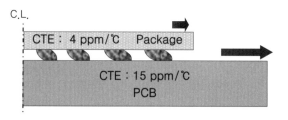

‖ 패키지의 CTE 차이에 의한 솔더 볼의 변형 형태(전단하중) ‖

다음 그림과 같이 서로 다른 재료 접합 시 열 변형으로 인한 굽힘이 발생하기도 한다.

semiconductor package

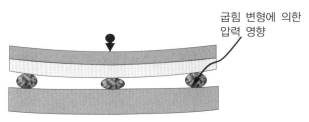

┃ 패키지의 굽힘 변형으로 인한 솔더 볼의 변형 형태 ┃

아래 그림은 스트레스(Stress) 방향에 따른 균열을 그림으로 나타낸 것이다.

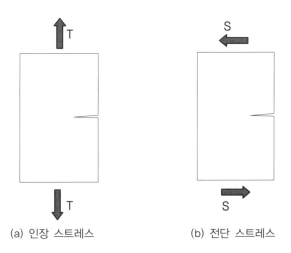

(a) 인장 스트레스   (b) 전단 스트레스

┃ 인장 하중을 받는 균열과 전단 하중을 받는 균열 ┃

(3) 가상 해석 결과 예시

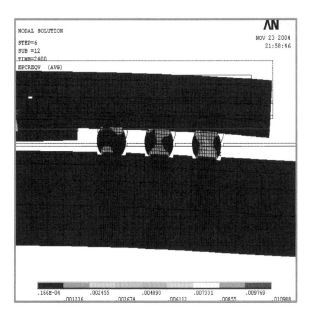

- 온도 조건 125℃ → −35℃인 패키지와 PCB 기판이다.
- PCB 기판의 변화를 보여 주는 그림이다.
- 패키지 가장자리에서 가장 큰 변형을 일으킴을 알 수 있다.

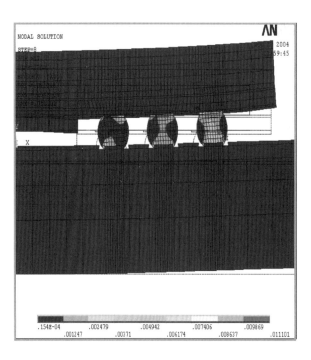

• 온도 조건 −35℃ → 125℃인 패키지와 PCB 기판이다.
• 최외곽 솔더 볼 부위에서 가장 큰 축적된 비탄력적 긴장(Accumulated Inelastic Strain)이 발생함을 알 수 있다.

(4) 응력분포(솔더 볼) 예시

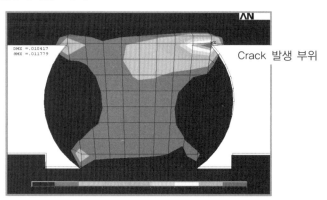

Crack 발생 부위

(5) 솔더 접착 깨짐 실물 사진 예시

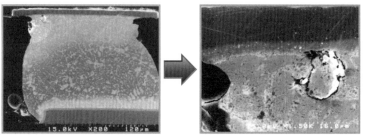

(위 : 반도체 기판, 아래 : PCB)

2-19 트림(Trim) 공정

트림 공정은 절단 펀치(Cutting Punch)를 이용하여 리드 프레임의 아웃 리드(Out Lead)의 연결부인 댐버(Dambar)를 제거하는 공정이다(아래 그림 참조).

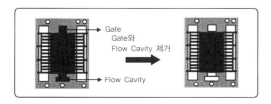 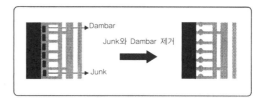

① 트림 장비의 구성

트림 장비는 크게 로더(Loader)부, 프레스(Press)부, 언로더(Unloader)부 3부분으로 구성된다. 먼저 로더부는 매거진(Magazine) 적재부, 리드 프레임 이송부(L/F Transfer), 인렛 가이드 레일(Inlet Guide Rail)로 구성되며, 프레스부는 주 금형 및 인덱스 피더 가이드 레일(Index Feeder Guide Rail)로 구성된다. 주 금형은 트림(Trim) 공정의 품질에 가장 큰 영향을 주는 요소이기도 하다. 언로더부는 매거진 적재부, 리드 프레임 이송부, 인렛 가이드 레일로 구성되어 있다.

② 주 금형 구조 및 명칭

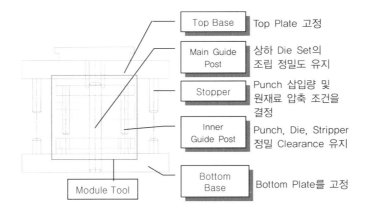

③ 프레스(Press) 동작 원리

모터(Motor)의 회전운동이 프레스(Press)의 상하운동으로 변형되며(아래 그림 참조), 프레스의 상하운동 횟수는 일반적으로 분당 150~300회까지 동작을 한다.

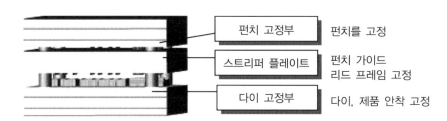

주 금형

모터

(1) 모듈 툴(Module Tool) 구조 예시

펀치 고정부	펀치를 고정
스트리퍼 플레이트	펀치 가이드 리드 프레임 고정
다이 고정부	다이, 제품 안착 고정

(2) 댐버 컷(Dambar Cut) 모형도 예시

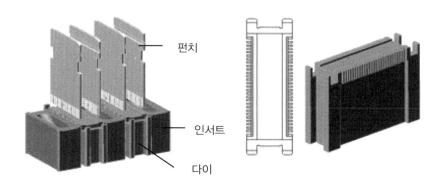

펀치

인서트

다이

동작 모드(Mode)는 댐버 펀치(Dambar Punch)가 낙하하며 댐버를 절단한다.

(3) 댐버 펀치(Dambar Punch)

펀치(Punch) 마모 시나 파손 시 대량 불량 가능성이 있으므로 경도와 인장강도가 가장 우수한 초미세립자 초경을 사용한다.

프레스 횟수에 따라 교체를 해주어야 하는 소모성 기구이다.

(4) 댐버 다이(Dambar Die)

강도와 경도가 우수한 미세립자 초경을 사용한다. 프레스 횟수(Stroke)별 교체를 해주어야 하는 소모성 기구이다.

(5) 댐버 다이 인서트(Dambar Die Insert)

제품이 안착되는 부위로 마모가 심하지 않아 SKD를 사용하며, 교체 주기는 일정하지 않다.

④ 주요 불량 유형

(1) 패키지 외곽 깨짐(Side Crack)과 패키지 깨짐

초기 불량 유형으로 리드(Lead)의 상면으로 깨짐(Crack)이 진전하는 불량으로 2가지 원인으로 발생된다(아래 그림 참조).

① 원인

　　㉠ 댐버 다이(Dambar Die)와 인서트(Insert)의 단차가 큰 경우 패키지 상면으로 스트레스(Stress)가 전달되어 깨짐이 발생한다.

　　㉡ 이물질이 인서트 위에 놓여 패키지 아래 면에 스트레스를 가하는 경우가 발생한다.

② 관리 방법

　　㉠ 패키지 하부 몸체 두께보다 댐버 다이와 인서트의 단차를 10~20μm 작게 설치한다.

　　㉡ 인서트의 지지부의 폭을 작게 설계하여 이물이 얹혀지는 것을 방지하고 이물질을 진공으로 흡입하는 동작을 주기적으로 점검한다.

(2) 댐버 침입(Dambar Intrusion)

댐버 펀치(Dambar Punch)에 의해 리드가 규격 이상으로 잘려 나가는 현상이다.

① 원인

　　㉠ 리드 프레임 홀(L/F Hole)과 금형의 핀(Pin) 위치가 일치하지 않아 사진과 같은 형태로 나타나는 현상으로 홀 찍힘(Hole Damage)이 유발된다.

　　㉡ 2열, 3열 리드 프레임(L/F)에서는 제품의 줄어듦 현상(Shrinkage)이 일정하지 않아 홀 찍힘(Hole Damage) 없이 해당 현상이 발생하기도 한다.

② 관리 방법

 ㉠ 치구(Tool) 제작 시 몰드(Mold) 완료된 반제품으로 금형을 제작한다.

 ㉡ 제품 변경(Conversion)과 BM/PM 시 제품 이송 균형(Feeding Balance)을 점검한다.

 ㉢ 인식 시스템(Vision System)의 검출력을 강화하여 조기에 감지한다.

(3) 리드 절단(Lead Damage)

댐버 다이(Dambar Die)가 파손되어 댐버(Dambar) 절단 시 리드(Lead)가 절단되는 현상이다.

① 원인

 ㉠ 이물질 흡입 장치 미작동으로 이물질이 배출되지 않아 댐버 다이가 파손된다.

 ㉡ 댐버 다이 안착부의 가공이 (–)로 제작되어 이물 배출성이 저하된다.

 ㉢ 치구 제작 시 미소 깨짐 혹은 초경 소결 시 내부 기공으로 인한 내구성이 저하된다.

② 관리 방법

 ㉠ 이물질 흡입(Suction) 동작을 주기적으로 점검한다.

 ㉡ 댐버 다이(Dambar Die)를 주기적으로 교체한다.

 ㉢ 댐버 다이 안착(Die Land)부의 (+) 가공 : 공차에 영향이 없는 수준의 태퍼(Tapper)를 가공한다.

 ㉣ 비전 시스템(Vision System)을 통한 불량 검출을 조기 감지한다.

(4) 프레임 구겨짐(Frame Damage)

제품 이송 시 리드 프레임(Lead Frame)이 구겨지는 현상으로 최근 금형 설계가 최적화됨에 따라 많이 나타나는 불량이다.

① 원인

 ㉠ 몰드(Mold) 이전 리드 프레임이 구겨져 프레스(Press)로 투입되는 순간 멈춘다.

 ㉡ 프레스의 파일럿 핀(Pilot Pin)과 리드 프레임 홀(Lead Frame Hole)이 맞지 않아 찌그러진다.

② 관리 방법

 ㉠ 리드 프레임에 대한 간섭 요소를 제거한다(Press Inlet부).

 ㉡ 제품 변경과 BM/PM 시 이송 균형을 점검한다.

2-20 솔더 플레이팅(Solder Plating) 공정

솔더 플레이팅은 리드 프레임을 사용하는 패키지의 실장성 향상과 공기 중 산화, 부식 방지 및 전기적 특성을 향상시키기 위해 전기적으로 금속 층을 형성시키는 도금 공정이다(아래 그림 참조).

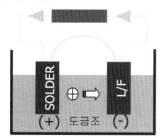

- Cathode : 환원반응(제품)

$$M^{n+} + ne^- \rightarrow M$$
$$2H_2O + 2e^- \rightarrow H_2 + 2OH^-$$

- Anode : 산화반응

$$M \rightarrow M^{n+} + ne^-$$
$$2H_2O \rightarrow O_2 + 4H^+ + 4e^-$$

① 공정 단계

(1) 전처리

① 플래시 제거(Electro Deflash)

전기반응에 의해 수소가 제품 표면의 유지방과 결합하여 유지방을 제거하고 몰드 찌꺼기인 플래시(Flash)를 화학적으로 부드럽게 만들어 제거를 용이하게 한다.

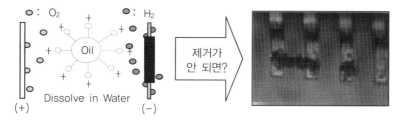

② 물 고압 분사(Water Jet)

고압의 물을 분사하여 화학적으로 부드러워진 플래시(Flash)를 제거하는 공정이다.

③ 디스케일(Descale)

도금 층 형성 시 밀착성을 향상시키기 위해 리드 프레임 표면의 산화막을 제거하는 공정으로 표면 활성화와 연마(Polish)로 나뉜다.

semiconductor package

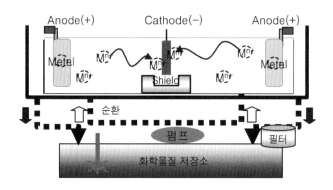

(2) 프리 딥(Pre-DIP) 공정과 도금 공정

리드 프레임의 표면을 안정화시키고 전기적으로 금속 층을 형성시키는 공정으로 그 구조는 다음과 같다.

(3) 후처리

도금된 표면의 불순물 및 수분을 제거하는 공정으로 도금 층 표면을 중성화시키는 공정과 초음파 세척, 건조(Dry) 공정 그리고 리드 프레임을 고정하고 있던 벨트(Belt)를 박리시키는 공정으로 나뉜다.

② 주요 불량 유형 - 휘스커(Whisker)

반도체를 전자제품에 장착 후 사용 중에 리드(Lead) 등의 도금 층 표면에서 금속 단결정이 자연적으로 서서히 성장하여 일정 기간이 지나면 리드 간에 단락(Short) 불량을 일으키는 것을 일반적으로 반도체에서의 휘스커라고 한다.

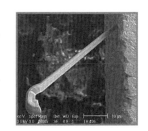

2-21 소 싱귤레이션(Saw Singulation) 공정

(1) 소 싱귤레이션 공정은 반도체 기판(Substrate) 상태로 진행된 자재를 절삭 날(Cutting Blade)의 회전으로 반도체 기판 및 몰딩 수지 순으로 절삭(Cutting)하는 것으로, 장비는 절삭 공정(Cutting Process)의 절삭 유닛(Saw Unit)과 개개로 분리된 패키지를 트레이(Tray)로 옮겨 담아 주는 핸들러(Handler)로 구성된다(다음 그림 참조).

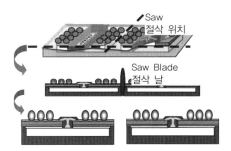

(2) SG 작업 순서

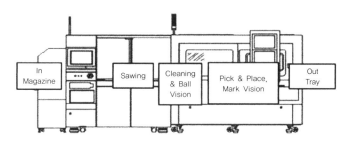

① 매거진 로더(Magazine Loader)에서 매거진을 엘리베이터에 도달할 수 있게 올려 주어 제품이 투입된다.

② 스트립 피커(Strip Picker)가 서브스트레이트(Substrate)를 잡아서 고정 테이블(Chuck Table) 위로 올려준다.

③ 고정 테이블(Chuck Table)에서 스트립(Strip)을 유닛(Unit) 단위로 잘라준다.

④ 절삭된 유닛(Unit)을 세척하고 유닛 피커(Unit Picker)가 잘린 유닛(Unit)을 세척하고 건조하여 드라이 블록(Dry Block)으로 보낸다.

⑤ 드라이 블록(Dry Block)에서 제품이 건조된다(Dry Block에 Vacuum Pad는 Warpage 때문에 Vacuum이 잘 안 잡혀 추가됨).

⑥ Ball Vision에서 제품의 Bottom을 Inspection하여 불량을 검출한다.

⑦ Ball Vision이 완료된 Unit을 Table Picker가 Turn Table로 옮긴다.

⑧ Turn Table에서 Unit Picker가 제품을 안정되게 Tray에 옮겨준 후 Mark Vision이 Top면 불량 검출한 후에 Unit Picker가 Unit을 Tray에 담는다.

> ● S/G(SinGulation) 공정 ●
>
> SBM은 완료된 제품을 개별 Unit으로 자르는 공정으로 S/G 완료 후 개별 Unit을 Tray에 담아 PKT로 이동한다.

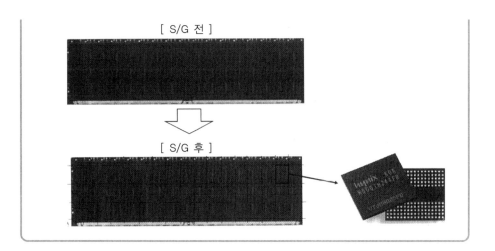

[S/G 전]

[S/G 후]

① 싱귤레이션(Singulation) 공정 조건

(1) 날 높이(Blade Height) 설정

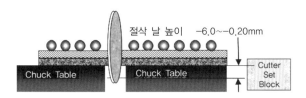

절삭 날 높이   −6.0~−0.20mm

Chuck Table   Chuck Table

Cutter
Set
Block

(2) 절삭 폭(Kerf Width) 설정

절삭 폭(Kerf Width) 기준은 절삭 날(Blade) 두께의 ±30μm 이내에 있어야 한다. 이상 시 규격 불량 가능성이 있다.

(3) S/G 순서

Singulation 시작 → Sub Loading → Blade와 Sub의 Saw Line Align → Sawing 진행 → Clean / Dry → Vision Inspection → Good 자재와 Bad 자재 선별 → Unloading → Singulation 종료

② 주요 불량 유형

주로 절삭 날(Blade)에 의해 발생하며 패키지 외관에 관련된 불량들이 대부분이나, 잘못된 절삭 시 패키지 규격 불량이 발생하기도 한다.

(1) 미세 깨짐(Chipping) 불량

몰드수지(EMC) 또는 반도체 기판의 SR 미세 깨짐 형태이며 원인은 절삭 날(Blade)의 다이아몬드 입자 크기(Grit Size)나 몰드수지의 물성에 관련되어 발생한다(다음 그림 참조).

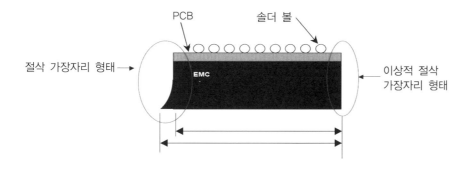

(2) 절삭 가장자리 모양/조각(Cut Edge Shape/Burr)

절삭 날(Blade)의 과다 마모에 의한 현상 이상이며, 소 싱귤레이션 시 제품을 작업하는 지지대 재질이 너무 무르거나 이물질이 자재와 작업 지지대 사이에 존재할 때 발생할 수 있다.

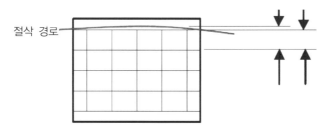

(3) 잘못된 절삭(Miss Cutting)

절삭 날(Blade) 문제보다는 작업 지지대와 자재 사이의 이물질에 의해 절삭 날 직진 시 자재의 움직임에 의해 주로 발생한다(아래 그림 참조).

③ 공정 조건

(1) 절삭 날 노출(Blade Exposure) 기준 설정

절삭 날 노출 기준은 패키지 두께를 고려하여 설정한다(다음 그림 참조).

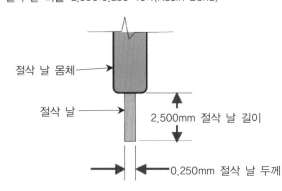

절삭 날 비율=2,500:0,250=10:1(Resin Bond)

절삭 날 몸체

절삭 날

2,500mm 절삭 날 길이

0.250mm 절삭 날 두께

- Limits life of blade
  절삭 날 길이↓=Life↓
- 타입별 절삭 날 길이
  Resin Bond - 10:1
  Metal Bond - 20:1
  Electro-formed - 30:1

(2) 드레싱(Dressing)

드레싱은 절삭 날(Blade)에 의한 초기 품질을 확보하기 위해 절삭 날을 사용 전 시험 절삭 과정으로서 드레싱 품질은 공정 품질과도 밀접한 관련이 있으므로 중요하다. 드레싱 전, 후 그림을 참고한다.

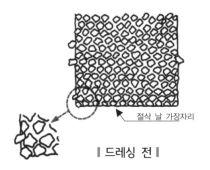

절삭 날 가장자리

‖ 드레싱 전 ‖

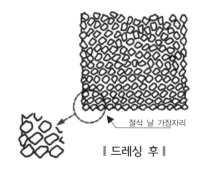

절삭 날 가장자리

‖ 드레싱 후 ‖

절삭 날 초기 제작 시 다이아몬드 입자(Grit)는 절삭 날 가장자리에서 불규칙하고 불균일하게 솟아 있는 형태로 되어 있다. 이러한 다이아몬드 입자(Grit)의 돌출은 깨짐(Crack) 유발이나 미세 깨짐(Chipping) 유발의 원인이 될 수 있으므로 드레싱(일종의 연삭, Grinding)을 실시하여야 한다.

(3) 커프(Kerf)와 스트리트(Street)

스트리트는 절삭 날(Blade)의 절삭 선이며 이 선 이내에서 절삭 날의 절삭이 이루어진다. 커프는 절삭(Cutting)된 후 절삭 피삭체 간의 분리된 거리로서 절삭 후 커프 상태 및 거리에 따라 불량 여부를 자동 점검한다.

(4) 작업 속도(Feed Rate)

일반적으로 아래 그림의 공식으로 작업 속도를 결정하나, 각 회사별 환경에 따라 상이한 경우도 있다.

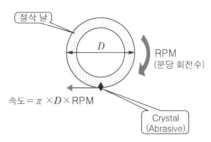

2-22 폼 싱귤레이션(F/S, Form Singulation)

폼 싱귤레이션 공정은 원하는 형상으로 개개의 리드(Lead)를 성형하고 개개의 패키지로 분리 후 트레이(Tray)로 옮기는 공정이다(아래 그림 참조).

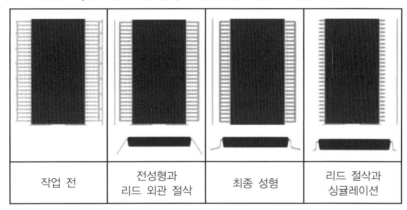

작업 전	전성형과 리드 외관 절삭	최종 성형	리드 절삭과 싱귤레이션

① 폼 싱귤레이션 장비의 구성

폼 싱귤레이션(F/S) 장비는 크게 로더(Loader)부, 프레스(Press)부, 싱귤레이션(Singulation)부, 언로더(Unloader)부 4부분으로 구성된다. 로더는 매거진(Magazine) 적재부, 리드 프레임 이송부(Lead Frame Transfer), 인렛 가이드 레일(Inlet Guide Rail)로 구성되어 있고, 프레스(Press)부는 주금형 및 인덱스 피더(Index feeder), 가이드 레일(Guide Rail)로 구성된다. 주 금형은 폼 싱귤레이션(F/S) 공정의 품질에 가장 큰 영향을 주는 요소이다. 싱귤레이션부는 싱귤레이션 툴(Singulation Tool), 패키지 이송부(IC Transfer) 그리고 UPH 향상을 위한 버퍼 영역(Buffer Zone)으로 구성된다. 언로더(Unloader)는 트레이(Tray) 적재부, 트레이 이송부(Tray Transfer), 패키지 이송부(IC Transferer) 등으로 구성된다.

주 금형 구조 및 명칭, 프레스(Press) 동작 원리, 툴(Tool) 구조 및 명칭은 트림(Trim) 공정과 동일하다.

② 폼 공정(Forming Process)

아래의 순서로 작업이 진행된다.

(1) 전성형(Pre-Form)과 리드(Lead) 외관 절삭

리드 외관 다이 절삭

펀칭 후 패키지를 다이에서
분리해 주기 위한 구조

(2) 최종 성형(Final Forming)

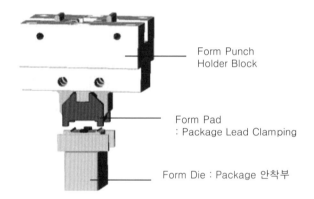

Form Punch
Holder Block

Form Pad
: Package Lead Clamping

Form Die : Package 안착부

(3) 리드 절삭(Lead Cut)

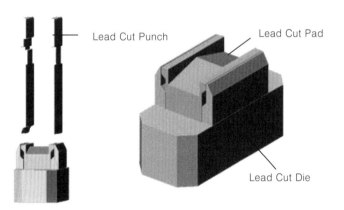

Lead Cut Punch

Lead Cut Pad

Lead Cut Die

(4) 분리(Singulation)

S/G Die
: Lead Frame과 Package Body 연결부인
  T-bar를 절단

S/G Punch(lift)
: 자재를 Lift해 주는 역할

③ 주요 불량 유형

(1) 게이트 칩 아웃(Gate Chip Out)

게이트(Gate)부 하부가 깨지는 현상으로 싱귤레이션 (Singulation)부에서 발생하는 불량이다.

① 원인

싱귤레이션 다이(Singulation Die)와 패키지 몸체 공차가 작거나 싱귤레이션 커버(Singulation Cover) 의 상하 운동 균형이 틀어져 편측 쏠림으로 인해 돌출부가 긁히면서 발생한다.

② 관리 방법

㉠ 싱귤레이션 다이의 간격 관리
  - TSOP1/2 : (패키지 Body 길이)+2×0.03mm
  - USOP : (패키지 Body 길이)+2×0.07mm
  - 게이트부는 돌출부 잔존물이 있어 0.1mm 이상을 유지
㉡ 바닥면 검사 강화가 필요

(2) 평탄도(Coplanarity)

PCB 기판 실장 시 가장 중요한 치수(Dimension) 항목으로 실장 기준에 근거한 평탄도(Coplanarity) 관리 기준 설정이 필요하다.

① 관리 기준

패키지 휨(Warpage)의 최소 40%, 최대 0.08mm

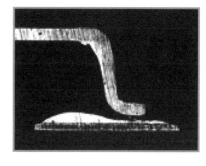

② 관리 방법

제품 개발 단계에서 패키지 휨을 최소화하는 것이 중요하나 반도체 칩 크기 및 제품 특성으로 인해 발생되는 현상이기 때문에 패키지 휨(Warpage)을 줄이는 데에는 한계가 있다.

㉠ 폼 다이(Form Die) 형상을 통한 평탄도(Coplanarity) 관리

㉡ 몰드 수지 필러(EMC Filler) 함유량 및 리드 프레임 형상(Leaf Frame Design)을 통한 관리

(3) 도금 깎임

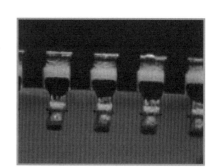

폼 펀치(Form Punch)에 의해 도금이 밀리는 현상으로 실장성에 영향을 주는 불량이다.

① 원인

㉠ 폼 펀치(Form Punch)에 의한 리드(Lead)의 과도 눌림으로 발생한다.

㉡ 폼 펀치(Form Punch) 오염으로 발생한다.

② 관리 방법

㉠ 폼 펀치(Form Punch) 또는 폼 다이(Die)의 설계 값 변경

㉡ 폼 펀치 청소

(4) 리드 높이

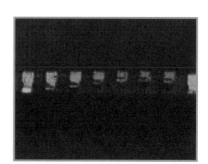

① 원인

리드(Lead)가 들리거나 꺾임(Bent)이 발생하여 제품 규격을 벗어나는 불량으로 싱귤레이션(Singulation) 후 트레이(Tray)의 안착 불안정으로 인해 발생되는 불량 유형이다.

② 관리 방법

㉠ 제품 투입 미세 조정

㉡ 트레이(Tray)부 안착 조정

(5) 리드 이물질

① 원인

몰드 게이트(Mold Gate)부 잔존물이 리드(Lead)에 부착된 현상이다.

② 관리 방법

ㄱ 실장성 및 테스트 소켓(Test Socket) 오염을 야기시키므로 관리가 필요

ㄴ 솔더 플레이팅 공정의 고압 물 분사로 트림(Trim) 공정 후 제거를 하고 있으나 100% 제거는 불가한 TSOP 패키지 공정의 주 불량 유형

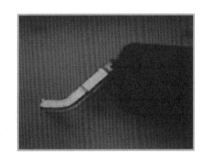

(6) 치수(Dimension) 불량

① 폼 다이(Form Die) 파손으로 발생된 불량으로 폼 다이 파손 원인에 대해 밝혀진 바는 없다.

② 관리 방법

ㄱ 가능한 한 폼 다이(Form Die)의 모루(Anvil)부를 두껍게 함

ㄴ 폼 공정 리드(Lead)의 과도한 눌림을 확인하여 사전 조치

(7) 패키지 긁힘(Package Scratch)

① 원인

제품 이송 중 발생하는 불량이다.

② 관리 방법

매거진(Magazine)으로 제품을 이송할 때 제품이 유동하지 않도록 고정시키는 것이 중요

Wafer 기반
패키지 기술

Chapter 3
Wafer 기반 패키지 기술

1 Wafer 기반 패키지 기술

Wafer 기반 패키지 기술은 아래 패키지 발전 트렌드에서 보면 금, 은 구리와 같은 금속 와이어(Wire)를 칩(Chip)과 패키지 기판과의 연결(Interconnection)을 기본으로 하던 패키지로부터 고속화되었으며, 더 많은 정보 처리를 해야 하는 패키지로 바뀌어 연결 방식을 와이어가 아닌 Wafer 기반의 공정을 기반으로 하여 메탈(Metal) 배선을 형성하거나 범프(Bump) 형태로 가져 가는 패키지 기술이다.

이러한 패키지 기술로는 플립 칩(Flip Chip) 패키지와 RDL(Re-Distribution Layer) 패키지, Wafer Level 패키지(WLCSP, FOWLP), TSV 적층 패키지 등이 있다. 최근 IoT (Internet of Thing) 시대에는 Wearable 패키지로서 Flexible 패키지 등이 연구되고 있거나 일부 출시되고 있다.

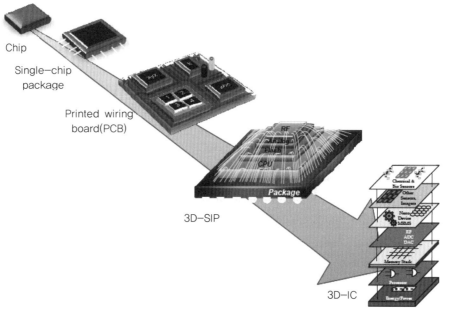

┃ 패키지 발전도(Jin-Fu Li, "Introduction to 3D Integration Technology using TSV") ┃

② 범프(Bump)

Wafer 기반 패키지의 핵심은 범프(Bump)이다. 범프의 주재료는 납과 주석(PbSn)을 주성분으로 하던 Solder에서 환경에 좋지 않은 납(Pb)을 제외한 주석과 구리, 은(SnAgCu)의 삼원계 합금, 주석과 은(SnAg)의 이원계 합금 또는 주석(Sn)만을 사용하고 있다.

이러한 범프 형태의 솔더(Solder)에 대해서는 본 책 제2장의 패키지 공정 중 솔더 볼 마운트 공정에 자세히 정리되어 있으므로 해당 부분을 참고하기 바란다.

범프 종류에는 주석을 주성분으로 하는 솔더만 있는 것은 아니다. 범프를 사용하는 이유는 기본적으로 와이어(Wire)를 사용했을 때 발생하는 와이어 길이에 의한 신호선(Signal Line)이 길어져 High Speed 신호 전송에 적합하지 않는 부분을 개선하는 것과, 또한 와이어를 사용했을 때 와이어 간의 간섭으로 기본적으로 칩(Chip)당 사용할 수 있는 와이어의 개수가 적은 것을 개선하여 더 많은 연결(Interconnection)을 만들고자 하는 것이다. 이러한 목적으로 인하여 아래 그림과 같이 다양한 방법과 솔더 외의 재료를 범프로 사용하고 있다.

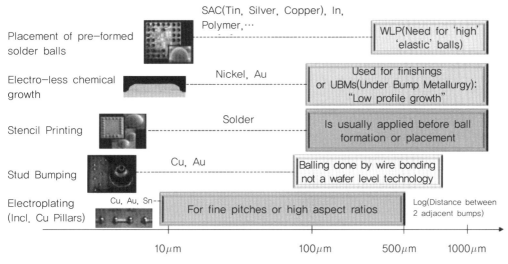

▌ 범프 기술과 범프 간의 거리(Pitches)
[Gabriel Pares "3D Technology for Imaging Sensor at CEA-LETI," 2015] ▌

위 그래프는 Y축은 범프 기술을 나열하고 X축은 범프와 범프 간의 거리 즉 피치(Pitch)를 나타내고 있다. 범프와 범프 간의 거리가 작아야만 더욱 많은 범프를 하나의 칩(Chip) 위에 형성할 수 있고, 이것은 더욱 많은 신호를 전송할 수 있다는 것을 의미한다. 결국 범프를 많이 형성해야 시장의 새로운 요구를 수용할 수 있는 것이다.

이로부터 보면, Y축에서 맨 위에 있는 것 즉, SBM 공정에서 살펴 본 이미 만들어진 솔더 볼(Solder Ball)을 붙이는 것(Placement of pre-formed solder balls)은 범프 피치가 가장 큰 것임은 알 수 있다. 개략적으로 200~1000μm 이상까지의 범프 피치에 사용된다. 그 다음 무전해 도금(Electro-less chemical growth)인데, 일반적인 전극을 사용하는 도금 방식이 아니고, 전극 없이 화학적인 반응만으로 금속을 석출시켜 도금하는 것으로 얇은 도금막을 형성하여 범프 하단의 금속층(UBM; Under Ball Metallurgy)을 만든 것이다. 그 밑의 스텐실 프린팅(Stencil Printing)은 판에 일종의 마스크(Mask) 역할을 하는 솔더(Solder)가 통과할 수 있는 자리를 만들고 솔더를 점도가 있는 치약과 같은 Paster 형태로 만들어 솔더를 필요한 부분에 도포한 후 리플로우(Reflow)를 거쳐 솔더 범프(Solder Bump)를 형성하는 것이다. 솔더 볼(Solder Ball)을 붙이는 방식보다 더욱 미세한 범프(Bump)를 형성할 수 있다.

스터드 범핑(Stud Bumping)은 솔더와는 다른 방식으로 와이어 본딩(Wire Bonding) 기술에서 Gold Wire를 필요한 위치에 먼저 부착한 후 바로 끊어 돌기모양(Stud)을 만드는 것이다. 그러나 이러한 스터드 범핑은 범핑 형성 시간이 솔더 범프(Solder Bump) 형성 시간보다 매우 길어 생산성이 떨어진다.

스텐실 프린팅이나 스터드 범핑의 범프 피치는 솔더 볼을 붙이는 방식보다는 조금 더 미세한 피치에서 범프를 형성할 수 있다. 하지만 최근의 아주 미세한 수십 μm 단위의 범프 형성에서는 앞 그림의 Y축 하단에 있는 도금(Electroplating) 방식이 대부분 사용되고 있다. 특히 구리로 일부 기둥을 세운 후 그 위에 솔더 범프를 형성하는 Cu Pillar 방식이 최근 미세한 피치 범프 형성 방법으로 주로 사용하고 있다.

본 서에서는 최근에 가장 많이 사용하고 있는 카파 필라 범프(Cu Pillar Bump)를 위주로 하여 플립 칩 패키지, TSV 적층 패키지 등을 기술하고자 한다. 그러기에 앞서 먼저 카파 필라 범프에 대해 알아보고자 한다.

③ 카파 필라 범프(Cu Pillar Bump)

카파 필라 범프는 말 그대로 구리로 기둥을 만들고 그 위에 솔더를 올린 범프이다. 구조는 아래 그림과 같다.

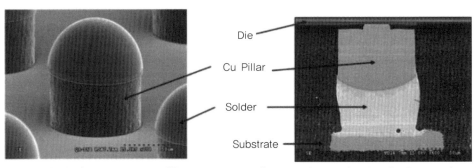

┃ 카파 필라 범프(Cu Pillar Bump)[T.Onishi et al "Electronics packaging leaders gathered under cherry blossoms at ICEP", Solid State Technology, 2011] ┃

앞의 그림에서 카파 필라(Cu Pillar, 구리 기둥)의 기능은 범프가 접합될 때에 일정한 높이가 필요한데, 그 높이를 제공하는 역할을 하고 있으며 카파 필라 위에 형성된 솔더가 리플로우(Reflow) 공정에서 녹으면서 접합되고 냉각 후 완전히 굳어 연결(Interconnection)된다. 여기에서 주목할 점은 카파 필라 위의 솔더 양이 크지 않고 리플로우 공정 중 완전히 솔더가 녹았을 때(용융)에도 그 범위가 카파 필라의 지름을 벗어날 수 없어 범프와 범프 사이의 거리인 피치를 작게 가져 갈 수 있다는 점이 장점이다. 솔더만으로 범프를 형성하였을 경우 솔더와 솔더가 매우 가깝게 되었을 때, 즉 피치가 작아졌을 때에 리플로우 공정 중 솔더가 완전히 용융되어 액체 상태로 있을 경우 표면장력에 의해 인접한 솔더 간에 용융 중 서로 붙어 버리는 솔더 브리지(Solder Bridge) 현상이 발생할 수 있다. 이러한 솔더 브리지는 결국 신호 경로가 합선(Short)되어 디바이스의 고장을 유발하게 된다.

카파 필라 범프를 만드는 공정은 웨이퍼 상태에서 일반적인 포토 공정과 도금 공정을 통하여 형성되며, 한 번에 웨이퍼 전체 면적에 형성되기 때문에 생산성이 매우 뛰어나다는 장점이 있다.

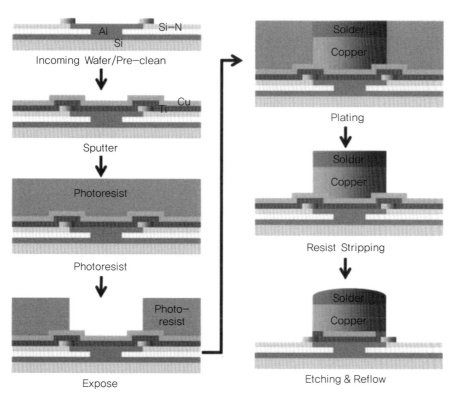

┃카파 필라 범프 공정[Victor Luo et al, "Method to Improve the Process Efficiency for Copper Pillar Electroplating", Journal of the Electrochemical Society, 2015] ┃

앞의 그림은 카파 필라 범프 공정의 그림이다. 공정에 대해서 조금 더 자세히 보면 다음과 같다.

① Incoming Wafer & Pre-clean : 웨이퍼(Wafer)가 웨이퍼 레벨 패키지 공장에 들어오면 처음으로 웨이퍼에 이상이 있는지 검사를 진행한다. 그리고 웨이퍼 표면의 오염원을 제거하기 위하여 클리닝(Cleaning)을 실시한다.

② Seed Metal 증착 : PVD(Physical Vaporized Deposition) 방법 중의 하나인 Sputter 장비로 웨이퍼 표면에 Seed Metal을 증착한다. Seed Metal로는 티타늄(Ti)과 구리(Cu)를 사용한다. Ti은 보통 1000Å(Angstrom, 10^{-8}cm) 증착하고 여기에 다시 Cu를 $1000 \sim 2000 \text{Å}$ 증착한다. Seed Metal은 웨이퍼 표면의 여러 가지 재료, 즉 Al Metal, Metal 배선을 보호하기 위한 고분자 물질인 PIQ 등과 이후 도금 공정에서 대량으로 증착될 Cu와의 접착 성질을 제공한다.

③ 포토 공정 : 웨이퍼 표면 전체에 Ti을 증착하였고, 또한 그 위에 Cu를 증착하였으므로 표면에는 Cu Metal만이 드러나 있게 된다. 이 중에서 우리가 원하는 패턴에만 이후 공정인 도금 공정에서 Cu를 올리게 되므로, Cu를 도금할 부분만 Seed Cu Metal을 남겨 놓아야 하는 것이다. 이를 위해 포토레지스트(Photoresist)를 스핀코팅(Spin Coating) 방법으로 도포한다.

④ Expose : 여기에 패턴을 넣은 마스크(Mask)를 제작한 후 스테퍼(Stepper)를 이용하여 노광하고 포토레지스트를 제거하면 원하는 패턴에만 포토레지스트가 제거되어 열려 있게 된다. 노광은 보통 I-line Stepper를 사용하고 현상(Developing)은 2.38% TMAH 용액을 21℃에서 7분 정도 진행한다. Di Water로 Rinse하고 건조시키면 공정이 완료된다.

⑤ 도금(Plating) : 도금 욕조에 웨이퍼를 넣고 웨이퍼에 전극을 연결하고 도금을 한다. 먼저 구리(Cu)를 도금하고 보통 플립 칩 패키지의 경우에 예로 $50 \mu m$ 이상 도금을 한다. 이 위에 다시 니켈(Ni)을 $1 \sim 2 \mu m$ 도금한다. 니켈을 도금하는 이유는 구리와 솔더의 주성분인 주석(Sn)이 열공정 중 반응하게 되어 구리와 솔더 사이의 금속 간화합물(Intermetallic)이 발생하게 되며 이러한 반응을 막기 위해 솔더의 부피를 충분히 보장하기 위한 확산방지층(Diffusion Barrier)으로 사용하기 위한 것이다. 니켈 위에 솔더인 Sn과 Ag의 이원계 도금액으로 SnAg를 도금한다.

⑥ 포토레지스트 제거(Photoresist Stripping) : 남아 있는 포토레지스트를 제거한다. 용제(Solvent)로는 각기 업체별로 추천하는 용제가 있으며 Dynaloy AP7700과 같은 용제의 경우, 60℃에서 90~150초 정도 Strip Time을 진행한다.

⑦ 에칭(Etching) 공정, 리플로우(Reflow) 공정 : 포토레지스트를 제거한 후에는 범프를 형성하지 않은 곳에도 초기 Seed Metal로 증착한 Cu와 Ti이 그대로 남아 있기 때문에 이 부분의 메탈을 제거해야만 한다. 에칭 용액을 이용하여 이 부분을 제거한다.

리플로우를 진행하기 전 에칭까지 된 후의 범프 형태는 다음 그림과 같다.

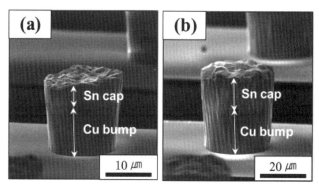

(a) 10μm Sn Cap　　　　(b) 20μm Sn Cap

❚ 주사전자현미경(SEM)으로 관찰한 Cu Pillar 범프의 형태[Jung-Yeol Choi et al, "Flip Chip Process by Using the Cu-Sn-Cu Sandwich Joint Structure of the Cu Pillar Bumps", Journal of the Microelectronics & Packaging Society, Vol.16, No.4, p.9-15. 2009] ❚

위 그림과 같이 도금 직후의 범프 형상은 표면이 거칠며, 이러한 범프를 이용하여 260℃ 정도의 온도로 리플로우 공정을 진행하여 접합이 될 수는 있으나, 미접합 발생 가능성이 높아 웨이퍼 공정 중에 리플로우 공정을 실시하여 솔더의 형태를 균일하게 만든다. 리플로우 공정을 진행하면 앞 그림의 카파 필라 범프의 형상과 같아진다.

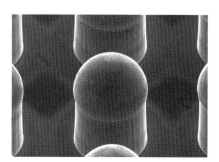

❚ 리플로우 공정 후의 카파 필라 범프 형태 ❚

④ 플립 칩 패키지(Flip Chip Package)

플립 칩 패키지는 말 그대로 칩(Chip)을 거꾸로(Flip)하여 붙였다는 의미이다. 앞서 설명한 카파 필라 범프를 형성한 웨이퍼를 일반 패키지 공정의 경우와 같이 백그라인딩(Back-Grinding)한 후 웨이퍼(Wafer)를 소잉(Sawing)하여 개별 칩으로 만든 것을 패키지 기판에 범프가 아래로 향하게 하여 접합시킨 형태로 패키지를 하게 되는 것이다.

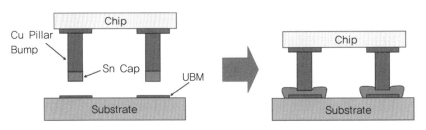

┃ 플립 칩 접합 공정의 간단한 개념도[Jung-Yeol Choi et al, "Flip Chip Process by Using the Cu-Sn-Cu Sandwich Joint Structure of the Cu Pillar Bumps", Journal of the Microelectronics & Packaging Society, Vol.16, No.4, p.9-15. 2009] ┃

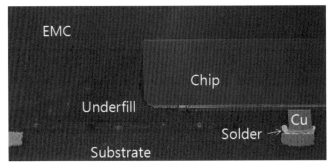

┃ 플립 칩 패키지 단면 주사전자현미경 사진[Qualcomm Snapdragon 820 Flip Chip Package] ┃

위의 Qualcomm Snapdragon 820 플립 칩 패키지는 대표적인 카파 필라 범프를 사용한 예이다. 위 그림에서 특히 언더필(Underfill)이라는 재료가 사용되는 것을 알 수 있는데, 언더필이란 칩(Chip) 밑을 채운다라는 용어 그대로를 사용한 말이다. 카파 필라 범프와 같이 크기가 작은 범프를 사용하는 경우 기계적으로 접합부가 패키지 전체 구조물에 대비하여 약하기 때문에 흐름성이 좋은 접착 용액을 칩(Chip)과 기판(Substrate) 사이 공간에 채워서 카파 필라 범프의 접합 부위를 보호하여 준다.

플립 칩 공정은 와이어를 사용하는 패키지 공정에 비해 비교적 단순하다. 물론 카파 필라 범프를 형성하는 공정은 웨이퍼로 진행하여 복잡하다. 범프가 형성된 웨이퍼를 이용한 플립 칩 공정은 다음과 같다.

캐필러리 언더필(Capillary Underfill)을 사용하는 경우에 있어 범핑 이후 공정은 다음과 같다.

① 백그라인딩(Back-Grinding) ② 웨이퍼 소잉(Wafer Sawing) ③ 다이 픽업(Die Pick-up) ④ 플럭스 딥핑(Flux Dipping) ⑤ 다이 플레이스먼트(Die Placement) ⑥ 리플로우(Reflow) ⑦ 언더필(Underfill)과 큐어링(Curing) ⑧ 몰딩(Molding) ⑨ 솔더볼 마운팅(SBM, Solder Ball Mounting) ⑩ 싱귤레이션(Singulation)

전반적으로 와이어를 이용한 패키지 공정과 크게 다르지 않으나, 차이가 있는 공정은 ③ 다이 픽업에서 ⑤ 다이 플레이스먼트 공정까지로 플립 칩 본더 장비 내에서 이루어지는 공정이며, ⑥ 리플로우는 카파 필라 범프 위에 형성된 솔더를 용융 접합시키는 공정이고 ⑦ 언더필은 앞에서 설명한대로 모세관 현상에 의해 액상의 접착제를 다이와 서브스트레이트 사이로 침투시킨 후 오븐에서 언더필을 경화시키는 공정이다. 이후 공정은 일반 패키지 공정과 같다.

4-1 플립 칩 본더(Flip Chip Bonder)

플립 칩 본더는 다이 픽업(Die Pick-up), 플럭스 딥핑(Flux Dipping), 다이 플레이스먼트(Die Placement)가 이루어지는 장비이다. 구조는 다음 그림과 같다.

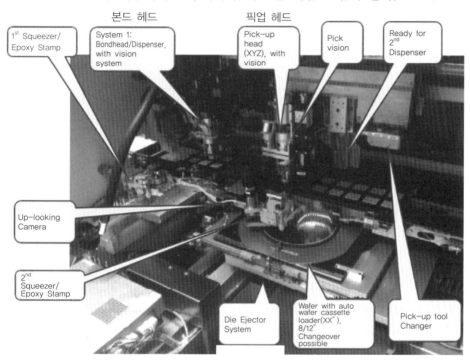

본드 헤드 　　픽업 헤드

| 1st Squeezer/ Epoxy Stamp | System 1: Bondhead/Dispenser, with vision system | Pick-up head (XYZ), with vision | Pick vision | Ready for 2nd Dispenser |

Up-looking Camera

2nd Squeezer/ Epoxy Stamp

Die Ejector System　Wafer with auto wafer cassette loader(XX″), 8/12″ Changeover possible　Pick-up tool Changer

▮ 플립 칩 본더 내부[BESI사 Datacon 950 system] ▮

위 그림은 플립 칩 본더의 내부 사진으로 다이 이젝터(Die Ejector)를 통하여 다이가 웨이퍼 링(Wafer Ring)으로부터 분리가 되면 픽업 헤드가 다이를 픽업하여 본드 헤드로 다이가 전달이 되고 본드 헤드가 다이에 플럭스(Flux)를 묻힌 후(Dipping) 기판(Substrate)에 다이를 올려 놓는다(Placement). 일반적으로 플립 칩 본더는 매우 정밀한 장비로 다이를 정확한 위치에 놓는 정밀도는 $\pm5\mu m$(3σ 기준)이다.

플럭스(Flux)를 범프에 먼저 딥핑(Dipping)하여 묻히는 이유는 범프 표면의 산화물 등을 제거하여 리플로우 공정에서 범프가 접합면에 잘 접합되도록 하는 작용과 플립 칩 본더에서 다이 플레이스먼트하여 다이가 서브스트레이트 위에 놓여져 리플로우 공정까지 이동하는 동안 플럭스의 점착성에 의하여 다이 접합 위치를 유지시키는 역할을 한다. 플럭스를 리플로우 공정 후 제거하는 경우와 아예 플럭스를 제거시키지 않는 노클린 플럭스(No Clean Flux)를 사용하는 경우가 있는데, 최근에는 노클린 플럭스를 이용하여 리플로우 공정 후 플럭스 클리닝 공정을 생략하는 경우가 많다.

4-2 리플로우(Reflow)

일반 패키지 공정 중 SBM 공정의 리플로우 공정과 기본적으로 같다. 실제 파라미터도 SBM 공정의 것과 유사하다. 그러나 플립 칩 공정에서 언더필 공정 전 진행되는 리플로우 공정은 아주 조심해서 진행해야 한다. 이유는 크기가 작은 카파 필라 범프가 형성된 다이(Chip)와 고분자복합체(Polymer Composite)인 서브스트레이트가 리플로우 공정 중 온도가 260℃까지 변하는 중에 실리콘인 다이의 열팽창계수 3ppm과 서브스트레이트 열팽창계수 18~20ppm 사이의 큰 차이로 인하여 범프가 서브스트레이트에 접합이 잘 안되거나 위치가 달라져 약하게 접합될 수 있기 때문이다.

열팽창 고려

블록

┃ 플립 칩용 서브스트레이트의 예[화광교역 Flip Chip Package Substrate] ┃

위 그림에서 보듯이 이러한 리플로우 공정 중의 열팽창계수 차이에 의한 공정불량을 제어하기 위하여 서브스트레이트 스트립(Strip)에 일정 공간의 서브스트레이트 면적을 제거한 블록을 만들어 서브스트레이트 전체의 열팽창을 제어하기도 한다. 또한 서브스트레이트 스트립 내의 개별 유닛(Unit) 디자인에는 열팽창을 고려하여 유닛의 대각선 방향으로 0.1~1% 정도를 수축시켜 디자인을 하기도 한다. 실제 리플로우 공정 중 고온에 이르러 카파 필라 범프 위의 솔더가 녹는 점에서 이러한 수축된 디자인이 팽창하여 1 : 1로 정확히 위치가 맞게 하기 위함이다.

서브스트레이트의 재료에 따라 리플로우 공정 중 열에 의해 서브스트레이트의 휨(Warpage)이 발생하는 경우가 있는데, 이때 휨의 방향이 다이의 휨 방향과 일치하게 서브스트레이트 설계를 하는 것도 중요하다. 보통 다이의 휨은 $1\mu m$ 내외이나 서브스트레이트의 휨은 심한 경우 $10\mu m$에 이르기도 하기 때문에 이러한 휨 방향이 다이와 서브스트레이트가 반대가 되면 다이의 일부 영역에 형성된 범프는 심한 경우 서브스트레이트에 닿지 않아 접합 형성이 안 되는 경우도 있다.

이런 휨에 의한 품질 문제를 개선하기 위한 방법으로 기존 열에 의한 리플로우 방식에서 레이저를 이용한 방식으로의 개발이 진행 중이며, 이는 품질 및 생산성 면에서 우수한 평가 결과가 입증되어 많은 패키지 업체에서 이에 대한 사용이 증가될 것으로 예상된다.

semiconductor package

4-3 언더필(Underfill)

언더필의 대표적인 캐필러리 언더필(Capillary Underfill) 공정에 대해 먼저 설명하면 보통 아래 그림과 같은 장비를 많이 사용한다.

▌ 언더필 장비 내부 : 디스펜서의 언더필 주입(주사식 방법) ▌

언더필 용액을 주입하는 디스펜서의 종류는 보통 3가지로 분류하는데, 아래 그림의 (a)와 같은 형태를 제트 방식이라 한다. 제트 방식은 피스톤(Piston)이 일정하게 계속 상하 운동을 하면 용액실(Fluid Chamber) 내 양만큼 언더필이 노즐(Nozzle)을 통하여 분사되는 방식으로 정밀한 양을 정확한 위치에 투입할 때 사용한다. 그림 (b)는 오거 스크루(Auger Screw)를 통하여 나사산을 타고 일정하게 용액이 연속 분사되는 방식으로 제트 방식보다는 정밀하지는 못하나 비교적 많은 양을 정밀하게 분사할 때 사용한다. 그림 (c)는 일반 주사기(Syringe) 방식을 그대로 주입하는 것으로 장치가 간단하고 비용이 저렴하나 제트 방식이나 오거 스크루 방식에 비해 정밀하게 양을 제어하기는 어렵다.

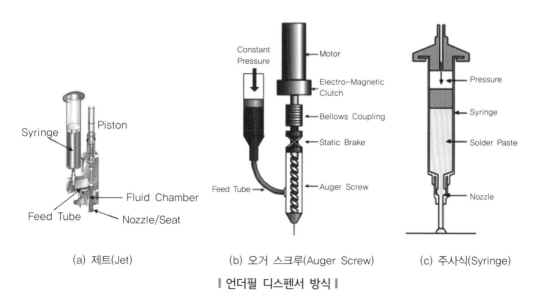

(a) 제트(Jet)   (b) 오거 스크루(Auger Screw)   (c) 주사식(Syringe)

▌ 언더필 디스펜서 방식 ▌

이상은 용액 형태의 언더필을 사용하는 방식에 대해서 설명하였다.

그러나 플립 칩이 매우 정밀하고 온도 제어에 민감한 경우에 있어서는 이러한 용액 형태의 언더필이 아닌 페이스트(Paiste) 형태의 언더필이나 필름(Film) 형태의 언더필을 사용하는 경우도 있다. 페이스트 형태의 언더필을 흐름성이 없다고 하여 노플로우(No Flow) 언더필이라고도 부른다. 또한 필름 형태의 언더필은 ACF(Anisotropic Conductive Film)나 NCF(Non Conductive Film) 등의 재료를 사용한다. ACF는 이방성 전도 필름으로 필름 내부에 전기 전도성이 있는 입자들을 분포시켜 이 입자들을 통하여 도전이 되게 하는 방식이고, NCF는 ACF와 달리 전도성 입자는 없으며 솔더 범프를 통하여 전기 전도가 되는 형태이다. 페이스트 형태의 노플로우 언더필, ACF, NCF 모두 플립 칩 본더가 캐필러리 언더필을 사용하는 경우와 달라지는데, 가장 중요한 차이점은 플립 칩 본딩시에 노플로우 언더필, ACF, NCF 모두 열이 동시에 가해져 이러한 언더필 재료들이 플립 칩 본딩과 동시에 경화된다는 것이다. 즉 리플로우 공정이 필요 없다. 특히 ACF의 경우에는 솔더 범프를 사용하는 것이 아니고 ACF 필름 내의 전도성 입자를 통해 전기 전도가 이루어지므로 비교적 낮은 온도에서 공정이 가능하여, 유리기판과 같이 온도에 민감한 재료에도 사용이 가능하다. 이러한 이유로 ACF는 디스플레이 부품 등의 플립 칩 패키지에 많이 사용되고 있다.

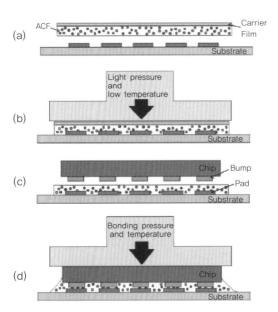
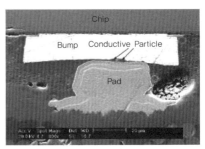
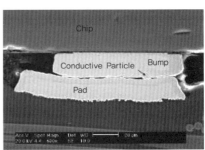

| ACF 플립 칩 본딩[Kati kokko "Reliability Studies of Anisotropically Conductive Adhesive Joined Flip Chip Components with Conformal Coatings" IMAPS France, 2012] |

위 그림은 전형적인 ACF 플립 칩 공정을 나타낸 것으로 먼저 ACF 필름을 서브스트레이트에 붙이고, 이후 칩을 열과 압력을 가하면서 접합한다. 우측 주사전자현미경 사진에서 보듯이 범프와 서브스트레이트의 패드 사이에 전도성 입자(Conductive Particle)가 전기 전도의 매체로 이용되는 것을 알 수 있다. 이러한 ACF를 사용할 때에는 솔더 범프

는 사용하지 않고 이와 같은 압착 및 그에 따른 전도성 입자의 전도 원리를 이용하여 저온 공정에서 사용한다.

4-4 몰딩(Molding)

EMC를 사용하는 몰드 공정은 일반적으로 와이어 본딩 형태의 패키지와 동일하다. 그러나 최근에 플립 칩을 더욱 빠른 시간에 대량 생산하기 위하여 범프 피치가 큰 경우에는 언더필 공정을 생략하고 몰딩 공정에서 언더필까지 몰드와 동시에 진행하는 MUF(Molded Underfill) 재료를 이용하는 경우가 많아지고 있다. MUF는 말 그대로 몰드와 언더필의 기능을 동시에 지니고 있다는 뜻으로 일반 EMC에 비해 실리카 필러 크기가 아주 작고, 고온·고압 시의 흐름성을 아주 좋게 개선한 재료이다. 특히 MUF를 사용하는 경우에는 몰드 장비에서 진공을 사용하는 진공 몰드(Vacuum Transfer Mold) 장비를 사용한다. 그리고 서브스트레이트에는 MUF가 칩과 서브스트레이트 사이로 잘 흐르게 하기 위하여 유닛 중앙에 진공홀(Vent hole)을 만들어 주기도 한다.

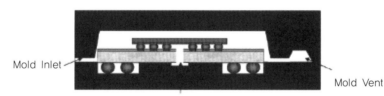

| MUF 몰딩 공정 모식도[Z.Zhang and C.P.Wong "Recent Advances Flip Chip Underfill ; Materials, Process, Reliability", IEEE Tran. Advanced Packaging, Vol.27, No.3, August 2004] |

5 재배열(RDL, Re-Distribution Layer)

RDL이란 웨이퍼 레벨 패키지(Wafer Level Package) 공정 기술을 이용하여 이미 형성된 알루미늄 전기 단자(Al Pad)의 위치를 임의의 위치로 변경하는 기술을 총칭하는 것이다. 알루미늄 전기 단자의 위치 변경 이후 선접합 공정(Wire Bonding)을 위해 금속층의 표면은 골드(Au)를 사용하여 선접합 공정에 문제가 없도록 한다.
사진에 보이는 제품은 가운데 전기 단자(Center Pad) ↔ 가장자리 전기 단자(Edge Pad)로 전환을 위해 공정을 진행한 상태이다.

semiconductor package

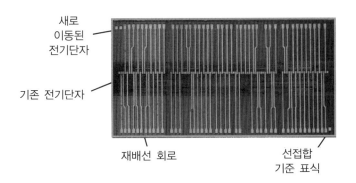

새로
이동된
전기단자

기존 전기단자

재배선 회로

선접합
기준 표식

5-1 RDL 구조(Structure) : Face-up FBGA

아래 첫 번째 그림에서 보이는 단면 구조는 RDL 공정 후 가운데 전기 단자를 가장자리 전기 단자(Edge Pad)로 변경된 제품을 일반 FBGA 패키지로 진행한 상태이다.

두 번째 그림은 RDL의 단면 구조로서, 팹(FAB)에서 형성된 전기 단자(Pad)를 제외한 부분에 절연층을 도포하고, 그 위에 신호가 지나갈 수 있는 금속층을 형성함으로써 가장자리에서 가운데의 알루미늄 전기 단자(Al Pad)로 신호를 보낼 수 있게 된다.

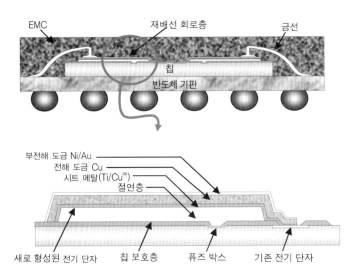

EMC   재배선 회로층   금선

칩
반도체 기판

부전해 도금 Ni/Au
전해 도금 Cu
시트 메탈(Ti/Cu^{sp})
절연층

새로 형성된 전기 단자   칩 보호층   퓨즈 박스   기존 전기 단자

5-2 RDL 공정 : Face-up FBGA

구 분	공 정	비 고
팹 완료 웨이퍼	칩 보호층 퓨즈 박스 전기 단자 퓨즈 박스	–
절연층 형성	절연층	퓨즈 박스와 단락을 방지 두께 : 5μm

구 분	공 정	비 고
시드(Seed) 메탈층 형성	시드 메탈(Ti/Cu)	도금을 실시하기 위해 웨이퍼 전면에 스퍼터링 실시
포토 레지스트 코팅	포토 레지스트	트레이스만을 도금하기 위해
구리층 전기 도금	포토 레지스트	도금 두께 : 20μm
포토 레지스트 제거	전해 도금 Cu	–
시트 메탈층 제거	시트 메탈 습식 식각	트레이스를 전기적으로 분리시키며, 도금된 트레이스도 약간 에칭됨
무전해 도금	무전해 도금 Ni/Au	구리에는 와이어 본딩이 안 되므로 Ni/Au 무전해 도금 실시 두께 : 0.5/0.1μm
웨이퍼 소		–
다이 접합 와이어 본딩		–
몰드		–
솔더 볼 마운트 싱귤레이션		

5-3　RDL 공정 적용 제품

① 반도체 칩 적층(Stack)

FAB에서 가지는 설계의 제한을 패키지를 통해 해소하는 방법으로서 RDL이 의미가 있다. 가운데 전기 단자(Center Pad)로만 설계되는 반도체 칩(Chip)의 경우 동일 반도체 칩 적층(Chip Stack)을 위해서는 긴 와이어 및 와이어 위에 다시 반도체 칩을 쌓게 되는데, RDL을 통해 가장자리로 재배선을 하게 되면 제조 공정

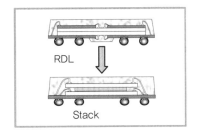

이 한결 수월하게 되며, 경우에 따라 원하는 위치로 전기 단자(Pad) 배열을 위치시킬 수 있다.

② 일반적인 패키지

RDL은 FAB의 설계 변경 없이 고객의 요구, 또는 배선 전용 반도체 칩(Chip) 등 다양한 요구에 대응이 가능하다.

③ 고객 요구 사양

고객들은 다양한 시스템에 메모리를 적용하고자 하며, 이를 위해 다양한 패키지 전기 연결(Package Interconnection) 방법을 요구하게 된다.

이에 그때마다 전기 단자(Pad) 설계를 변경하기 위해서는 막대한 자원이 소요되는데, RDL 기술을 통해 이를 절감할 수 있다.

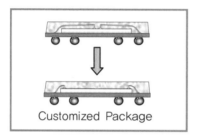

Customized Package

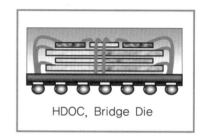

HDOC, Bridge Die

④ Enhanced Electrical 패키지

반도체 칩(Chip)이 점점 고속화되면서, 내부에 사용되는 전력 소모, 신호의 지연 등이 많은 이슈가 되고 있으며, 기존의 범용 패키지로는 반도체 칩 자체의 특성을 다 사용하지 못할 수 있다.

이에 각 반도체 칩별로 최적화된 패키지 패턴(Package Pattern)의 설계가 필요한데, 이는 기존에 사용되는 리드 프레임(Lead Frame), 반도체 기판이 가지는 한계 때문에 제한적일 수밖에 없다.

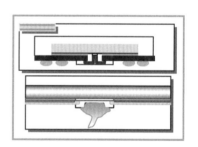

그러나 RDL은 포토(Photo) 공정 등을 사용해 미세한 패턴(Pattern)을 형성할 수 있기 때문에 이에 대한 대응이 가능하다.

⑥ Wafer Level CSP

기존의 패키지 기술은 웨이퍼 상태에서의 팹(FAB) 공정이 끝난 후 웨이퍼의 각 제품의 칩을 낱개로 분리해서 진행되는 데 비해, 웨이퍼 레벨(Wafer Level) CSP는 팹 공정(FAB Process)을 이용, 패키지 공정을 웨이퍼 상태에서 일괄 공정으로 처리함으로써 신뢰성 및 가격 경쟁력을 향상시키고, 웨이퍼 전면에 스트레스 버퍼(Stress Buffer)를 코팅한 후 에칭(Etching), 전기 단자 재배치(RDL), 솔더 볼 접합(Solder Ball Attach)과 리플로우(Reflow), 소잉(Sawing)으로 패키지 공정이 완료되는 패키지 크기와 반도체 칩의 크기가 동일하게 하는 기술이다.

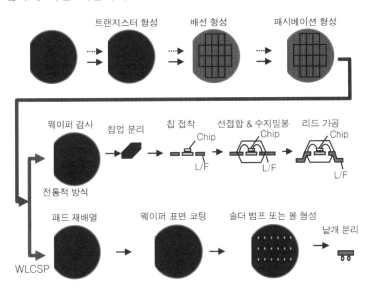

6-1 WLCSP의 장점

WLCSP 장점으로는 웨이퍼(Wafer)의 크기가 커지고 반도체 칩 크기(Chip Size)가 작으면 작을수록 더 낮은 제조 비용으로 구현된다. 웨이퍼 한 장 작업에 들어가는 공정 비용이 동일하기 때문에 같은 공정 제조 비용으로 많은 반도체 칩을 한 번에 진행할 경우 단위 반도체 칩(Chip)당 비용은 당연히 낮아지게 된다.

그리고 같은 조건의 웨이퍼라고 할지라도 웨이퍼의 수율(Yield)이 높을 경우 위에서 말한 바와 동일한 계산법으로 공정의 제조 비용은 낮아진다. WLCSP는 반도체 칩 크기 자체가 패키지 크기(Package Size)와 동일하기 때문에 BGA(또는 Leaf Frame) 형태의 패키지보다 전체 크기가 작아진다. 또한 반도체 기판, EMC 수지 등이 들어가지 않기 때문에 그만큼 패키지 전체 높이 측면에서도 유리해진다.

전통적인 패키지에 비해서 골드 와이어와 반도체 기판(Substrate)이 들어가지 않고, 금속 회로만으로 배선이 이루어지기 때문에 상대적으로 전기 연결 경로(Electrical Path)가 짧아지게 된다.

그리고 전기 단자(Pad)에 금속용 재배선(RDL)을 하기 때문에 전기 단자 크기(Pad Size) 제약을 덜 받게 되고, 전기 단자의 간격(Pad Pitch)이 좁아지더라도 선접합 공정(Wire Bonding)에서 발생될 수 있는 전기 단자 간격의 한계를 줄일 수 있다. 전기 검사(Test)는 웨이퍼 단위에서 진행할 수 있고, 웨이퍼상에서의 번-인 테스트(Burn-In Test) 진행이 가능하기 때문에 패키지 제작 후 KGD 이슈가 없다.

6-2 WLCSP의 단점

웨이퍼 상태에서 번-인 테스트(Burn-In Test)를 진행할 수 있는 장비를 따로 보유해야 하며, 반도체 칩의 뒷면이 그대로 노출되어 있어 패키지 취급 시 물리적인 손상 가능성이 높다. 이것을 막기 위해 백 사이드 코팅(Back-Side Coating) 등의 대책을 마련하고 있다.

또한 실리콘 웨이퍼/패시베이션(Si Wafer/Passivation) 등의 열팽창계수(CTE) 차이가 심해 솔더 접합 신뢰성(SJR, Solder Joint Reliability)을 확보하기 힘들다. 이것을 막기 위해서 현재 JEDEC 볼 배열 기준(Ball Configuration)을 벗어나 솔더 볼(Solder Ball)을 반도체 칩의 가운데로 모아 전기적 검사를 진행하고 있으며, 향후 외곽 더미 볼(Dummy Ball) 추가 등의 실험이 필요하다.

DRAM 설계 기술 발달로 반도체 칩의 크기가 점점 작아지면서 반도체 칩의 크기가 볼 배열 기준에서 벗어날 경우, JEDEC 볼 배열 기준을 구현할 수 없어 WLCSP에만 전용으로 사용될 수 있는 볼 배열 기준을 사용해야 한다.

이런 변경된 볼 배열 기준(Modified Ball Configuration)을 적용할 경우, 단품 판매는 불가능하고 메모리 모듈 상태에서의 판매만이 가능하다. 동일한 저장 용량(Density)을 가지고 있더라도 팹 회로선폭 기술이 다르다면 반도체 칩 크기가 달라진다. 이때 전용 패키지 크기에 대응하는 전기 검사 인프라(Infra)를 구축해야 하고 동일 팹 회로선폭 기술이라고 하더라도 저장 용량이 달라지게 되고 반도체 칩 크기가 달라져 전용 전기 검사 인프라를 구축하여야 한다.

여러 가지 장단점을 가지고 있지만 향후 패키지 개발에 있어서 결국은 와이어 본딩 공정 기술 적용 패키지가 아닌 WLCSP로 가야 가격 및 성능이 뛰어난 우수한 패키지를 생산 판매할 수 있을 것이다.

6-3 WLCSP의 종류

WLCSP의 가장 보편적인 기술로는 재배열 형태를 사용하고 있다. 이런 재배열 형태를 가지고 있는 업체들은 FCT, TU Berlin, NEC, Sandia National Lab, Unitive 등이 있고, 재배열에 구리 기둥(Copper Post)을 사용하여 그 위에 솔더 볼(Solder Ball)을 올리는 방식을 사용하는 Fujitsu, Casio, Oki, Mitsuibishi 등의 업체들이 있다. 기타 Circuit Tape, Wire Bonding, MOST, Shell BGA 등의 여러 기술들이 WLCSP에 적용되고 있다(다음 표 참조).

패키지 유형	회 사	패키지 구조
재배열	Hynix FCT TU Berlin NEC Sandia National Lab Unitive	
Cu 기둥	Fujitsu Casio Oki Mitsuibishi	
테이프	Amkor Tessera	
기타	Form Factor(MOST) Shellcase(Shell BGA)	

6-4 WLCSP 모양

좌측 아래의 웨이퍼(Wafer) 위에 솔더 볼(Solder Ball)이 올려지고 난 뒤, 소잉(Sawing)을 하여 최종 패키지를 제조하며, 그 단품 패키지 크기는 반도체 칩 크기와 동일하다. 이런 작은 크기로 전통적 패키지 크기로는 구현할 수 없는 노트북용 SO-DIMM이 제작 가능하다.

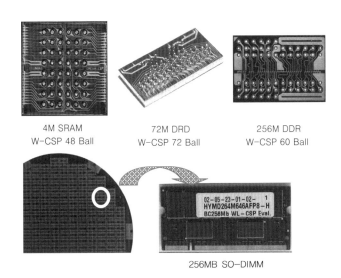

4M SRAM
W-CSP 48 Ball

72M DRD
W-CSP 72 Ball

256M DDR
W-CSP 60 Ball

256MB SO-DIMM

semiconductor package

6-5 WLCSP 구조

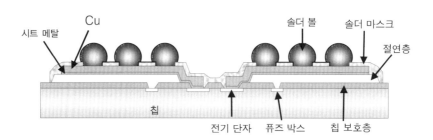

WLCSP는 반도체 칩 위에 절연층(Dielectric Layer), 도금을 위한 박막금속층(Seed Metal Layer), 구리(Cu) 도금층, 솔더 마스크층(Solder Mask Layer), 솔더 볼(Solder Ball)로 구성된다.

그림은 메모리 반도체(Memory Device)를 위한 구조이며, 그 용도 변경이 있을 경우 층 구조가 변경될 가능성도 가지고 있다. 그림에서 폴리머층(Polymer Layer)은 2개가 있다.

웨이퍼 보호층(Pix) 상단의 폴리머층은 절연층(Dielectric Layer)으로 명명하며, 절연층(Dielectric Layer)은 각 재료를 적층 시 하부의 반도체 회로층과의 절연을 목적으로 도전체 사이를 채워 주는 역할을 하며, 낮은 유전율을 가진다. 또한 박막 금속층(Seed Metal)의 침투로 발생할 수 있는 전기적 단락도 미연에 방지하는 기능을 가지고 있다.

두 번째 폴리머층(Polymer Layer)은 솔더 레지스트층(Solder Resist) 또는 솔더 마스크층(Solder Mask)이라고도 하며, PCB 기판 혹은 반도체 기판에서 납땜 또는 도금 부위를 제외한 곳에 납 또는 도금 물질이 묻지 않도록 표면에 도포하는 내열성 피복 물질 혹은 그 층이다(PSR, Photo Solder Resist).

박막 금속층(Seed Metal)은 전해도금 공정에 앞서 환원 작용이 일어나는 음극 역할을 할 수 있도록 웨이퍼 전체에 도포된 얇은 금속층을 말하며, 각각의 역할을 가지고 있는 3가지 종류의 금속층을 가지고 있다(Ti - NiV - Cu).

박막 금속층 위의 금속층은 구리 배선(Cu Pattern)으로 전기 도금(Electro-Plating)을 이용하여 배선하며, 반도체 칩 전기 단자와 솔더 볼의 전기적 연결을 위한 전기 도금 회로로서 약 18㎛ 두께로 이루어져 있으며, 전기적 특성을 고려하여 설계해야 한다. 솔더 볼은 납(Pb)을 가지고 있는 Sn-Pb 볼을 사용하고 있으나 환경 규제 등으로 납이 들어 있지 않은 볼 사용이 필요하며, Sn-3Ag-0.5Cu 솔더 볼이 가장 널리 사용되고 있다.

6-6 WLCSP 공정

구 분	공 정	비 고
팹 완료 웨이퍼	칩 보호층 퓨즈 박스 전기 단자 퓨즈 박스	–
절연층 형성		퓨즈 박스와 단락을 방지 두께 : 10~20μm
시트 메탈층 형성		도금을 하기 전 웨이퍼 전면에 스퍼터링 실시
포토 레지스트 코팅		트레이스만을 도금하기 위해
Cu층 전기 도금		도금 두께 : 10~15μm
포토 레지스트 제거		–
시트 메탈 제거	시트 메탈 습식 식각	트레이스를 전기적으로 분리시키며 도금된 트레이스도 약간 에칭됨
솔더 볼 마스크 코팅		솔더 마스크 두께 : 10~20μm
솔더 볼 마운트		솔더를 도금 후 리플로우를 거쳐 볼 형성
웨이퍼 소		패키지 완료

⑦ FOWLP(Fan Out Wafer Level Package)

FOWLP는 2015년 Apple사의 iPhone 6에서 SOC Package로 전격 사용되면서 패키지 산업 전반에 큰 파장을 몰고 왔다. FOWLP는 WLCSP와 달리 칩 크기보다 패키지 사이즈가 더 크며, 칩 크기와 상관없이 일정한 크기의 패키지를 만들 수 있다는 장점이 있다. 또한 서브스트레이트를 사용하지 않고 WLCSP의 장점인 RDL과 범프만으로 패키지가 완성되기 때문에 두께가 얇은 패키지를 만들 수 있고 배선이 짧아지기 때문에 전기적 특성이 매우 우수한 패키지를 만들 수 있다는 장점이 있다.

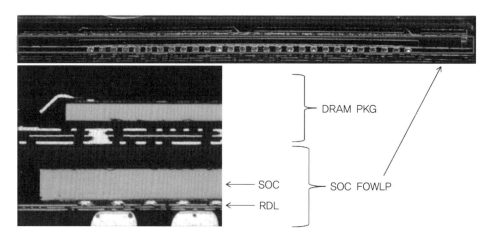

❙ Apple A10 PoP 패키지(하단 패키지가 SOC FOWLP임) ❙

특히 iPhone용의 FOWLP는 TSMC에서 InFO(Integrated Fan Out) 패키지라 별도로 명명을 하였다. 기존의 FOWLP와의 차이는 PoP 패키지를 구현하기 위하여 하단 패키지 (Bottom Package)에 필수 요소인 TMV(Through Mold Via)를 FOWLP 공정 중에 형성 하면서 공정이 기존 FOWLP와 달라졌기 때문이다.

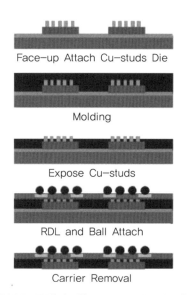

Face-up Attach Cu-studs Die

Molding

Expose Cu-studs

RDL and Ball Attach

Carrier Removal

❙ FOWLP 공정 순서(Face up Die First) ❙

FOWLP의 공정 순서는 위의 그림과 같다. 우선 칩을 먼저 붙이고 나중에 RDL을 형성 하는 Die First로 설명하자면 다음과 같다.

① Carrier Wafer에 칩을 붙인다. 이때 칩의 패드에는 카파 필라 범프가 형성되어 있다. 다른 점은 카파 필라 범프 위에 솔더는 없다. 보통 이를 Reconfiguration이라 부른다. 의미는 개별 칩을 재배치한다는 것이다.

② EMC로 몰딩한다. Carrier Wafer는 보통 300mm 직경을 갖는 웨이퍼를 사용한다.

③ EMC 몰드 부를 갈아내어 카파 필라 범프의 윗부분을 노출시킨다.

④ RDL 공정을 진행하여 배선을 하고 그 표면에 솔더 범프를 형성한다

⑤ Carrier Wafer를 떼어내고, 개별 패키지로 Singulation하여 분리한다.

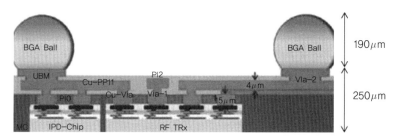

‖ InFO Package의 예 ‖

TSMC의 InFO 패키지의 예는 위 그림과 같다. IPD 칩과 RF 칩 두 개를 하나의 FOWLP로 구현하였으며, BGA Ball 즉 솔더볼은 190μm, 솔더볼을 제외한 패키지 몸체의 두께는 250μm로 매우 얇은 패키지임을 알 수 있다. 위의 그림에서 보면 RDL 층에 사용된 카파(Cu) 배선의 두께는 4μm이다. PI는 폴리이미드(Polyimide)로 배선을 보호하는 역할을 한다. 보통 PIQ라고도 한다. 폴리이미드, RDL 카파, 그리고 BGA 솔더볼용 패드(UBM) 두께 등을 합하면 10μm임을 알 수 있다. 이 두께는 일반 FBGA 패키지에서 서브스트레이트에 해당하는 부분으로 일반적인 2 레이어 서브스트레이트를 아주 얇게 만들었을 때 두께가 80μm임을 감안하면 1/8 수준으로 두께를 줄일 수 있음을 알 수 있다.

간단히 도식화하여 일반적인 FBGA패키지와 FOWLP(InFO)를 비교하면 아래와 같다.

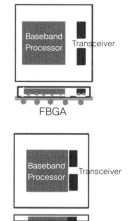

	FBGA	FOWLP(InFO)
Package Size(mm²)	8×8	
Die Sizes(mm²)	1 5×5 Die	2 2×1.25 Dies
Die Thickness(mm)	0.5	<0.3
Substrate Thickness(mm)	0.3	N/A
Ball Count	400	
Ball Diameter/Pitch(mm)	0.26/0.4	
Total Power(W)	2.0	
Ambient Temp(℃)	25	
Max Temp(℃)	90.5	81.5
Thermal Resistance(℃/W)	32.5	28.0

‖ 일반적인 FBGA 패키지와 FOWLP(InFO) 비교 ‖

위의 일반 FBGA 패키지와 InFO FOWLP와의 비교표를 보면, 물리적인 치수는 당연히 InFO가 더 얇고 우수함을 알 수 있다. 여기에 Baseband Processor의 총 파워가 2W일 때 실제 Device 동작 온도는 FBGA가 90.5℃일 때 InFO는 81.5℃이고 이를 잘 나타내 주는 Thermal Resistance는 32.5 대 28℃/W이다. 즉 InFO가 방열에 훨씬 뛰어나 칩이 동작을 훨씬 수월하게 해줌을 알 수 있다.

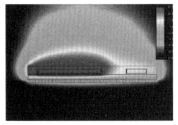

Max. Tem=90.5℃
Thermal Resistant=32.5℃/W

| FBGA |

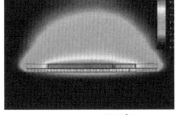

Max. Tem=81.5℃
Thermal Resistant=28.0℃/W

| FOWLP(InFO) |

Thermal Simulation 결과는 위의 그림과 같다. InFO의 경우 사실상 서브스트레이트가 제거된 것과 같은 효과를 보여 InFO 패키지가 실장된 보드 방향으로의 열경로를 줄여 주어 힛싱크(Heatsink)가 부착되지 않은 경우 위 그림과 같이 보드 방향으로 FBGA에 대비하여 열이 잘 방출됨을 알 수 있다. 또한 얇은 InFO 패키지의 두께로 인하여 대기 중으로 열경로도 InFO 패키지가 두꺼운 EMC로 둘러싸인 FBGA에 대비하여 유리한 것을 알 수 있다. 그리고 InFO의 경우 Baseband Processor와 Tranceiver를 평면에서 좀 더 가깝게 배치하여 Baseband Processor의 수평 방향으로의 열방사가 효율적으로 이루어져 칩 간의 열분포가 고르게 된 것을 알 수 있다. 결국 이러한 총체적인 효과로 InFO 패키지의 경우 FBGA에 대비하여 14% 열효율이 좋은 결과를 보인다.

FOWLP의 활용은 칩을 수평 방향으로만 배치하는 것이 아닌 FOWLP 패키지 자체를 수직으로 적층하여 기존 FBGA PoP 대비하여 훨씬 효율적인 FOWLP PoP를 구성할 수도 있다. 그 예는 다음과 같다.

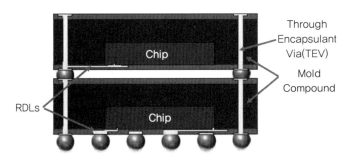

| FOWLP PoP의 예(J.H.Lau, CPMT Lecture, San Diego, Feb. 2015) |

semiconductor package

EMC 즉 몰드 부분에 TEV(Through Encapsulant Via)를 형성하여 이를 이용해 신호 경로를 최소화하여 전송하는 것이다.

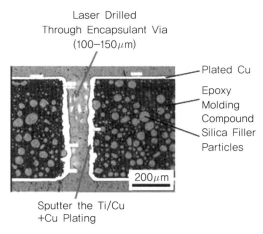

Laser Drilled
Through Encapsulant Via
(100-150μm)

Plated Cu

Epoxy
Molding
Compound
Silica Filler
Particles

200μm

Sputter the Ti/Cu
+Cu Plating

∥ TEV 상세도 ∥

TEV는 Laser Drill로 Hole을 가공하고 여기에는 Seed Metal Layer로 티타늄(Ti)과 구리(Cu)를 증착하고 다시 구리(Cu)를 도금하는 구조이다.

FOWLP의 특장점에 대해서 정리하면 다음과 같다.

① 작은 크기, 얇은(Thin) 패키지 구현, 전체적으로는 현재의 WLP와 같은 형태(0.4mm 이하의 두께를 가지는 얇은, 박형 패키지)

② 서브스트레이트가 없어 플립 칩 패키지보다 매우 얇음

③ I/O(Input/Output) 수를 매우 많이 형성할 수 있음. 이런 기술이 가능한 것은 현재 FOWLP의 RDL L/S(Line and Space)가 5μm 정도이고, 일부 업체에서는 2μm 까지 구현하고 있음

④ 여러 종류의 Chip을 하나의 패키지 안에 넣어 다양한 기능을 구현할 수 있음

⑤ 기존의 와이어나 큰 범프를 통한 접속이 아닌, 작은 카파(Cu) 범프와 RDL 층을 통한 조밀한 배선으로 전기적 특성이 뛰어남

⑥ 작은 패키지 몸체와 얇은 RDL층을 통한 열방출로 열특성이 뛰어남

⑦ 고온에서의 패키지 휨(Warpage) 특성이 좋음. 이유는 서브스트레이트가 생략된 구조이고 패키지의 상당부분이 EMC이며, 실제 패키지 내의 재료 분포 비율로 보면 실리콘으로 만들어진 칩의 구성부분이 많아 고온에서도 패키지가 큰 휨이 없이 상온으로부터 고온까지 유지됨

이러한 장점으로 인하여 다음 그림과 같이 RF, PMIC, AP 등 다양한 칩들의 패키지가 FOWLP로 변화되고 있다.

8 TSV(Through Silicon Via) 패키지

3차원 종합 패키지(3D Integration Package)의 필요성은 다음과 같다.

① **패키지의 크기 감소** : 평면 감소(X, Y size), 높이 감소(Z axis)

② **성능 향상** : R(Resistance), C(Capacitance) 감소, 신호 전송 지연(Signal Delay) 감소

③ **디바이스 대역폭**(Device Bandwidth) 향상

④ **전력 소모**(Power Consumption) 감소

⑤ **여러 가지 디바이스들을 집적함**(Heterogeneous Integration)

⑥ **제작 비용 감소** : 다양한 기능을 하나의 칩에 구현하는 비용보다 여러 다른 기능을 갖는 칩을 하나의 패키지로 제작하는 것의 비용이 훨씬 저렴함

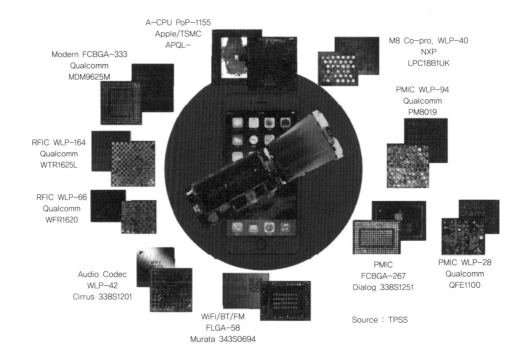

이와 같은 장점으로 인하여 최근에 3차원 종합 패키지(앞으로는 3D Integration Package 로 기술)가 점점 많아지고 있고, 이미 앞에서 다루어진 적층 패키지, FOWLP 등의 기술들이 많이 사용되고 있다. 하지만 앞에서 다루어진 3차원 적층 기술의 신호 경로보다 더 짧은 경로들이 고속, 저전력을 요구하는 경우에 더욱 필요해지고 있다. 이러한 요구를 충족하기 위하여 개발된 것이 TSV(Through Silicon Via) 기술이다.

TSV 기술은 실리콘 칩의 몸체에 전도성 경로인 비아(Via)를 형성하여 칩과 칩 간의 신호 경로를 최소화한 것이다. 실제 TSV의 첫 번째 특허는 미국 특허 3,044,909로 1962년

7월 17일에 등록되었다. 이 특허의 주인공은 1956년 노벨상 수상자이자 Transistor를 처음 발명한 윌리엄 쇼클리(William Shockley)이다. 출원은 1958년 10월 23일에 하였으며 제목은 "Semiconductive Wafer and Method of Making the Same"이었다.

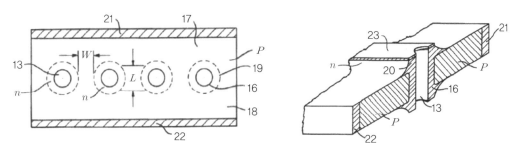

┃ 윌리엄 쇼클리의 미국 특허 3,044,909(그림 중 13번 부분이 현재의 TSV임) ┃

TSV를 이용하면 아래 그림의 왼쪽과 같이 복잡하고 신호 경로가 긴 와이어의 부분을 아주 간단히 대체하면서 칩의 적층 구조를 단순화할 수 있다.

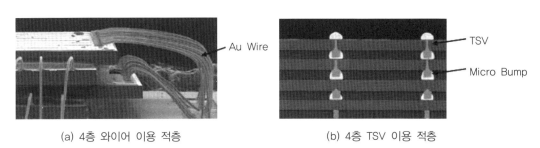

(a) 4층 와이어 이용 적층   (b) 4층 TSV 이용 적층

┃ 와이어를 이용한 4개 칩 적층과 TSV를 이용한 적층 ┃

와이어의 길이가 위의 그림에서 보는 것과 같이 TSV를 이용한 칩의 두께와 같은 길이로 줄어들기 때문에 패키지 전체의 크기가 작아지며, 또한 파워 공급 경로와 신호 개수를 증가시킬 수 있어 저전력 구현이 가능하고, 대역폭(Bandwidth)을 넓힐 수 있어 전반적인 디바이스의 성능을 향상시킬 수 있는 것이다.

DRAM이나 NAND와 같은 메모리 디바이스에서의 TSV 이용은 3가지 형태로 크게 구분할 수 있다. 첫 번째는 메모리 칩 적층이고, 두 번째는 기존의 메모리 구성이 아닌 I/O수가 대폭 늘어난 Wide I/O 메모리라는 새로운 형태의 TSV 메모리, 그리고 세 번째는 Wide I/O 인터페이스를 이용한 여러 칩을 연결하여 패키지를 구성하는 것이다. 세 번째와 같은 형태를 2.5D라고도 부른다. 이들에 대해 자세히 알아보고자 한다.

TSV를 이용한 메모리 칩 적층

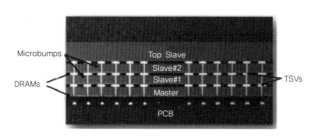

∥ 삼성전자 TSV를 이용한 DDR4 DRAM 패키지(2014년 8월) ∥

위 그림은 삼성전자가 2014년 8월에 발표한 4Gb(Giga bit) DDR4 DRAM Chip을 4개 적층한 메모리 패키지이다. 이러한 패키지 9개를 하나의 DRAM Module로 만들어 전체 용량은 64GB(Giga Byte)이다. 기존의 와이어를 이용한 패키지로 구성한 모듈에 비해 2배 이상 빠르고, 전력은 반으로 소모하는 놀라운 결과를 보였다.

위 그림에서 보는 것과 같이 4개의 Chip 중 제일 밑에 있는 칩은 Master 칩이라 부르고 그 위에 있는 3개의 칩은 Slave 칩이라 부른다. 위에 사용된 칩들은 사실 동일한 구조와 동일한 회로를 가지고 제작된다. 그러나 DDR4부터 JEDEC에서 규정한 새로운 옵션이 있는데 이것은 DDR4부터 TSV 기능을 지원하여 좀 더 효율적인 적층 동작을 구현하기로 한 것으로, 이를 3DS 옵션이라 부른다. 3DS 옵션을 사용하면 제일 밑에 있는 Master 칩은 CPU와 DDR4 인터페이스를 이루며 동작하기 위한 기능을 구현하며, Slave 칩의 메모리 셀 영역을 컨트롤하는 역할은 모두 Master 칩에서 이루어지게 된다. 이렇게 되면 Master 칩에서만 대부분의 전력을 소모하여, Slave 칩은 수동적인 동작만을 하게 되므로 전력 소모량이 적어진다. 결국에는 4개의 칩이 적층되어져 있지만 동작은 하나의 칩과 같이 하게 된다.

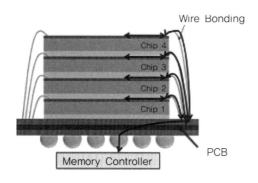

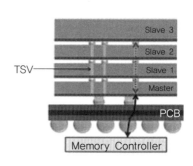

기존 와이어를 이용한 적층 형태와 TSV 3DS에서의 메모리 컨트롤러의 동작은 와이어 적용 적층에서는 컨트롤러가 4개 칩 모두를 항상 조정하나 TSV 3DS에서는 컨트롤러가 Master 칩만 접속하여 조정한다.

Wide I/O Memory

TSV를 이용함으로써 기존의 패키지와는 달리 더 많은 I/O를 형성하여도 접속에 부담이 없어지면서, 새로운 메모리 구조 설계가 가능해지게 되었다. 이러한 새로운 메모리 설계를 통해 등장한 것이 Wide I/O 메모리이다. Wide I/O 메모리에도 여러 종류가 등장하였으나 시장에서 실판매가 이루어지고 있는 메모리인 HMC(Hybrid Memory Cube)와 HBM(High Bandwidth Memory) 두 가지에 대해 다루고자 한다.

① HMC(Hybrid Memory Cube)

HMC는 미국 Micron이 제안하여 HMC 컨소시엄이 형성되고 IBM과 Micron이 주축이 되어 제작, 생산, 판매가 이루어지고 있는 메모리이다. HMC 컨소시엄에는 Micron, 삼성전자, Altera, ARM, IBM, Open-Silicon, SK 하이닉스, Xilinx와 같은 업체가 참여하고 있다. 2013년 4월에 규격(Spec)이 발간되었고 목표로 하는 시장은 HPC(High Performance Computing, 고기능 컴퓨터용), 네트워킹, 에너지, 무선통신, 운송, 보안, 고성능 서버 시장 등이다.

HMC의 구조는 기본적으로는 DRAM이며 각 DRAM 칩은 16개의 Core로 구분되고 이들이 적층된다. 제일 밑에 로직(Logic) 칩이 위치하며 이 로직 칩에는 16개의 다른 로직 구역으로 구분되고 각 구역은 4개 또는 8개의 각 로직 구역 위로 적층되는 DRAM을 컨트롤한다. 대역폭(Bandwidth)은 400GB/s에 이르고, 하나의 HMC는 기존 DDR3 규격 메모리 모듈에 비해 15배 이상의 성능 향상을 이루고 전력은 70% 적게 사용한다.

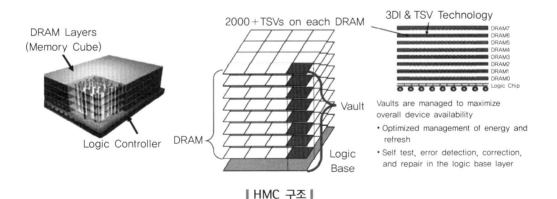

‖ HMC 구조 ‖

HMC의 로직 칩은 IBM에서 생산하며, DRAM 칩은 마이크론에서 생산 패키징한다. 보다 자세한 구조는 다음 그림과 같다. 2013년 9월에 출시된 HMC는 한 개의 로직 칩과 4개의 DRAM 칩이 적층된 구조이고, 이때 사용된 TSV는 2000개 이상으로 알려져 있다. 또한 로직 칩은 다음 그림과 같이 DRAM 칩보다 더 크고 모든 연결은 TSV를 통하여 이루어진다. 최종적인 패키지의 모습은 일반 FBGA 패키지와 같은 형태로 로직칩과 적층된 DRAM 칩은 유기 서브스트레이트에 올려져 있다. DRAM의 칩 두께는 $50\mu m$이고 각 DRAM 칩에는 $20\mu m$ 높이의 솔더가 위에 있는 카파 필라 범프로 구성되어 있다. 적층은 열압착 접착(Thermal Compression Bonding) 방식으로 이루어진다. TSV 직경은 $5\mu m$ 정도이다.

DRAM Stack

‖ HMC 적층 구조 ‖

HMC는 아래 그림과 같이 Altera사의 Stratix V FPGA 보드에 사용되었다.

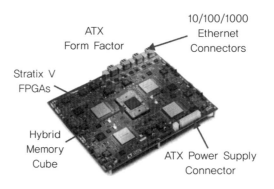

‖ Altera Stratix V FPGA와 HMC ‖

semiconductor package

② HBM(High Bandwidth Memory)

HBM은 2014년에 SK 하이닉스에서 세계 최초로 양산되었다. HBM은 일반적인 FBGA 형태의 패키지가 아니며, 로직 칩과 DRAM 칩이 적층된 형태 그대로를 이용하는 패키지라 보면 된다. 이러한 형태 때문에 KGSD(Known Good Stacked Die)라 부른다. 아래 그림은 일반적인 FBGA와 HBM의 KGSD 형태가 다름을 보여준다.

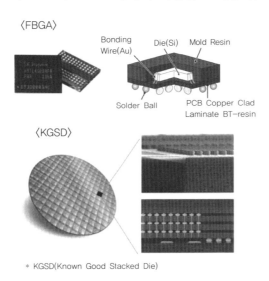

| HBM(KGSD)과 FBGA 비교 |

HBM은 실리콘 웨이퍼로 제작되어진 인터포저(Interposer)를 이용하여 SoC와 연결된다. 이러한 형태를 2.5D 패키지라 하며, 그 형태는 아래 그림과 같다. 실리콘 인터포저에 메탈 배선이 형성되어 있고 인터포저에도 TSV가 형성되어져 인터포저를 통한 배선이 매우 효율적으로 이루어지기 때문에 전체 모듈 형태의 성능을 향상시킨다.

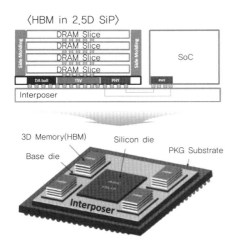

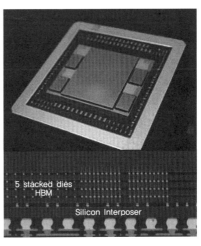

| HBM을 이용한 2.5D SiP(System in Package), 세계 최초 HBM을 적용한 AMD사 Graphic GPU Fiji |

semiconductor package

HBM의 크기는 매우 작은데, 1GB 용량의 HBM 패키지의 크기는 아스피린 1알 정도의 크기이다. 아래 그림은 HBM의 크기를 비교하여 놓은 것이다.

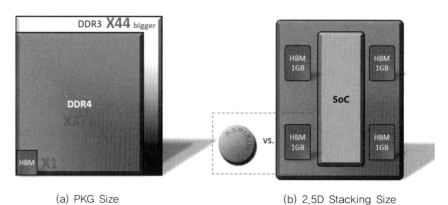

(a) PKG Size   (b) 2.5D Stacking Size

❙ HBM의 크기 비교 ❙

위의 그림에서 보듯이 1GB 용량을 기준으로 보면 DDR4 패키지는 HBM 패키지의 37배 크기이며 DDR3 패키지는 44배가 더 크다. 실제 이러한 HBM을 이용하여 구현한 2.5D SiP 모듈의 크기는 매우 작음을 위 그림의 오른쪽 그림으로부터 알 수 있다. HBM은 크기만 작은 것이 아니라 실제 효율성도 매우 좋은데, 전력 소모율을 비교하여 보면 아래 그림과 같다. 현재 가장 많이 그래픽용으로 사용하고 있는 GDDR5 메모리보다 전력 소모가 42% 감소함을 알 수 있다.

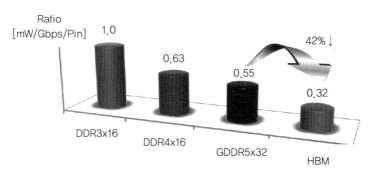

❙ HBM의 I/O 전력 소모 비교 ❙

HBM의 전체적인 규격은 HBM1과 HBM2로 나누어 볼 수 있는데 HBM1의 경우 DRAM 칩 1개는 2Gb 용량이고 핀당 1Gbps, Bandwidth는 128GB/s, 로직 칩과 4개의 칩 적층으로 총 메모리 용량은 1GB이다. IO는 1024이고 VDD 전압은 1.2V이다. HBM2의 경우에는 DRAM 칩 1개는 8Gb 용량이고 핀당 2Gbps, Bandwidth는 256GB/s, 로직 칩 위에 4개 칩 또는 8개 칩 적층으로 각각 4GB와 8GB의 용량을 갖는다.

HBM의 제일 밑에 위치하는 로직 칩을 Base Die라 부르며 전체적인 구조는 다음 그림과 같이 로직 회로가 있는 PHY, TSV가 형성되어 있는 TSV 영역, 그리고 TEST를 할 수 있도록 형성된 TEST Port Area로 구성된다.

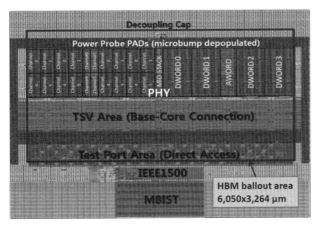

| HBM 로직 칩의 영역 구조 |

HBM은 주로 고속 그래픽 용도를 위한 것으로 현재 가장 많이 사용하고 있는 GDDR5와 비교하면 Clock Speed는 GDDR5에 비해 빠르지 않으나 Bandwidth와 Bus Width가 매우 커 결과적으로 훨씬 우수한 성능을 나타냄을 알 수 있다.

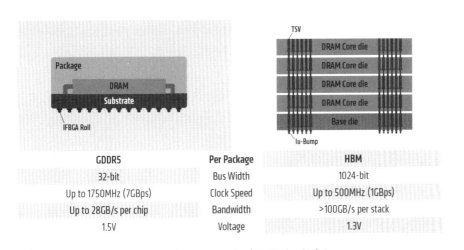

GDDR5	Per Package	HBM
32-bit	Bus Width	1024-bit
Up to 1750MHz (7GBps)	Clock Speed	Up to 500MHz (1GBps)
Up to 28GB/s per chip	Bandwidth	>100GB/s per stack
1.5V	Voltage	1.3V

| HBM과 GDDR5 비교(AMD사 자료) |

이러한 우수한 성능을 나타낼 수 있게 해주는 것은 TSV를 적용했기 때문이다. 앞서 기술하였듯이, TSV를 적용함으로써 전체적인 크기가 매우 작아졌으며 HBM의 전체적인 크기는 다음 그림과 같다. HBM1-Gen1과 HBM2-Gen2는 전술한 용량의 차이가 있기 때문에 크기가 다르며, Bump는 카파 필라 범프에 솔더가 형성된 구조로 범프의 크기(CD)는 $25\mu m$이고 범프 간의 거리인 피치(Pitch)는 $55\mu m$이다.

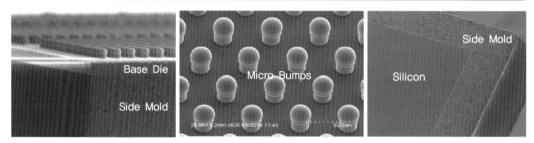

구 분	Item	Value	Bump		Remark
			CD	Pitch	
(a)	Gen1-Package Dimension(X, Y)	5.48mm×7.29mm	25μm (As Reflow)	55μm	
	Gen2-Package Dimension(X, Y)	7.75mm×11.87mm			
(b)	Gen1-Package Body Height(Z)	0.49mm			
	Gen2-Package Body Height(Z)	0.72mm			
	Micro Bump Array(MPGA)	JEDEC	-	-	JC11-2,883, JC11-4,884

▎HBM1(Gen1), HBM2(Gen2)의 패키지(KGSD) 크기 규격(SK hynix) ▎

HBM은 위 그림에서 보듯이 칩이 적층된 측면에 EMC 몰드로 보호해주고 있는 형태이다. 이러한 EMC를 Side Mold라 한다.

HBM 시장은 2015년 출시된 HBM1의 Graphics 제품에서 2016년부터 AMD와 nVIDIA에서 HBM2 채용을 증가하고 있으며 향후 네트웍스와 서버(Capacity & Bandwidth) 및 클라이언트(Low Power)향으로 적용 확대가 예상된다. 또한, 고성능 PC(High Performance PC)와 Accelerator 시장 성장에 따라 Google 및 Microsoft 등에서 HBM3로 지속적인 개발 전개가 예상되고 점유율도 매년 2배 이상 증가될 것으로 예상되지만 Cost 열위와 GDDR6의 등장으로 인해 Gaming Console 등으로의 전면적인 확대는 다소 시간이 걸릴 것으로 예상된다.

③ 2.5D

HBM을 살펴보면서 이미 2.5D에 대해서 언급을 하였다. 2.5D는 인터포저를 통하여 각기 다른 기능을 하는 칩이나 패키지가 연결되고 이러한 인터포저를 통하여 각 신호나 파워가 모아지고 이를 실제 실장할 수 있는 크기의 솔더 범프를 인터포저에 형성한 것이다. 2.5D에서의 인터포저는 실리콘 웨이퍼로 일종의 RDL 공정과 TSV 공정을 통하여 만들어진다. 이를 간단히 그림으로 보면 다음과 같다.

semiconductor package

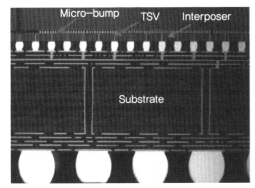

┃ 실리콘 인터포저(Si Interposer)의 전체 패키지에서의 위치 ┃

이러한 실리콘 인터포저를 이용하여 실제 제작되어진 2.5D 패키지의 예로는 자일링스 (Xilinx)의 Virtex-7 HT FPGA가 있다.

Technology	Specs
M1-M4	$2\mu m$ pitch 4 4×layers
TSV	>$10\mu m$ diameter & $210\mu m$ pitch
Micro-bump	$45\mu m$ pitch
C4	$210\mu m$ pitch
Package	4-2-4 Layer, 1.0mm BGA Pitch

┃ Xilinx Virtex-7 HT 패키지의 단면과 패키지 규격, 인터포저 TSV 직경(10μm, 피치는 210μm) ┃

위 그림에서 인터포저의 상단에 마이크로 범프가 접속할 수 있는 피치는 $45\mu m$이며 유기 서브스트레이트와 접속하는 솔더 범프(C4)의 범프 피치는 $210\mu m$이다. 즉 인터포저는 인터포저에 형성된 TSV를 통하여 여러 개의 칩의 배선을 최적화하여 기판에 접속할 수 있도록 도와주는 역할임을 알 수 있다.

④ TSV 공정

TSV 공정은 TSV를 웨이퍼 공정의 처음, 중간, 마지막 중 어디에서 형성하느냐에 따라 말 그대로 Via-First, Via-Middle, Via-Last로 나누어 명칭하고 있으며, CIS(CMOS Image Sensor) 패키지 같은 경우 Via-Last로 진행하고 현재의 대부분은 다음 그림과 같은 Via-Middle 공정으로 진행한다.

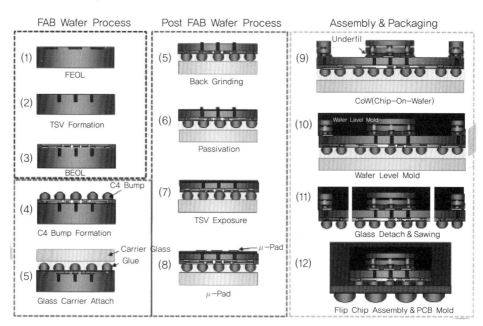

FAB Wafer Process	Post FAB Wafer Process	Assembly & Packaging
(1) FEOL	(5) Back Grinding	(9) Underfil / CoW(Chip–On–Wafer)
(2) TSV Formation	(6) Passivation	(10) Wafer Level Mold / Wafer Level Mold
(3) BEOL	(7) TSV Exposure	(11) Glass Detach & Sawing
(4) C4 Bump / C4 Bump Formation	(8) μ–Pad / μ–Pad	(12) Flip Chip Assembly & PCB Mold
(5) Carrier Glass / Glue / Glass Carrier Attach		

⏐ Via-Middle TSV 공정 및 패키징 공정 개략도(삼성전자 자료) ⏐

위 그림에서 FAB Wafer Process로 명명된 부분이 칩을 형성하는 공정에서 TSV를 이미 형성하여 웨이퍼를 완성한다. Post FAB Wafer Process라고 명명된 부분은 1차 완성된 웨이퍼를 가지고 웨이퍼의 전면과 후면에 범프를 형성하여 세 번째 Assembly & Packaging 공정에서 적층이 가능하도록 만들어주는 공정이다.

위 그림에서 (1)~(3)은 TSV를 형성하는 과정만 차이가 있을 뿐 일반적인 디바이스를 제작하는 FAB 공정이다.

(4)는 1차 완성된 웨이퍼의 범프를 형성하는 전면에 범프를 형성한다.

(5)는 이렇게 범프가 형성된 웨이퍼의 전면에 Carrier Wafer를 붙여 준다. 이때 사용하는 접착제나 접착 필름은 나중에 떼어내어야 하는 재료이다. 보조 역할을 하는 캐리어 웨이퍼(Carrier Wafer)를 붙여 주는 이유는 보통 TSV가 형성되는 깊이가 58~65μm로 실리콘 웨이퍼의 두께가 780μm 점을 감안하면 매우 낮은 깊이로 형성되기 때문이고, 최종적인 패키지의 두께가 크지 않기 때문에 보통 각 층의 칩은 50μm 두께를 가져야 하므로 초기 형성하는 TSV의 깊이도 그에 맞추어 형성하는 것이 일반적이다. 즉 캐리어 웨이퍼는 웨이퍼의 뒷면에서 TSV를 드러나게 하기 위해 웨이퍼를 그라인딩하였을 때 웨이퍼가 얇아지면서 발생하는 웨이퍼의 휨이나 웨이퍼의 취약함을 보조하여 웨이퍼 뒷면의 공정진행을 순조롭게 하기 위함이다.

(6)은 웨이퍼 뒷면을 그라인딩하여 TSV가 드러날 면에 질화막(Nitride)과 산화막(TEOS)을 형성하여 패시베이션(Passivation, 절연막)을 형성한다. 보통 TSV 내를 채워주는 도전 물질은 구리(Cu)를 사용하는데 이러한 구리는 확산 방지막이 없으면 실리콘 내에서 매우 확산을 잘하므로 이러한 구리가 확산하지 못하도록 공정을 매우 조심히 진행하여야 한다.

(7)은 이렇게 구리가 확산하지 못하도록 절연막이 형성된 후에 CMP를 통하여 TSV의 구리가 표면에 드러나도록 하는 공정이다.

(8)은 노출된 TSV의 구리 위에 접속을 위한 패드를 형성하거나 또는 마이크로 범프를 형성하는 공정이다.

(9)는 형성된 패드 위쪽으로 칩을 적층한다.

(10)은 웨이퍼 형태에서 몰드를 하여 FOWLP와 같은 형태로 만든다.

(11)은 캐리어 웨이퍼를 떼어내고 각 패키지 단위로 절단한다.

(12)는 절단된 TSV 패키지를 유기 기판에 붙이고 모듈 형태를 만든다.

이러한 TSV 공정의 세부 사항은 최종 TSV 적층 패키지 형태에 따라 달라진다.

TSV를 이용한 패키지 전 공정 중에서 가장 기술적으로 어려운 부분은 캐리어 웨이퍼를 붙였다 공정 후에 떼는 부분이다. 이를 템포러리 본딩 디본딩(Temporary Bonding Debodning) 공정이라 통칭한다. 말 그대로 임시로 붙였다 떼었다 하는 공정이다. 용어는 매우 간단하나 잘 생각해보면 계속 진행되는 웨이퍼 공정 중에 캐리어 웨이퍼가 단단히 잘 붙어 있다가 공정 후에 캐리어 웨이퍼를 떼어냈을 때, 아주 잘 떨어져야 하고 접착제 등 불순물 찌꺼기가 실제 공정을 진행해야 하는 웨이퍼의 표면에 남아 있지 않게 해야 한다. 이러한 재료와 공정 장비의 개발이 사실상 어려운 부분으로 아직도 개선의 여지가 많은 공정이다.

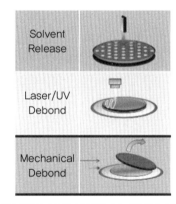

┃ 템포러리 본딩 디본딩 중 디본딩 종류 ┃

템포러리 본딩 디본딩의 종류는 디본딩 방법으로 분류할 수 있다. 접착제를 녹여내기 위해 솔벤트를 사용하는 솔벤트 릴리즈(Solvent Release), 접착제에 레이저를 조사하여 폴리머 구조 변화를 시킨 후 떼어내는 레이저 디본드(Laser Debond), 기계적으로 열을 가하거나 아니면 상온에서 옆으로 슬라이딩시키거나 그대로 떼어내는 미케니컬 디본드(Mechanical Debond) 방법이 있다. 이러한 각 방법에 따라 접착제의 종류가 다르며, 이러한 접착제 및 디본드 방법이 각기 장단점들이 존재한다. 최근에는 미케니컬 디본드 방식이 주로 사용되며 업체에 따라 각기 조금씩 다른 재료와 방법들을 사용하고 있다.

Chapter

4

전기 및 구조 해석

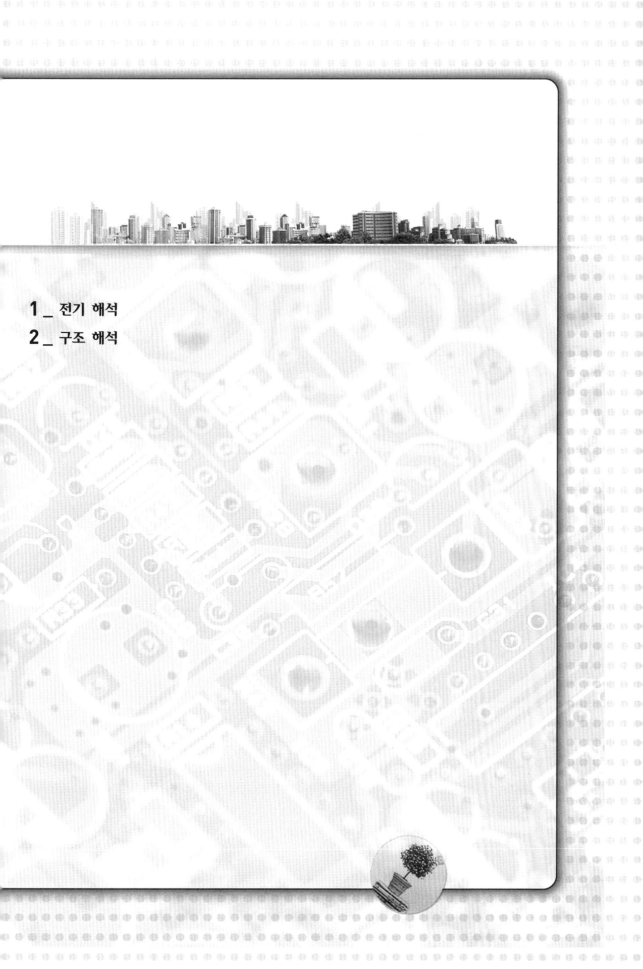

전기 및 구조 해석

① 전기 해석

1-1 전기 해석의 개요

① 패키지 전기 해석 소개 - Input & Output

반도체 칩(Chip)의 고속화 고밀도화에 따라서 이들을 실장하는 패키지의 성능이 시스템 전체의 성능에 큰 영향을 미치는 시대가 왔으며, 특히 고성능 반도체 칩을 실장하는 패키지의 경우 패키지의 전기적 특성이 시스템 성능에 미치는 영향은 반드시 고려되어야 한다. 고속 고밀도화 되어 가고 있는 패키지를 지원하기 위해서는 패키지 상태에서의 정확한 전기적 해석이 필요하다.

이를 위하여 패키지 엔지니어(Package Engineer)들은 전기적 특성을 사전 분석하기 위한 해석 도구(Tool)를 고려하기 시작하였으며, 패키지의 전기적 기생 성분과 패키지와 반도체 칩 간 전기적 기생 성분을 시뮬레이션(Simulation)을 통하여 추출하고 패키징된 메모리 칩(Memory Chip) 성능을 검증하여 최적의 패키지 구조와 반도체 기판(Substrate) 구조를 검토하게 되었다.

위의 그림은 이러한 패키지 전기 해석에 대하여 모델링(Modeling)과 경계 조건, 포트 컨디션을 입력 조건(Input Condition)으로 주었을 때 패키지 전기 해석과 시뮬레이션을 통해 얻을 수 있는 출력(Output; RLGC Data, S Parameter, Spice Model, Filed Plot 등)에 대한 개념도를 나타낸 것이다.

아래 사진은 Model, RLC Matrix, S Parameter, Field Plot를 나타낸 것으로 전기 해석을 위한 시뮬레이션 요청 시 기본적으로 알아야 할 결과물이다.

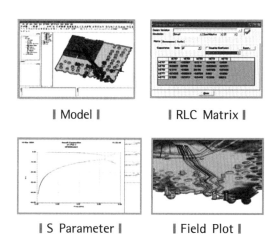

‖ Model ‖   ‖ RLC Matrix ‖

‖ S Parameter ‖   ‖ Field Plot ‖

② 변수(Parameter) – 축전용량

(1) 축전용량 이론

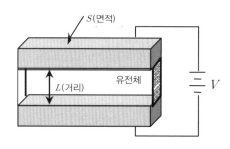

$$C = \frac{Q}{V} = \frac{\varepsilon S}{L}$$

여기서, ε : $\varepsilon_0 \varepsilon_r$
ε_r : 재료 비유전율
ε_0 : 진공 유전율

(2) 축전용량(Capacitance, C)

① 전압을 가했을 때 축적되는 전하량의 비율을 나타내는 양이다.
② 얼마나 빠른 변화 양상을 잘 전달할 수 있느냐를 나타내는 지표이다.

③ 단위 : F(패럿)[패키지 사용 단위 : pF(피코패럿) 단위가 사용됨]

축전용량(Capacitance)은 전기장을 통해 순간적으로 축적되는 에너지를 의미하며, RF 입장에선 단절된 금속 사이에서 전류, 전압의 변화가 있을 때에만 신호를 통과시키려는 성질 또는 그 정도를 의미한다고 볼 수 있다.

④ 축전기(Capacitor) 특성

    ㉠ 직류 : 처음 전압이 인가된 순간에만 유전체가 분극을 일으키고는 이내 사라지기 때문에 전기적 신호 전달이 불가능하다.

    ㉡ 교류 : 유전체의 분극 현상이 사라지기 전에 극성이 바뀌어 버려서 결국 ㄱ 변화하는 신호파형이 건너편으로 잘 전달된다.

⑤ 상기의 기본적인 축전용량 이론식에서 보는 바와 같이 축전용량 값은 실제로 금속판 사이에 유전체를 삽입한 구조에서 면적과 금속판 간의 거리에 의해 결정된다.

3 변수(Parameter) – 유도계수(Inductance, L)

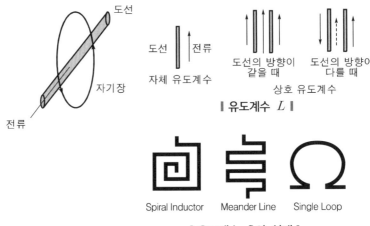

▌ 유도계수 L ▌

▌ 유도계수 L의 형태 ▌

회로에 흐르고 있는 전류의 변화에 의해 전자기 유도로 생기는 역($\dot{\underline{\text{逆}}}$)기전력의 비율을 나타내는 양을 말한다.

① 단위 : H(헨리)[패키지 사용 단위 : nH(나노헨리) 단위가 사용됨]

유도계수(Inductance) 값이 높을수록 고주파 신호는 통과하기 힘들지만, 주파수가 없는 직류(DC)는 자유자재로 흐를 수 있다.

② 유도계수(Inductance)는 간단하게 전류의 시간적 변화에 따라 유도되는 전압의 비로 설명할 수 있으며, 패키지에서 유도계수는 여러 가지 전기적 잡음의 원인이 되어 시스템의 성능을 제약하는 주요인이다.

③ 동시 스위칭 잡음(SSN, Simultaneous Switching Noise)는 접지선이나 전압 공급선의 유도계수로 인해 발생하는 전기적 잡음으로 패키지에서 가장 큰 전기적 성능을 제약하는 잡음 중의 하나이다.

일반적으로 패키지의 발전 추세는 전기적 관점에서 관찰했을 때 동시 스위칭 잡음 (SSN)을 감소시키는 방향으로 진행되고 있다.

④ 패키지 기생 변수(Package Parasitic Parameter)-인덕턴스(Inductance)

(1) 저항 이론(Resistance Theory)

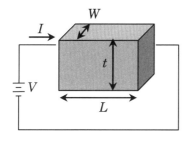

옴의 법칙 $J = \dfrac{E}{\rho} [\text{A/m}^2]$

$E = \dfrac{V}{L}, \; J = \dfrac{I}{Wt}$

$\dfrac{V}{I} = R = \left(\dfrac{\rho}{t}\right)\left(\dfrac{L}{W}\right) [\Omega]$

$\quad = \rho\left(\dfrac{L}{tW}\right) [\Omega]$

$$\dfrac{V}{I} = R = \left(\dfrac{\rho L}{\pi r^2}\right) [\Omega]$$

여기서, ρ : 도체 저항[$\Omega \cdot$ m]

J : 전류 밀도[A/m^2]

E : 전기장 세기[V/m]

(2) 저항 R

일반적으로 $V = IR$로 기술되는 옴(Ohm)의 법칙에 의해 설명할 수 있으며, 이를 보통 직류(DC) 저항이라고 한다.

① 단위 : Ω(옴)

② 저항은 인덕턴스와 함께 전압 공급선이나 접지선에서 불필요한 전압 강하의 주원인 이다.

③ 비저항이 ρ인 단면적(A)와 길이(L)이라면 저항은 다음과 같이 계산할 수 있다.

$$R = \dfrac{\rho L}{A} = \rho\left(\dfrac{L}{tW}\right) [\Omega]$$

그리고 상기 그림에서와 같이 반경 R에 대한 저항은 다음과 같다.

$$R = \left(\dfrac{\rho L}{\pi r^2}\right) [\Omega]$$

⑤ 패키지 기생 변수(Package Parasitic Parameter) – 임피던스(Impedance)

(1) 임피던스 이론(Impedance Theory)

$$Z = \frac{V}{Y} \quad \boxed{주파수\ 개념} \quad Z = F_n + j\omega C + \frac{1}{j\omega C}$$

(2) 임피던스(Impedance, L)

① 특정 구조, 회로 위치에서의 전압과 전류의 비이다.

② 임피던스(Impedance)는 철저히 주파수를 가진 교류(AC) 회로에서 응용되는 개념이다.

③ 임피던스는 주파수와 무관한 저항 R에, 주파수 개념이 포함된 저항소자인 L과 C에 대한 개념이 포함된 보다 큰 교류(AC) 개념의 저항이다.

④ 도선을 따라 전류가 흐를 때, 주파수와 구조에 따라 자기장으로 에너지가 축적되는 임피던스(Inductance, L)나 전기장으로 에너지가 축적되는 축전용량(Capacitance, C)으로 에너지가 축적되면 외부에서 보기에 에너지가 사라져서 마치 소모된 것처럼 보인다.

물론 실제 소모되는 경우도 있지만, 대체로 축적 후에 교류 상황에 맞게 에너지가 재활용된다. 이처럼 교류 저항성 소자들로 인해 주파수에 따라 임피던스가 다르다.

> **◆ 표피 효과(Skin Effect) ◆**
>
> 주파수가 증가함에 따라 도체(Conductor) 중심부의 자기장(Magnetic Field)이 증가하고, 이 자기장은 충전된 전자(Charge)의 이동을 방해하며, 그 결과로 자기장 중심부는 전류 밀도가 낮아지게 되고, 도체 표면의 전류 밀도는 높아지게 되면서 도체의 저항(Resistance)이 변화한다.
> 표피 깊이는 전류 밀도가 표피보다 36.8%까지 떨어지는 도체의 깊이로서 이는 주파수(Frequency), 투과성(Permeability), 도체 충전용량(Conductor's Conductivity)에 따라 결정된다.
> 표피 효과(Skin Effect)는 결과적으로 주파수가 높아지면서 도체에서 충전된 전하를 통과시키는 단면을 줄이게 되므로 도체의 저항을 증가시키게 된다.

⑥ 신호 보전성(Signal Integrity) 이해 – 매개변수(S)

(1) S 매개변수(Parameter)의 의미

$$S_{ab} = \frac{V_a^{\ -}}{V_b^{\ +}}, \quad S_{\mathrm{matrix}} = \begin{pmatrix} S_{11} & S_{12} \\ S_{21} & S_{22} \end{pmatrix},$$

입력
Port1

$V_1^{\ -}$ ←
→ $V_1^{\ +}$

회로/
시스템

$V_2^{\ -}$ →
← $V_2^{\ +}$

출력
Port2

S 분포(Scattering) 매개변수(Parameter)는 RF에서 가장 널리 사용되는 회로 결과값 주파수 분포상에서 입력 전압 대 출력 전압의 비를 의미한다.

　※ 예를 들어, S_{21}이라면, 1번 포트에서 입력한 전압과 2번 포트에서 출력된 전압의 비율을 의미한다.

　　즉, 1번으로 입력된 전력이 2번 포트로는 얼마나 출력되는가를 나타내는 수치이다.

(2) S 매개변수

① 입·출력단 간의 전력 관계를 보기 위한 목적
② 각 포트 간의 전압/전력 배분을 보기 위한 목적
③ 주파수 영역의 신호 에너지 분포 확인
④ 주파수 영역에서 보는 매개변수

(3) S 매개변수의 분류

분 류	설 명
트랜스미션	입력 포트 대 출력 포트의 비. 입력 신호를 전송하고자 하는 포트까지 얼마나 도달하느냐를 평가한다. 2포트 소자라면 S_{21}이 그에 해당한다.
리플렉션	각각의 입·출력 포트의 자체 반사값. S_{11}, S_{22}, S_{33}과 같이 입력과 출력 포트가 같은 경우이며, 자기가 입력하고 출력하여 돌려받은 값이므로 결국 반사된 값을 의미한다.
커플링	전송하고자 하는 포트 이외의 포트로 유출된 전력. 아이솔레이션과는 달리 커플링 자체를 이용하는 경우도 있으므로 가장 애매한 용어이다. 일반적으로 연결되어 있지 않은 선로로의 간섭이나 원하지 않아도 유출되는 전력을 의미한다.
아이솔레이션	전력을 종단시키는 포트로 유출된 전력. 4포트 하이브리드 커플러에서 S_{41}의 경우이다.

　※ 절대적인 분류가 아니며, 사용자가 설계하려는 구조의 목적에 따라 설계자 본인이 판단하는 것이다.

(4) 매개변수(S)의 예

① 커패시터(Capacitor)의 S 매개변수

그래프는 커패시터(Capacitor, C)의 주파수 특성 중 S_{21}, 즉 주파수 통과 특성을 보여 주는 그래프이다.

인덕터(Inductor)와는 정반대로 주파수가 낮을수록 잘 통과하지 못하고 있다. 그리고 C값이 높아질수록 저주파는 물론 고주파 성분이 더 많이 통과하고 있다. 커패시터는(C값에 따라) 고주파 신호를 더 잘 통과해 내고 있다.

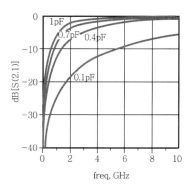

semiconductor package

② 인덕터(Inductor)의 S 매개변수

그래프는 인덕터(Inductor, L)의 주파수 특성 중 S_{21}, 즉 주파수 통과 특성을 보여 주는 그래프이다. 주파수가 높아질수록 잘 통과하지 못하고 있다. 그리고 L값이 높아질수록 더더욱 통과하지 못하고 있다. 인덕터는(L값에 따라) 고주파 신호의 통과를 억제하고 있다.

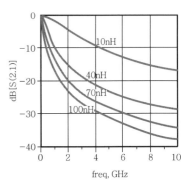

● **dB** ●

측정값(전압, 전력)을 로그 스케일(Log Scale)로 본 값이다. dB를 사용하는 이유는 진도 수, 즉 주파수를 가지는 신호의 성질은 자연 상태에서의 측정값(전압, 전류)에 비례하는 것이 아니라 그 dB 스케일에서 정량적으로 비례하는 특성을 가지고 있기 때문이다.

⑦ 신호 보전성 이해 – 지터와 크로스토크(Jitter & Crosstalk)

(1) 지터(Jitter)의 의미

이상적인 위치에서 발생하여야 할 시간에 관련된 이벤트가 그 이상적인 위치에서 벗어나 발생하는 것을 말한다.

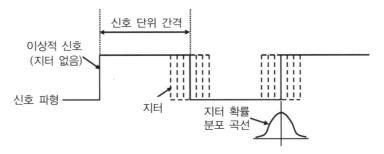

(2) 지터 발생 원인

① 신호를 발생하고 전송하며, 받는 과정에서 발생한다.
② 클록(Clock) 속도의 증가로 발생한다.
③ 데이터 전송량의 증가로 발생한다.

(3) 지터의 영향

① 클록 속도가 증가함에 따라 지터(Jitter)가 시스템의 성능을 제약한다.
② 전반적인 시스템의 성능을 측정하고 예측하기 위해서는 각 시스템의 구성을 이루는 요소에 대한 지터의 정확한 양을 측정하고 이해해야 한다.

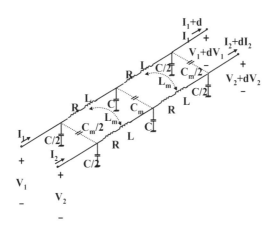

┃ 등가회로(Equivalent Circuit) ┃

(4) 크로스토크(Crosstalk)

인접 선로 간에 유도(Inductive), 정전(Capacitive), 전도(Conductive), 결합(Coupling)에 의해 원치 않는 에너지가 교류되어 버리는 현상이다.

(5) 크로스토크 해석

데이터 저장 셀(Memory Cell)의 데이터를 읽어 낼 때 동작이 작은 데이터 저장 셀의 축전용량(Capacitance)과 큰 비트 라인의 축전용량으로 인하여 수십~수백[mV]의 작은 전압을 읽기 때문에 그 위를 지나가는 반도체 기판(Substrate)에 의한 크로스토크 잡음(Crosstalk Noise)에 의해 심각한 영향을 받을 수 있다. 따라서 반도체 기판의 영향을 줄이기 위해 해석을 할 필요가 있다.

⑧ 신호 보전성 이해 – Delay & Skew

(1) 신호 늦어짐(Delay)

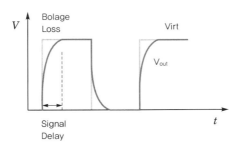

(2) 로스(Loss)

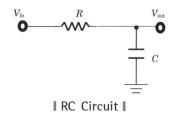

‖ RC Circuit ‖

(3) 스큐(Skew)

① 가장 빠른 신호(Signal)와 가장 느린 신호 사이의 지연 차이
② 신호와 제어 신호(Control Signal) 사이의 도달 시간 차이

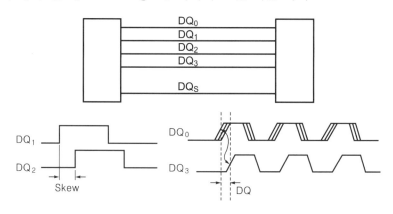

1-2   전기 해석 절차

① 패키지 설계

칩(Chip)과의 전기적 연결을 고려한 패키지 전기 전달체 2차원 설계

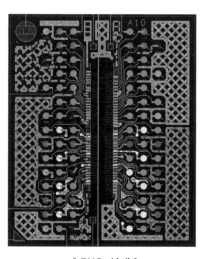

‖ PKG 설계 ‖

② 선행 작업 진행

(1) 선행 작업 진행 순서

① 3D 모델 선정
② 3D 모델 수정
③ 재료 물성 입력
④ 네트 할당
⑤ 싱크 앤 소스
⑥ 해석 모델 구축
⑦ 자료 검증

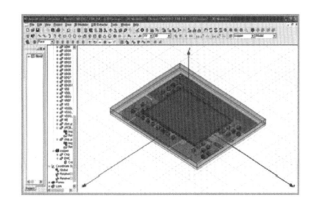

(2) 패키지 재료 물성(Material Properties) 값 입력

① EMC : Eps=3.9
② Chip : Eps=11.9
③ Adhesive Tape : Eps=3.2
④ Core : Eps=4.5
⑤ PSR : Eps=4.15
⑥ Chip GND, 구리, 솔더 볼, 와이어
⑦ Conductivity=5.8e+007S/m

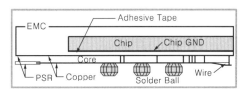

③ 해석 작업 진행

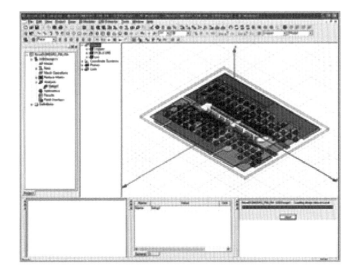

④ 후행 작업 진행

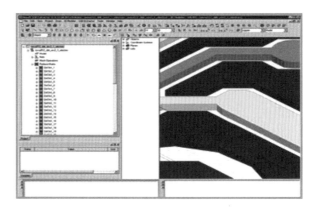

② 구조 해석

2-1 구조 해석의 목적

구조 해석의 주요 업무는 열 변형, 응력 및 유동 해석을 통하여 패키지 공정 중 발생하는 결함 및 문제점의 예측, 분석을 통한 개선안을 제시하는 것이다.

2-2 유한요소법의 개념 및 절차

① 수치 해석(CAE) 의미

(1) 장점

① 초기 설계 단계에서 구조물의 변형을 예측하여 개발 기간을 단축한다.
② 엔지니어가 실험하기 어렵거나 확인할 수 없는 내용을 컴퓨터를 통해 확인한다.
③ 제품 개발 시 경향성을 정확히 파악함으로써 실험의 횟수를 줄인다.

(2) 구조 해석 소프트웨어 종류

① ABAQUS
② ANSYS
③ Mark
④ Nastran 등

② 유한요소법(FEM) 의미

유한요소 해석(FEA, Finite Element Analysis)이란 구조물 내의 무한 개의 미지수 점들을 유한 개의 이산화된 위치들의 절점(Node)으로 나타내어, 이들 간에 서로 유기적인 관계를 맺어 주는 요소를 이용하여 전체 구조물이나 실제 시스템을 절점들의 변위를 미지수로 하는 연립방정식으로 나타내고, 이를 계산하여 각 절점에서의 변위를 구한 후, 이렇게 구한 변위로서 구조물 내의 임의의 점에서의 변위, 응력, 변형률 등의 결과 값을 수치적인 근사화를 통해 얻어내는 것을 말한다. 즉 물리적으로 혹은 편의상 나누어진 요소 위에 정의된 특정 성질의 기저함수(Basis Function)를 주어진 문제에 맞는 어떤 적분형의 원리에 사용하여, 연속체 문제를 유한 차원 문제로 수식화하는 근사적 방법이다.

③ 유한요소법(FEM) 이론

유한요소 해석의 흐름을 이해하기 위한 기본적인 이론식이다. 응력과 변형률의 관계를 후크의 법칙(Hooke's Law)이라 한다.

$$\{\sigma\} = [E]\{\varepsilon\}$$

여기서, $\{\sigma\}$: 응력 벡터
$[E]$: 변형률 벡터
$\{\varepsilon\}$: 탄성 행렬(Elasticity matrix)

우선 유한요소 모델이 완성되면 다음과 같은 식을 구성하여 각 절점의 변위를 계산한다.

$$[K]\{\hat{u}\} = \{R\}$$

여기서, $[K]$: 구조물의 강성행렬, $\{R\}$: 외력

이와 같은 선형 연립방정식을 가우스 소거법, 또는 여러 가지 반복법 등을 이용하여 계산한다.

이렇게 구한 절점에서의 변위를 이용하여 요소 내부의 임의의 위치에서의 변위를 계산하게 된다. 임의의 위치(x, y)에서의 변위는 다음과 같다.

$$\left\{ \frac{u(x,\ y)}{\nu(x,\ y)} \right\} = [N]\{\widehat{u}\}$$

$$[K]\{\widehat{u}\} = \{R\}$$

$[N]$은 형상함수(Shape Function)로 몇 절점 요소를 사용하였느냐에 따라 결정된다. 변위와 변형률과의 관계는 그린 변형률(Green's Strain)로 다음과 같이 구할 수 있다.

$$\{\varepsilon\} = \left\{ \begin{matrix} \varepsilon_x \\ \varepsilon_y \\ \gamma_{xy} \end{matrix} \right\} = \begin{bmatrix} \dfrac{\partial}{\partial x} & 0 \\ 0 & \dfrac{\partial}{\partial y} \\ \dfrac{\partial}{\partial y} & \dfrac{\partial}{\partial x} \end{bmatrix} \left\{ \begin{matrix} u \\ v \end{matrix} \right\}$$

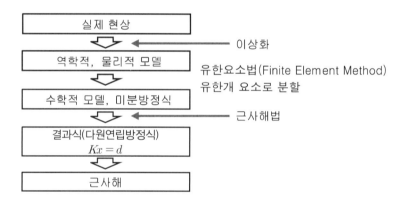

4 유한요소법(FEM) 절차

유한요소 해석의 일반적인 절차는 다음과 같이 크게 네 단계로 나뉜다.

① 해석 계획의 수립

② 유한요소 모델의 생성

   ㉠ 기하 모델의 생성

   ㉡ 재료의 성질 정의

   ㉢ 요소망(절점, 요소)의 생성

③ 하중의 적용 및 해석

④ 해석 결과의 출력 및 검증

⑤ 구조 해석 절차

반도체 칩(Chip)의 고속화, 고밀도화에 따라서 이들을 실장하는 적층의 종류에 따라 패키지의 사용 용도 및 가격에 큰 영향을 미친다. 특히 고성능 다층 반도체 칩을 실장하는 패키지의 경우 패키지의 구조적 특성이 신뢰성에 미치는 영향을 반드시 고려해야 하며, 고속·고밀도화되어 가고 있는 패키지를 지원하기 위해서는 패키지의 정확한 구조적 해석이 필요하다.

이를 위하여 패키지 엔지니어들이 구조적 특성을 사전 분석하기 위한 해석 툴(Tool)을 고려하였으며, 패키지의 구조에 대한 가상 해석을 통하여 최적의 패키지 구조를 검토하게 되었다.

다음의 흐름도는 이러한 패키지 구조적 해석에 대하여 모델링(Modeling)과 제한 조건 (Boundary Condition)을 입력 조건(Input Condition)으로 주었을 때 패키지가 받는 스트레스(Stress), 피로도(Strain), 물리적 이동(Displacement)에 대한 개념도를 나타낸 것이다.

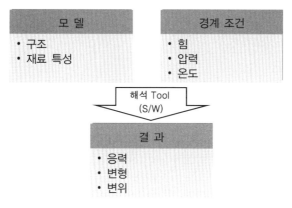

2-3 구조 해석 관련 기본 지식

① 패키지 휨(Warpage)의 의미

한 재료 내의 온도 차이나 이종 재료 간의 열팽창계수의 차이로 인해 제품이 휘는 현상을 말한다.

패키지 몰드(Mold) 공정 중 약 175~185℃에서 상온으로 온도가 감소함에 따라 이종 재료 간의 열팽창계수의 차이에 의해 패키지가 휘어져 불량을 초래한다.

(1) 패키지 휨 측정 장비 : 프로젝트

(2) 패키지 휨 측정

(3) 온도의 차이에 의한 패키지 휨(Warpage) 발생($T_1 < T_2$)

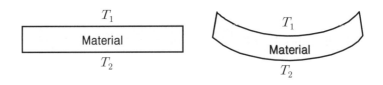

(4) 이종 재료 간에 패키지 휨 발생[T_1 에서 T_2 로 변화($T_1 < T_2$) $\alpha A > \alpha B$]

위의 패키지 휨(Warpage) 그림에서와 같이 온도 차이에 의해 높은 온도의 재료가 낮은 온도의 재료보다 열팽창을 많이 하여 열팽창률의 차이에 의해 패키지 휨이 발생하는 것을 볼 수 있다.

또한 열팽창률이 다른 이종 재료 간에 온도를 가하였을 때 열팽창률 차이에 따른 패키지 휨을 볼 수 있다.

2 열팽창계수의 의미

온도 변화에 의해 재료의 치수가 변할 수 있다. 일반적으로 온도가 상승하면 재료는 팽창하고 온도가 감소하면 재료는 수축한다.

보통 이 팽창이나 수축은 온도 증가나 감소와 선형적인 관계에 있다.

재료가 균질하고 등방성이면 이러한 변형은 아래 공식을 사용하여 계산될 수 있음이 실험적으로 밝혀져 있다.

$$\delta_T = \alpha \Delta T L$$

여기서, ΔT : 온도의 변화
L : 본래 길이
δ_T : 길이의 변화

α란 선팽창계수(Linear Coefficient of Thermal Expansion)로 불리는 재료의 성질 단위로 단위 온도당 변형률로서 FPS(Foot-Pound-Second) 단위계에서는 1/℉이고 SI 단위계에서는 1/℃ 또는 1/K이다.

③ 응력의 의미

물체에 외력이 작용하였을 때, 그 외력에 저항하여 물체의 형태를 그대로 유지하려고 물체 내에 생기는 내력, 변형력(變形力)이라고도 한다. 예를 들어 단면이 균일한 막대기의 양끝을 P라는 힘으로 잡아당기면 이 힘 P에 의해 막대기는 늘어나며, 더욱 세게 당기면 마침내 부러지고 만다. 이 힘 P에 대해 막대기 속의 수많은 미소입자 간의 작용과 반작용이 저항한다. 이들 내력은 눈에 보이지 않지만 만일 막대기를 축에 수직인 단면 $m-n$으로 절단하였다고 하면, $m-n$의 아랫부분은 하단에 외력 P가 작용하고 있고, 상단에는 윗부분의 여러 입자에서 아랫부분의 여러 입자로 내력이 작용하고 있다. 이 내력은 단면 $m-n$에 고루 분포하여, 그 단면적 전부는 마치 하단에 작용하는 외력 P와 같은 크기로 되어 있다.

따라서 물체 내의 어떤 단면을 생각하면 이 단면에는 크기가 같고 방향이 반대인 1쌍의 내력이 작용하고 있는 셈이 된다.

이 1쌍의 내력을 응력(변형력)이라 한다.

$$\sigma = \frac{P}{A}$$

여기서, σ : 단면상 임의의 점에서의 평균 응력
P : 내부하중의 합력인 수직력
A : 막대의 단면적

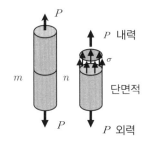

④ 탄성계수의 의미

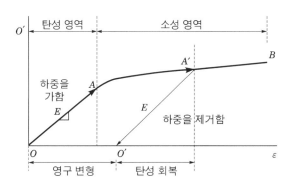

① 탄성계수(Modulus of Elasticity, E)

응력과 변형률 간의 비례상수이며, 앞의 그림에서 보이듯이 탄성 영역에서의 기울기 값을 표시하며 E는 재료가 선형 탄성거동을 할 때에만 사용할 수 있다.

② 탄성계수는 재료의 강성(Stiffness)을 나타내는 기계적 물성치이므로 강과 같이 매우 강(Stiff)한 재료는 E값이 큰 반면 경화고무같이 유연한 재료는 낮은 값을 가진다.

⑤ 몰딩(Molding) 해석

(1) 패키지 공정(IC Packaging Processes)

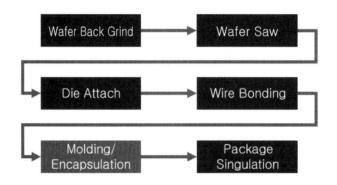

(2) 몰딩 공정 적용 이유

① 반도체 칩을 수분과 먼지 등으로부터 보호하기 위해서이다.

② 반도체 제조 취급 과정에서 반도체 칩 또는 골드 와이어의 손상을 막기 위해서이다.

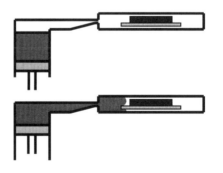

(3) 몰딩 공정 절차(Transfer/Reactive Molding)

① 몰딩 사전 준비

② EMC 수지 이송

③ EMC 수지 밀봉

④ 배출

(4) 전통적 2.5D 모델링 방법

단지 1차원 또는 2차원 요소들은 유한 요소 모델 구성에서 가능하다.

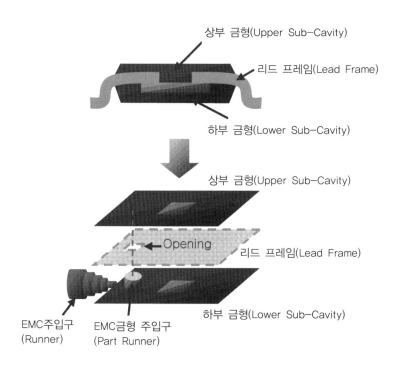

상부 금형(Upper Sub-Cavity)
리드 프레임(Lead Frame)
하부 금형(Lower Sub-Cavity)

상부 금형(Upper Sub-Cavity)
Opening
리드 프레임(Lead Frame)
하부 금형(Lower Sub-Cavity)

EMC주입구 (Runner)
EMC금형 주입구 (Part Runner)

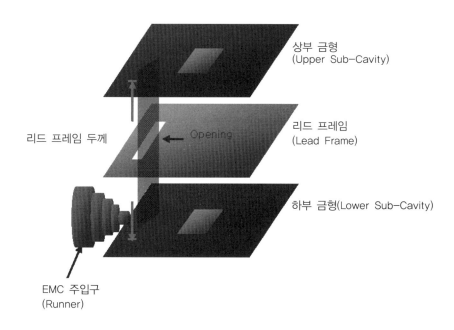

상부 금형 (Upper Sub-Cavity)

리드 프레임 두께
Opening
리드 프레임 (Lead Frame)

하부 금형(Lower Sub-Cavity)

EMC 주입구 (Runner)

⑥ 몰 드

(1) 쇼트 샷(Short Shot)과 다른 모델과의 비교(1/3샷)

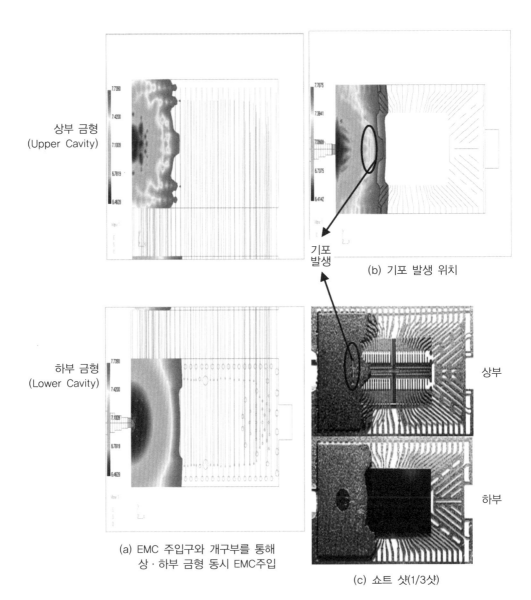

상부 금형
(Upper Cavity)

기포
발생

(b) 기포 발생 위치

하부 금형
(Lower Cavity)

상부

하부

(a) EMC 주입구와 개구부를 통해
상·하부 금형 동시 EMC주입

(c) 쇼트 샷(1/3샷)

(2) 쇼트 샷과 다른 모델과의 비교(9/10샷)

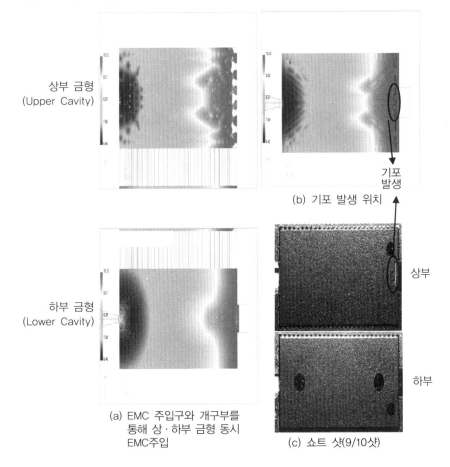

상부 금형
(Upper Cavity)

기포
발생

(b) 기포 발생 위치

하부 금형
(Lower Cavity)

상부

하부

(a) EMC 주입구와 개구부를
통해 상·하부 금형 동시
EMC주입

(c) 쇼트 샷(9/10샷)

(3) 휨(Warpage) 가상 해석(Ⅰ)

해석 목적	TSOP 66 패키지에 대한 몰딩 후(185℃~25℃) 휨 예측을 하기 위함.
해석 방법	리드 프레임(Lead Frame)을 적용한 TSOP 66의 휨을 예측하기 위함.
해석 결과	
결 론	휨 : 최대 0.75μm(2.95mil) 예상됨, 휨 형태 : 크라잉 유형

① 모델링

반도체 기판(Substrate) 외 기하 모델은 대칭 조건을 고려하여 실측으로 1/4 모델링하였고, 유한 요소 모델은 8-Node의 Solid 185 요소를 사용하여 생성하였다.

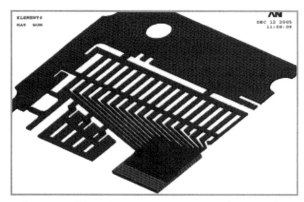

‖ FEM 모델(Lead Frame and Chip : 1/4 Model) ‖

② 분석 결과

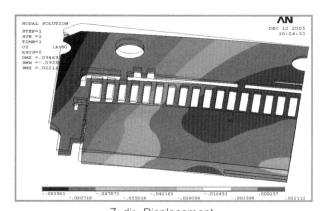

Z-dir. Displacement

※ 최대 휨 : 0.7495mm 크라임 휨 형태

‖ 냉각 전후 변형 형상 및 응력 분포도 ‖

③ FEM 모델링

반도체 기판 외 기하 모델은 대칭 조건을 고려하여 1/4 모델을 실측으로 모델링하였고, 유한요소 모델은 8-Node의 Solid 185 요소를 사용하여 생성하였다.

 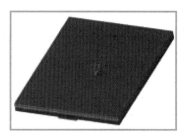

 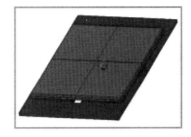

┃ FEM 모델(Substrate, Adhesive, Chip and EMC) ┃

④ 공정별 열적 조건

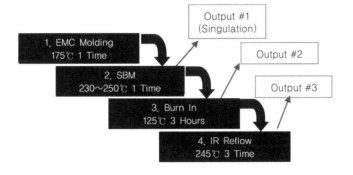

⑤ 싱귤레이션 후의 변형 모양

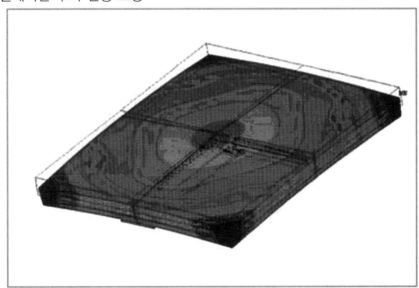

(4) 휨(Warpage) 가상 해석(Ⅱ)

해석 목적	몰딩 후 스트립 휨을 예측하기 위함.
해석 방법	Face Up/Down 유형으로 18×2 Array, Strip Warpage를 예측하기 위함.
해석 결과	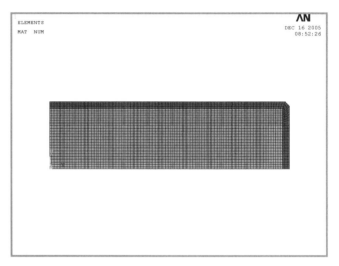 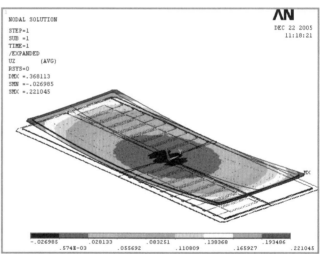
결 론	• 휨 : 최대 0.368mm(1.449E+01mil)예상됨, 휨 유형 : 스마일(Smile) 유형 • 코팅 재료의 실제 두께가 휨 형성 및 값에 큰 영향을 줌

semiconductor package

① 모델링

반도체 기판(Substrate) 외 기하 모델은 대칭 조건을 고려하여 실측으로 1/4 모델링하였고, 유한요소 모델은 8-node의 solid185 요소를 사용하여 생성하였다.

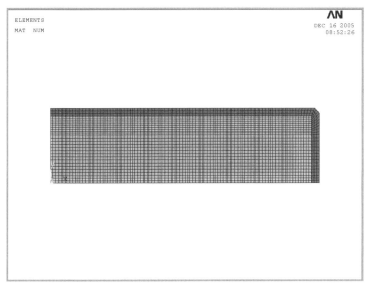

| FEM 모델(Lead Frame and Chip : 1/4 Model) |

② 분석 결과

냉각 전후 변형 형상 및 응력 분포

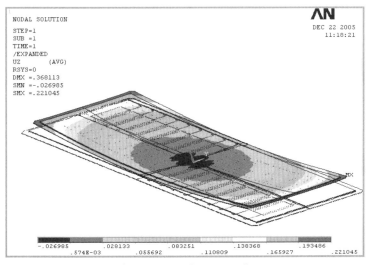

| Z-dir. Displacement |

(5) 몰드 공정 EMC 충진 가상 해석(Mold Flow Simulation)

① 기하 모델링(Geometry Modeling)

Ⅰ FEM 모델 Ⅰ

Ⅰ 도식 모델 Ⅰ

상단 그림은 SDR TSOP 54 유한 요소 모델(FEM Model)과 패키지 구조(Package Structure)를 나타내며, 리드 프레임 세부 구조로는 Tip Down-Set 80μm, Balance Bar Down-Set 350μm를 적용하였다.

② EMC 충진(Mold Flow)

아래 그림들은 Tip Down-Set 80μm, Balance Bar Down-Set 350μm인 경우의 시간에 따른 EMC 충진(Mold-Flow) 변화를 나타낸다.

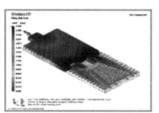  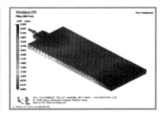

(6) 기하 모델링(Geometry Modeling)

Ⅰ Schematic Model Of Strip Ⅰ   Ⅰ Structure Of 8 Die Stack Ⅰ

※ 대상 제품(Device) : 8G(1G×8) NAND ODP F63

앞의 그림은 EMC 충진 가상 해석(Mold-Flow Simulation)을 위한 3D 도식 모델(3D Schematic Model)을 나타내고 있으며, 패키지 내부 구조를 파악할 수 있다.

(7) EMC 충진 해석 사례

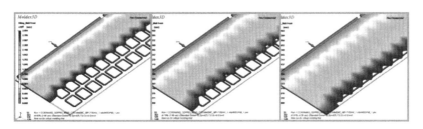

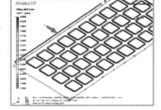

위 그림은 몰드 탑 마진(Mold Top Margin) 즉, 반도체 칩에서 몰드 금형까지의 높이가 160μm인 경우에 대한 EMC 충진 해석 결과를 보여 주고 있으며, 충진 경향성은 크게 나쁘지 않다고 본다.

오른쪽 그림을 참조하면 화살표로 표시된 내부 기포가 존재하므로 기포 불량 발생 가능성이 있다고 판단된다.

(8) FMC 충진에 의한 골드 와이어 영향성 3D 해석

① 기하 모델링

∥ FEM 모델 ∥

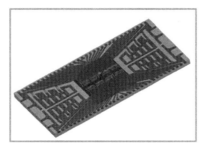

∥ 도식 모델 ∥

* 대상 제품 : DDR TSOP 66LD

위 그림은 EMC 충진 가상 해석을 위한 FEM(Finite Element Method) 모델과 도식 모델(Schematic Model)을 통한 패키지 내부 구조를 보여준다.

② 선접합 공정 기하 모델링(Geometry Modeling of Wire Bonding)

다음 그림은 DDR TSOP 66 패키지의 선접합(Wire Bonding)된 모양을 보여 주고 있으며, 현 제품에 대해 골드 와이어 영향을 고려한 EMC 충진 해석을 진행하였다. 선접합 형상 및 위치(Wire Profile, Wire Location : 전기 단자 X, Y 좌표)를 적용하여 선접합 공정(Wire Bonding)을 반영하였다.

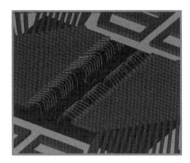

▌도식 모델 ▌

③ EMC 충진(Top View)

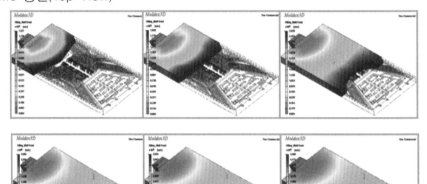

상단 그림은 패키지의 선접합 공정을 고려한 EMC 충진 해석 결과를 보여 주며, EMC 충진 형상이 양호하여 기포가 발생하지 않을 것으로 판단된다.

(9) 골드 와이어 휘어짐의 해석 결과(Simulation Result of Wire Sweep)

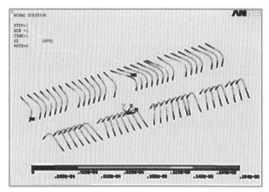

▌골드 와이어 휘어짐 분석(Wire Deformed Shape in ANSYS) ▌

분석용 파일(ANSYS Batch File)을 실행하여 골드 와이어 휘어짐(Wire Sweep) 산출 결과를 보여 주고 있으며, 각각의 골드 와이어에 작용하는 압력은 미미하여 와이어 휘어짐에 의한 문제는 없을 것으로 판단된다.

M.E.M.O

Chapter
5

패키지 설계

패키지 설계

1 리드 프레임 설계 가이드(Lead Frame Design Guide)

1-1 리드 프레임(Lead Frame)

1 2열 리드 프레임

아래 그림은 2열 리드 프레임(Lead Frame)이다.

에폭시 타입(Epoxy Type)으로 NAND 단품과 DDP 제품에 사용된다.

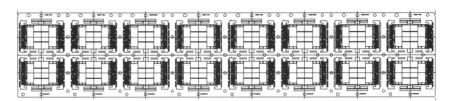

2 3열 리드 프레임

다음 그림은 3열 리드 프레임이다.

LOC 타입으로 DRAM 제품에 사용된다.

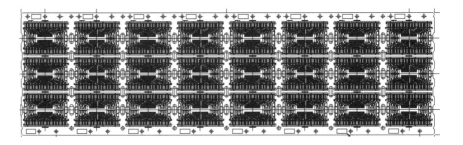

리드 프레임 용어(에폭시 유형)

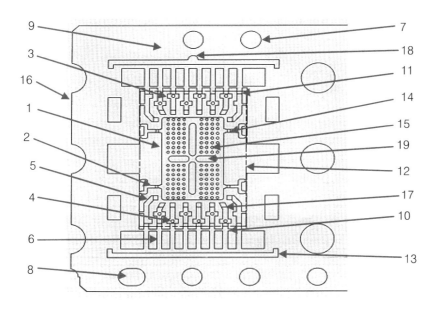

에폭시(Epoxy) 유형 리드 프레임의 각 부분의 명칭이다.

No.	명 칭	No.	명 칭
1	Die Paddle(다이 패들)	11	Groove(그루브)
2	Die Pad Support(다이 패드 지지)	12	Mold Line(몰드 지시선)
3	Lead Lock(리드 락)	13	Expansion Slot(팽창 방지 슬롯)
4	Anchor Hole(고정 홀)	14	Up / Down Set(업 다운 셋)
5	Inner Lead(내부 리드)	15	Die Paddle Dimple(다이 패들 딤플)
6	Outer Lead(외부 리드)	16	Strip Cut-Off Line(스트립 절단선)
7	Pilot Hole(위치 홀)	17	Plating Area(도금 영역)
8	Oval Hole(타원형 홀)	18	Pin #1 Designator(1번 핀 위치 표시)
9	Side Rail(사이드 레일)	19	Slot Hole(슬롯 홀)
10	Dambar(댐버)	–	–

1-3 리드 프레임 용어(LOC 유형)

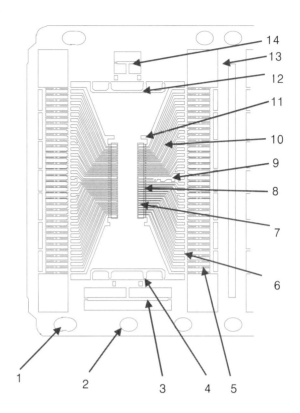

LOC 유형 리드 프레임(Lead Frame)의 각 부분의 명칭이다.

No.	명 칭	No.	명 칭
1	Side Rail(사이드 레일)	8	Down Set(다운 셋)
2	Pilot Hole(위치 홀)	9	X축 Target(X축 목표)
3	Dummy Tank(더미 탱크)	10	Inner Lead(내부 리드)
4	Tie Bar(타이 바)	11	Y축 Target(Y축 목표)
5	Outer Lead(외부 리드)	12	Balance Lead(밸런스 리드)
6	Dambar(댐버)	13	Slug(슬러그)
7	LOC Tape(LOC 테이프)	14	Mold Gate(EMC 주입구)

반도체 패키지

semiconductor package

리드 프레임 홀 및 홀 대칭(Hole & Hole Symmetry)

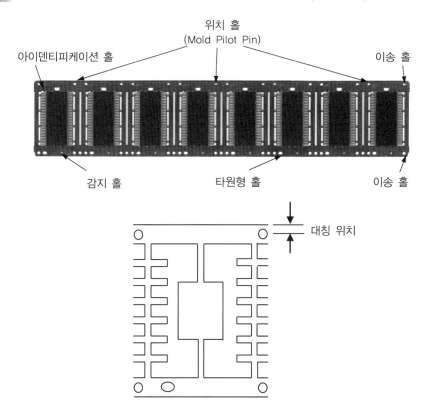

(1) 피딩 홀(Feeding Hole)

리드 프레임(Lead Frame) 제작, 패키지 공정의 자재 이송(Feeding)을 위한 안내 구멍(Pilot Hole)이다.

(2) 센싱 홀(Sensing Hole)

제품 이송 에러(Device Index Error)를 감지하기 위한 구멍이다.

(3) 위치(Location; Mold Pilot Pin) 홀

몰드(Mold) 금형 내에서 위치를 잡아 주기 위한 구멍이다.

(4) 타원형 홀(Oval Hole)

몰딩(Molding) 시 열팽창 응력 완화 및 리드 프레임 뒤집힘(Reverse) 감지를 위한 구멍이다.

(5) 아이덴티피케이션 홀(Identification Hole)

리드 프레임(Lead Frame) 내 #1핀(Pin) 위치를 확인할 수 있는 구멍이다.

리드 프레임 바깥 영역(Lead Frame Side Rail)에 구멍을 가능한 적게 주는 것이 금형 타발에 의한 리드 프레임(Stamp Lead Frame) 제작 시 구멍 잔사(Hole Burr) 발생이 적어 유리하다.

1-5 댐버와 락 홀 / 돌기(Dambar & Lock Hole / Lug)

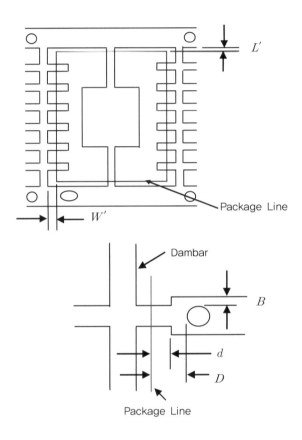

(1) 댐버(Dambar)

공정 진행 중에 각 리드(Lead)를 지지하는 역할과 몰딩(Molding) 시 완전 충진을 위한 완충 댐(Buffer Dam)의 역할을 한다. 또 리드 전착 도금 시 전류 통로를 제공한다.

(2) 락 홀 / 돌기(Lock Hole / Lug)

몰드 EMC 수지가 상하 패키지에 채워져 리드(Lead)의 지지력을 높여 리드 성형(Lead Forming) 시 리드가 빠지는 것 및 패키지 깨짐(Package Crack)을 방지한다.

수분 침투 경도(Moisture Penetration Path)를 좁히기 위함이기도 하며, 리드 평탄도(Lead Coplanarity)가 심한 제품은 가급적 피하고 고정 돌기(Locking Lug)를 준다.

1-6 리드 프레임 모 따기와 다이 패들(Die Paddle)

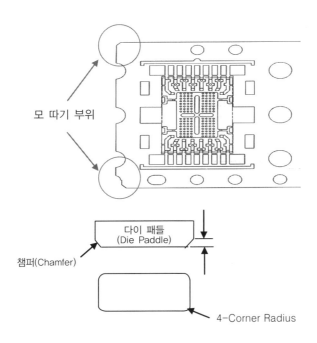

(1) 리드 프레임 모 따기

리드 프레임(Lead Frame)의 이송 및 배출 시 구겨짐을 방지하기 위하여 리드 프레임 양쪽 가장자리 부위를 모 따기 한다.

(2) 다이 패들(Die Paddle)

① 다이 패들(Die Paddle) 크기의 단축 대 장축 비율이 1 : 2를 넘을 경우 장축의 다이 패들은 에폭시 수지 넘침(Epoxy Resin Bleed)이 발생되지 않도록 설계한다. 챔퍼 (Chamfer)는 모서리 부분의 미세 돌출(Burr) 등을 제거하여 다이 패들 가장자리의 응력집중을 완화하여 신뢰성을 향상시키며, 챔퍼 가공 시 재료를 만족시키는 힘을 받기 때문에 평탄도 유지를 위하여 재료 두께의 20% 이내로 가공한다.

② 다이 패들 부위는 패키지 깨짐(Crack), 에폭시 수지 넘침을 차폐하고, 리드(Lead) 부는 패키지 깨짐(Package Crack), 솔더 도금의 두께를 균일하게 한다.

③ 다이 패들 모서리에는 곡률 반경을 주어 테스트 시 신뢰성을 평가할 때 모서리부의 스트레스(Stress)를 완화하여 신뢰성을 향상시킨다.

semiconductor package

1-7 슬롯 홀(Slot Hole)

다이 패들(Die Paddle)과 EMC 수지 간의 접착력을 증대시켜 신뢰성이 향상된다.

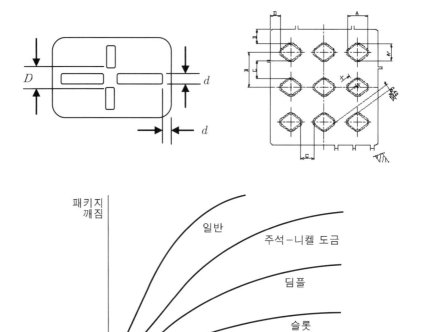

❙ 리드 프레임 유형별 패키지 신뢰성 ❙

1-8 딤플(Dimple)

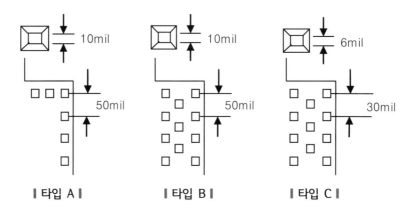

❙ 타입 A ❙   ❙ 타입 B ❙   ❙ 타입 C ❙

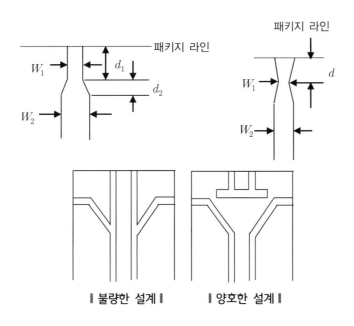

| 리드 프레임 X-섹션 | | 다이 패들 뒷면 |

다이 패들 평탄도 / 딤플 깊이[μm] 그래프 (타입 C, 타입 B, 타입 A)

다이 패들(Die Paddle)과 EMC 수지 간의 접착력이 증대하여 신뢰성이 향상되고, 금형 타발 리드 프레임(Stamp Lead Frame)의 경우 딤플 깊이(Dimple Depth)가 깊어지면 다이 패들 휘어짐(Paddle Bowing)이 심해져 다이 패들 평탄도(Die Paddle Flatness)를 맞추기 힘들다. 딤플 간격(Dimple Pitch)이 작고, 엇갈린 형태일 경우 다이 패들 평탄도가 나빠진다.

1-9 타이 바(Tie Bar)

| 불량한 설계 | | 양호한 설계 |

타이 바 끝단(Tie Bar End)부는 V홈(V-Notch)이나 폭이 좁아지는 형상으로 설계하여 절단(Cutting) 시 패키지 깨짐이 발생되지 않도록 설계하여야 한다. 타이 바(Tie Bar)는 버스 바(Bus Bar)나 주변 리드(Lead)와 연결되지 않도록 함으로써 고온에서 부착된 테이프가 실온으로 돌아오면서 발생되는 테이프 줄어듦(Tape Shrink)을 억제하는 역할을 하여 테이프 휘어짐, 리드 프레임(Lead Frame) 휘어짐 문제 해결에 도움이 된다.

공정 중 열팽창을 고려하여 긴 타이 바일 경우 신축 가능한 형상으로 설계하고, 타이 바는 공정 중 다이 패들 틀어짐(Paddle Tilt)이 발생되지 않도록 안정적으로 설계한다. 일반적으로 다이 패들 상하에서 타이 바를 형성하나 필요에 따라 냄버(Dambar) 또는 다이 패들(Die Paddle) 사각 모서리에서도 형성한다.

타이 바가 플레이트 바(Plate Bar) 형태인 경우 리드 폭(Lead Width)을 키워 주는 것이 리드 틀어짐(Lead Tilt) 또는 리드 위치 이동(Lead Shift)에 유리하며, 타이 바 끝단(Tie Bar End)부에 V홈(V-Notch)을 주어 폼(Form) 공정 시 절단성 증대 및 패키지 깨짐을 예방한다.

V홈은 타이 바 절단부의 스트레스(Stress)를 완화시키거나 금속 찌꺼기(Metal Burr)의 발생률을 낮춘다.

1-10 밸런스 리드(Balance Lead)

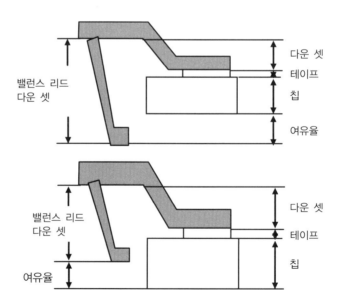

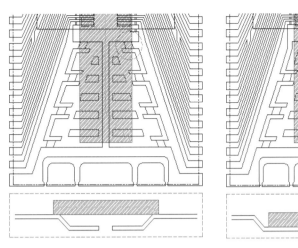

| 불량한 설계 | | 양호한 설계 |

반도체 칩 두께에 따라 밸런스 리드 다운 셋 깊이(Balance Lead Down Set Depth)가 부적절할 경우 다이 접착 공정(Die Attach), 선접합 공정(Wire Bonding) 시 밸런스 리드(Balance Lead)에 의한 이너 리드 손상(Inner Lead Damage)의 가능성이 있다. 따라서 일률적인 적용보다는 패키지 구조 및 인자를 계산, 적용하여 밸런스 리드 다운 셋을 설계해야 한다.

다이 접착 시 마운트 헤드 툴(Mount Head Tool)에 의한 밸런스 리드 다운 셋 부분이 눌려 변형이 발생할 수 있으므로 밸런스 리드(Balance Lead)를 적용하여 리드 프레임 설계 시 마운트 헤드 툴을 고려해서 설계해야 한다. 밸런스 리드는 반도체 칩(Chip)이 작은 경우 EMC 수지 면적을 줄여 패키지 휨(Warpage)을 줄여 주는 역할을 한다.

1-11 코이닝(Coining)

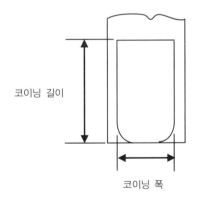

코이닝 길이

코이닝 폭

semiconductor package

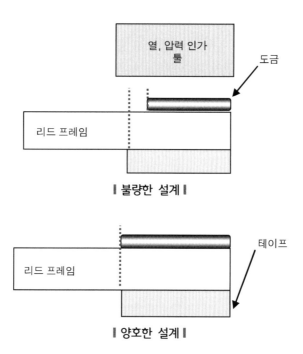

C   D

코이닝
깊이

A

B

금형 타발(Coining) 시 발생된 금속 찌꺼기(Burr)를 제거하고 리드 틀어짐(Lead Tilt)을 보정하며, 평탄한 선접합 영역(Wire Bonding Area)를 얻기 위하여 실시된다. 코이닝 깊이(Coining Depth)가 깊어지면 선접합 영역 면적에 영향을 준다.

금형 타발 시 발생한 말림 현상(Roll-Over)을 선접합 공정(Wire Bonding) 시 필요한 평탄부를 확보하기 위해 눌러 주는 것이다. 코이닝 깊이는 리드 프레임 두께의 최대 30% 이하, 리드 폭은 최소 통상 리드 폭의 80%여야 한다.

1-12 도금(Plating)

열, 압력 인가
툴

도금

리드 프레임

┃ 불량한 설계 ┃

테이프

리드 프레임

┃ 양호한 설계 ┃

다운 셋(Down Set) 지점에 선접합 공정(Wire Bonding) 시 도금 영역(Plating Area)을 다운 셋 지점에서 일정 부분 떨어진 곳에서 이루어지게 설계한다.

도금 후 다운 셋을 줄 경우 도금이 눌려 선접합이 되지 않거나 BPT 값이 낮게 나올 수 있기 때문이다.

LOC의 경우 도금 영역은 테이프(Tape) 영역과 일치해서 테이핑(Taping) 시 테이프 들뜸을 방지하도록 영역을 설정해야 한다.

코이닝 영역(Coined Area)이 최소 도금 영역(Minimum Plating Area) +0.200mm보다 클 경우 레진 퍼짐(Resin Bleed) 발생 가능성이 크다.

은도금 퍼짐(Ag Bleed)은 EMC 수지와 리드 프레임의 계면 접착력을 저하시키고 패키지 밖에까지 퍼지게 될 경우에는 도금 전처리 시 박리되어 리드 단락(Lead Short)을 유발시킨다.

1-13 타깃 리드(Target Lead)

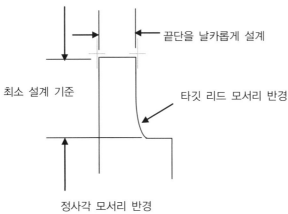

타깃 리드는 유일한 형상으로 설계하여 인식을 용이하게 한다. 또 타깃 리드의 모서리는 날카롭게 설계되어야 한다.

동일 리드 프레임의 타깃 리드는 리드 프레임 제조업체에 관계없이 동일 형상으로 관리해야 하고, 설계 시 다운 셋 시작 선(Down-Set Start Line)을 침범해서는 안 된다.

2 반도체 기판 설계 가이드(Substrate Design Guide)

2-1 유닛 디자인 룰(Unit Design Rule) : Face Up FBGA

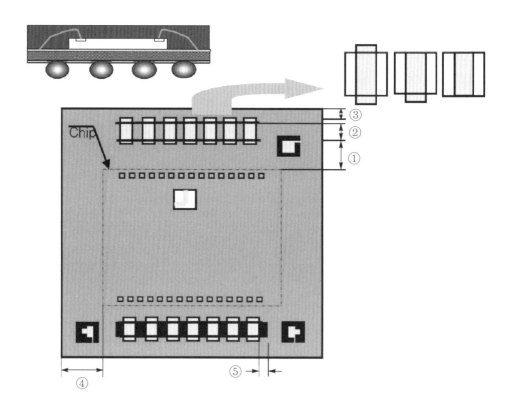

① 반도체 칩에서 S/R 제거 영역까지의 거리
② 본드 핑거의 S/R 제거 길이
③ 본드 핑거 외곽에서 패키지 바깥선까지의 거리
④ 반도체 칩에서 패키지 바깥선까지의 거리
⑤ 본드 핑거에서 S/R 제거까지의 거리

가장 일반적인 FBGA 유형의 설계이다.

2-2 선접합 공정(W/B) 시 더미 유닛 스킵(Dummy Unit Skip) 방지 형상

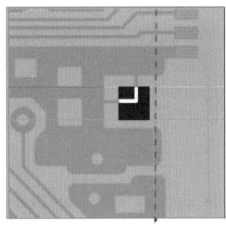

Chip Edge

반도체 기판 내부에 특이 배선 형상(Unique Trace Pattern)을 만들어줌으로써 선접합 공정(Wire Bonding) 시 반도체 칩이 부착되지 않은 불량 유닛(Reject Unit)의 선접합 공정을 건너뛰게 하기 위한 역할을 하며, 가능한 VSS / VSSQ 배선 상에 만들어 주는 것이 좋다. 설계시 에폭시 도포(Epoxy Writing), 또는 스페이스 테이프(Space Tape)가 부착되는 영역은 피하여야 하고, 인식 형상(Pattern)에 굴곡(Round)을 주어 기존의 배선 형상(Trace Pattern)과 상이하게 설계한다.

노출되는 배선은 칩 가장자리(Chip Edge)로 향하지 않도록 설계한다.

2-3 몰드 플래시(Mold Flash) 방지

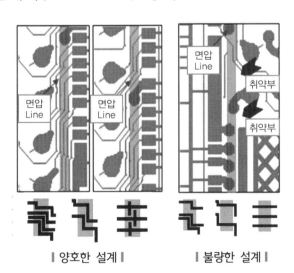

┃ 양호한 설계 ┃　　　　┃ 불량한 설계 ┃

회로(Trace) 부위와 그렇지 않은 부위의 솔더 레지스트(Solder Resist) 높이 차가 있어 몰드(Molding) 공정 시 플래시(Flash)가 발생할 수 있다. 특히 페이스 다운 FBGA의 경우 윈도 부분에 채워지는 EMC의 플래시는 솔더 볼 랜드(Solder Ball Land)에 영향을 줄 수 있으므로 이 부분의 플래시 넘침 방지는 매우 중요하다.

앞의 양호한 설계 예처럼 면압 라인에 회로 패턴(Trace Pattern)으로 채워 주어야 하고, 채울 때 플래시의 흐름을 차단하도록 설계한다.

2-4 유닛 설계 룰(Unit Design Rule) : Up/Down DDP BOTTOM

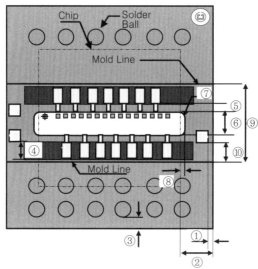

① S/R 제거 최외곽에서 패키지 바깥선까지의 거리
② 칩 가장자리에서 패키지 바깥선까지의 거리
③ 솔더 볼 끝에서 패키지 바깥선까지의 거리
④ 본드 핑거 S/R 제거 길이
⑤ 윈도 끝에서 본드 핑거 앞쪽까지의 거리
⑥ 윈도 폭
⑦ 윈도 곡률반경
⑧ 칩끝에서 윈도 끝까지 거리
⑨ 몰드 캡 폭
⑩ 몰드 캡 끝에서 피듀셜 마크의 S/R 제거 영역까지의 거리

윈도(Window) 가공 방법은 2가지가 있다.

라우팅 비트(Router Bit)에 의한 라우팅 방법으로 초기 투자비가 없으며 장비의 프로그램에 의해 이루어지므로 시제품에 일반적으로 많이 사용한다.

금형에 의한 펀칭(Punching) 방법은 정밀성이 좋으며 초기 금형 투자비가 많이 들어가므로 생산량이 많은 제품에 적합하다.

semiconductor package

BITs 에러 방지 : Face Up

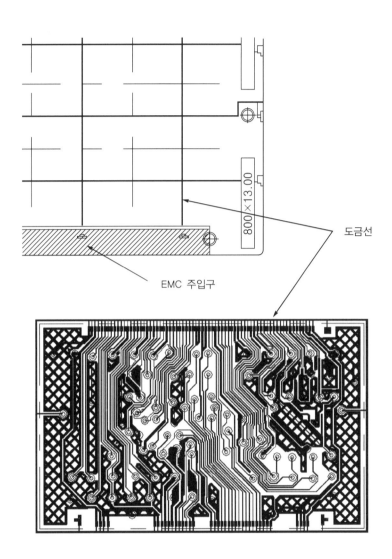

도금선

EMC 주입구

몰드 게이트(Mold Gate) 부분과 히터 블록(Heater Block)·클램프(Clamp)가 접촉되어 선접합 공정(Wire Bonding) 시 Open / Short를 감지한다.

반도체 기판에서는 도금 라인(Plating Line)을 몰드 게이트와 연결하고, 각각 분리되어 있는 볼 랜드(Ball Land), 본드 핑거(Bond Finger) 및 배선(Trace)을 도금 라인과 모두 연결되도록 설계한다.

모두 연결된 도금 라인은 소 싱귤레이션(Saw Singulation) 공정 시 제거되므로 패키지 단품에서는 단락(Short)되지 않은 상태이다.

semiconductor package

BITs 에러 방지: Face Down FBGA, 2층 반도체 기판

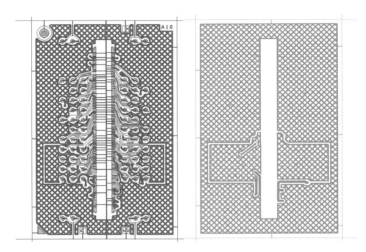

F/D FBGA의 경우 반도체 칩(Chip)의 뒷면이 히터 블록(Heater Block)과 닿기 때문에 접지가 되기도 하지만 칩 크기가 작거나 히터 블록의 오염 발생 시 접지가 잘되지 않으므로 디자인적으로 접지를 해주는 것이 좋다.

R_1, R_2의 전원/접지 도금 라인(Power/Ground Plating Line)을 유닛(Unit)의 외곽으로 설계하고, 외곽으로 설계된 유닛의 전원/접지 도금 라인은 유닛 비아 홀(Unit Via Hole)을 통해 R_2 몰드 게이트(Mold Gate)로 연결된다.

도금 라인은 선접합 공정(Wire Bonding) 작업 시 단락(Short)되나 소 싱귤레이션(Saw Singulation) 후 절선(Open)된다.

2-7 **BITs 에러 방지(1층 반도체 기판**: Face Down FBGA)

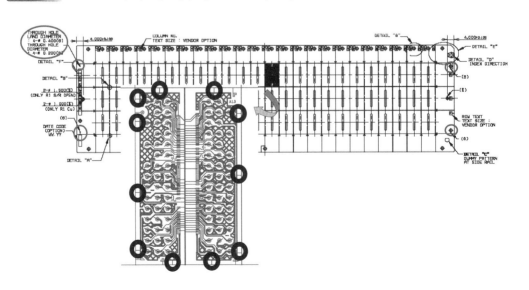

1층 반도체 기판의 경우 2층 반도체 기판처럼 유닛(Unit) 내부에는 R_2가 없기 때문에 R_2가 있는 기판 외곽에 비아 홀을 4개 설계한다.

R_1 유닛의 전원/접지 도금 라인(Power/Ground Plating Line)을 외곽으로 설계하고, 외곽으로 설계된 R1 유닛의 전원/접지 도금 라인은 비아 홀을 통해 R_2 몰드 게이트(Mold Gate)로 연결된다.

도금 라인은 선접합 공정 작업 시 단락(Short)되나 소 싱귤레이션(Saw Singulation) 후 절선(Open)된다.

2-8 도금 라인(Plating Line)

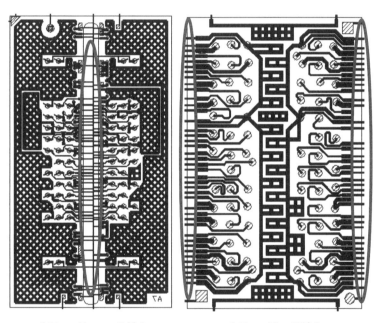

| Face Down 유형 | | Face Up 유형 |

도금 라인 누락 시 미도금 불량이 발생하기 때문에 2층(Layer) 이상일 경우 층간 도통을 위하여, 니켈/금(Ni/Au) 전해 도금을 위하여 도금 라인을 설계한다.

F/D FBGA의 경우 본드 핑거(Bond Finger)에서 윈도(Window) 쪽으로 추출하고, 다른 타입은 패키지 외곽선 바깥쪽에 위치한 도금 라인과 연결한다.

F/U FBGA의 경우는 본드 핑거로부터 바깥쪽 도금 라인과 연결하는데, 도금 라인 간격이 최소 0.140mm 이상이어야 한다. 또한 솔더 레지스트 오픈 영역이 패키지 외곽선까지 될 경우는 도금 라인을 본드 핑거에서 추출하지 않는 것이 신뢰성 측면에서 유리하다.

semiconductor package

2-9 소잉 마크(Sawing Mark)

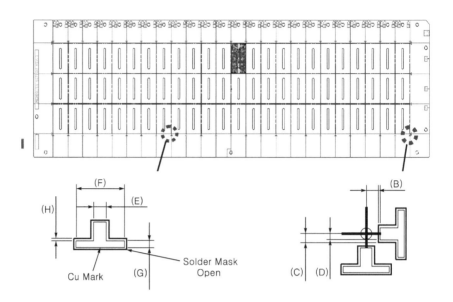

소 싱귤레이션(Saw Singulation)을 위한 소잉 마크(Sawing Mark) 위치는 볼 랜드 (Ball Land) 방향에는 패키지 외곽선(Package Out Line) 근처의 도금 라인(Plating Line)을 기준하여 설계한다.

몰드 게이트(Mold Gate) 방향에는 반도체 기판의 외곽에, 솔더 레지스트 오픈 영역은 구리 마크(Cu Mark)로부터 50μm 크게 설계한다.

2-10 프레임 마크(Frame Mark)

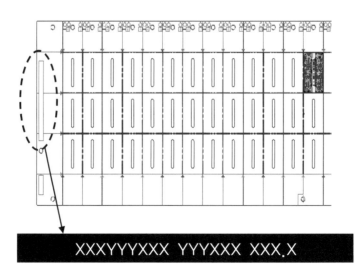

XXXYYYXXX YYYXXX XXX.X

프레임 마크는 반도체 기판 혼입(Substrate Mixing) 방지를 위하여 필요하다.

글자 크기가 반도체 기판 업체마다 상이하므로 몰드 공정과 레이저 마킹 공정의 장비에서 화상 인식에 어려움이 있다.

원본 도면으로 각 업체는 에칭(Etching) 공정 능력을 고려하여 원본 도면에 근접하도록 보정 설계한다.

① 높이 – 1.15mm, 폭 – 0.90mm
② 포토플롯(Photoplot) 폭 – 0.15mm, 글자 간격 – 0.15mm

2-11 다이 접착 인식 마크(Die Attach Align Mark)

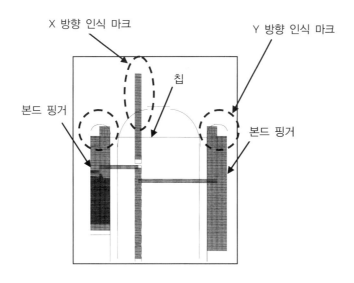

(1) Y 방향 인식 마크

본드 핑거 가장자리(Bond Finger Edge)를 홈 모양으로 설계한다. 대부분 전원 단자(Power Pad)가 가장자리 쪽에 위치하므로, 본드 핑거(Bond Finger)를 크게 설계하여도 무방하다.

(2) X 방향 인식 마크

도금 라인(Plating Line)을 반도체 칩 전기 단자(Chip Pad)와 일치시킴으로써 인식 정확도를 확인할 수 있다.

반도체 칩 전기 단자 배열이 2선 이상일 경우는 가장 우측 전기 단자에 일치시키고, 일부 2선의 경우도 우측 전기 단자를 기준으로 인식 마크(Align Mark)를 일치시킨다.

반도체 칩을 이동시키고자 하는 수치만큼 도금 라인을 이동하여 설계하면 다이 접착(Die Attach) 공정에서 전기 단자와 일치시킴으로써 반도체칩 이동(Chip Shift) 효과를 볼 수 있다.

semiconductor package

2-12 배열 문자(Array Text) : 유닛 문자(Unit Text)

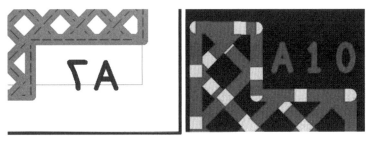

| Face UP-TOP View |　　　　| Face Down-Ball View |

(1) 불량 분석을 위해 반도체 기판 내의 유닛상의 배열(Unit Array) 위치를 문자로 표시한다.

(2) Row – 영문, Column – 숫자로 설계

(3) 반도체 기판 내에서 유닛(Unit)마다 배열 문자(Array Text)가 다르기 때문에 제조 업체 AOI(Automatic Optical Inspection)에서 이 부분을 제외하여야 하므로 가능한 유닛 가장자리 부분, A1 Mark 대각선 부분에 삽입한다.

(4) F/D FBGA의 경우 몰드 캡(Mold Cap) 바깥쪽에 위치해야 한다.

2-13 SMD와 NSMD 비교

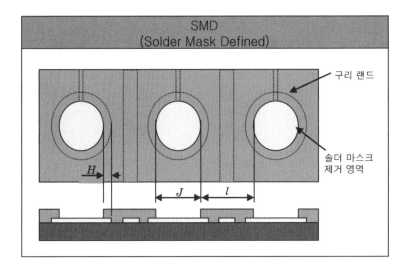

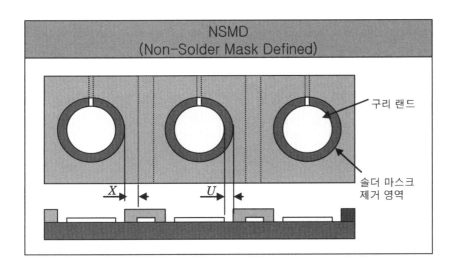

SMD 설계에서는 솔더 레지스트 노출 직경(SR Open Diameter)인지, NSMD 설계에서는 볼 랜드 직경(Ball Land Diameter)인지가 솔더 볼 직경(Solder Ball Diameter)과 높이를 결정하는 데 큰 요인이 된다.

NSMD에서는 솔더 레지스트 노출에서 배선로까지의 거리가 중요하다. 배선(Trace)이 노출되면 솔더 볼(Solder Ball)에 의하여 단락이 되기 때문이다.

Chapter

6

패키지 재료

패키지 재료

1 리드 프레임(Lead Frame)

1-1 리드 프레임의 의미

반도체 칩(Chip)을 올려 부착하는 금속 기판으로 반도체 칩에 전기를 공급하고 이를 지지해 주는 역할을 한다.

한국에서는 한국과학기술원의 김영길(金泳吉)이 1979년부터 독자적으로 이를 연구, 1984년 구리를 주원료로 하여 니켈·규소·인을 섞어서 만든 특수구리합금의 신소재 PMC 102를 발명하였다.

이것으로 세계시장에 나와 있는 리드 프레임보다 훨씬 강하고 전기 전도도와 연신율(延伸率)이 뛰어난 제품을 만들 수 있게 되었다.

근래에는 504 Pin 등 다(多) 핀(Pin) 리드 프레임(Lead Frame)도 한국에서 개발되어 수요가 늘고 있다.

● 리드 프레임의 성분 ●

리드 프레임의 소재는 철-니켈(Fe-ni) 합금 및 구리(Cu) 합금으로 대변된다.

- Fe-Ni 합금

  42 니켈-철(42 Ni-Fe) 합금을 일반적으로 Alloy42라고 칭한다. : Alloy 42의 열 팽창률이 실리콘과 비교적 잘 일치되고 있는 점, 리드 프레임으로서 적당한 기계적 특성을 갖고 있다는 점, 열 전도율이 순동에 비해 낮다는 점, 이외에 특히 문제가 되는 결함이 없다는 점에서 고신뢰성이 요구되는 IC용 리드 프레임을 중심으로 폭 넓게 이용되고 있다.

- Cu 합금

  고출력 트랜지스터(Transistor) 및 파워(Power) IC 등에서 동합금 재료 선택의 주 이유는 Alloy 42에 비해 열 전도성, 전기 전도성, 기계적 성질, 에폭시(Epoxy)와의 밀착성 등의 특성과 가격의 밸런스가 좋아 사용하지만 상온에서 쉽게 산화가 되는 단점이 있다.

구 분	Structure		
Conventional (Sn-Pb) Plating	Chip Au Wire / Ag Plating / Sn-Pb Plating / Frame	Sn-Pb : 8~20nm	Base Metal (Alicy 42)
Pd PPF	Chip / Au Wire / Au~alloy / Frame	Au-Ag(Min 5) : 15nm Pd(Min 2.5) : 12.5nm Ni(Min 250) : 500nm	Base Metal (Cu Only)

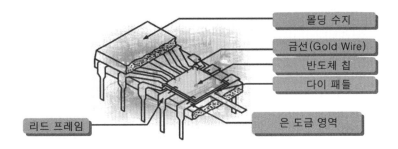

- 몰딩 수지
- 금선(Gold Wire)
- 반도체 칩
- 다이 패들
- 리드 프레임
- 은 도금 영역

1-2 리드 프레임의 역할

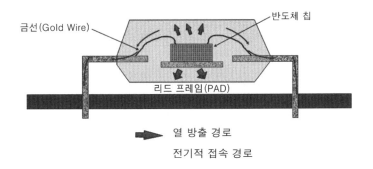

금선(Gold Wire)
반도체 칩
리드 프레임(PAD)

➡ 열 방출 경로
전기적 접속 경로

리드 프레임은 반도체IC를 구성하는 핵심 부품으로서 반도체 칩과 PCB 기판과의 전기 신호를 전달하고, 외부의 습기, 충격 등으로부터 칩을 보호하며, 지지해 주는 골격 역할을 한다.

1-3 리드 프레임의 종류

① DIP(Dual Inline Package)

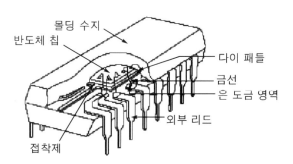

사각 패키지 양쪽에 리드(Lead)가 나와 있는 IC 패키지로서 가장 기본적인 타입이며, 회로기판(PCB, Printed Circuit Board)의 홀(Hole)을 통하여 실장되는 관통 홀 타입 패키지(Through Hole Package)이다.

리드 간격(Lead Pitch)은 2.54mm(100mil)이며, 적은 수의 핀(Pin) 삽입형에 있어 대표적인 패키지이다.

② SIP(Single Inline Package)

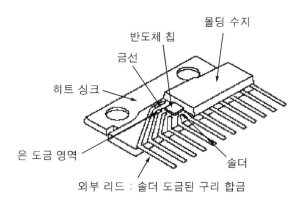

리드가 패키지의 한쪽으로 인출된 구조의 패키지로 대개 파워 IC용으로 사용되며, 리드 간격 2.54mm(100mil)이다.

③ 쉬링크 SIP(Shrink SIP)

리드 간격(Lead Pitch)이 1.78mm(70mil)인 SIP를 말한다.

④ ZIP(Zigzag Inline Package)

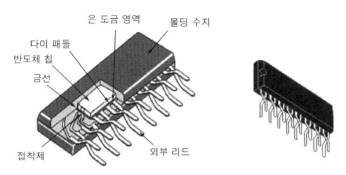

리드(Lead)가 패키지 본체에서 한쪽 방향으로 1.27mm(50mil) 리드 간격(Pitch)으로 나와서 리드를 패키지 면에서 교대로 구부려 리드 간격을 2.54mm(100mil)로 하는 패키지이다.

⑤ SOP(Small Outline Package)

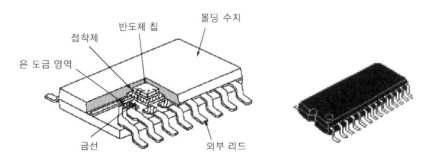

패키지 양쪽으로 리드(Lead)를 인출하고 리드를 갈매기 날개형으로 성형한 표면실장형 패키지이다. 리드 간격(Lead Pitch)은 1.27mm(50mil)이다.

⑥ TSOP(Thin-SOP)

1986년 미쓰비시(Mitubishi)사가 개발한 패키지로 실장면적을 줄이기 위하여 스몰 아웃라인 IC(Small-Outline IC)의 패키지 두께를 1mm로 하고 리드 간격(Lead Pitch)을 줄인 형태의 패키지이다.

TSOP-1은 리드가 패키지의 짧은 모서리 양쪽으로 인출된 모양의 패키지로 높이가 낮기 때문에 노트북이나 기타 실장밀도를 높이는 곳에 사용된다(리드 간격 : 1.27mm, 0.8mm, 0.65mm).

TSOP-2형은 패키지의 긴 모서리 양쪽으로 갈매기 날개형으로 인출된 모양의 패키지로 표면실장형 패키지이다[리드 간격 : 0.55mm(21.6mil), 0.5mm(19.6mil)].

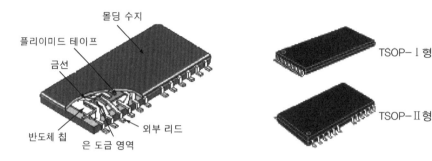

7 SSOP(Shrink SOP)

SOP와 같은 형태를 이루고 있으나 리드 간격(Lead Pitch)을 대폭 줄여서 0.8mm(32mil), 0.5mm(19.6mil)로 성형하는 패키지이다.

8 TSSOP(Thin Shrink SOP)

TSOP-2 종류의 패키지 두께를 1.0mm 이하로 줄이고 리드 간격도 0.65/0.5mm로 쉬링크(Shrink)한 패키지 종류이다.

9 SOJ(Small Outline J-Leaded Package)

리드(Lead)의 형상이 영문자 "J"와 같다고 하여 붙여진 이름이다.
리드 간격은 1.27mm(50mil)이며, 주로 디램(DRAM)에 많이 사용한다.

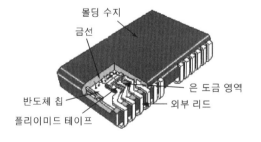

semiconductor package

10 LOC(Lead On Chip)

반도체의 패키지의 크기를 늘리지 않고 고집적되어 크기가 커진 IC 칩의 패키지로 미국 IBM사가 개발하여 일본 히타치(Hitachi)사에서 실용화하였다.

제품 중앙의 내부 리드(In Lead)에 양면 접착 테이프를 사용하여 내부 리드 밑면에 IC 칩을 부착하는 구조로 되어 있다.

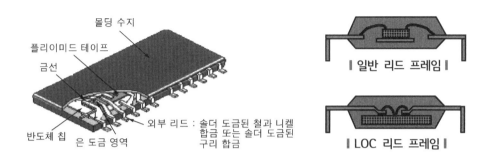

11 QFP(Quad Flat Package)

사각 패키지 네 곳의 옆면에서 갈매기 날개 형태의 리드가 나와 있어 두 부분의 종류의 패키지보다 리드(Lead) 수를 현저하게 늘릴 수 있는 사방형 패키지이다.

리드 간격은 1.0/0.8/0.65/0.5/0.4/0.3mm까지 가능하며, 0.65mm는 232핀(Pin), 0.5mm는 304핀(Pin)까지 있다.

EIAJ 규격에는 0.65mm까지는 QFP, 0.5mm 이하는 미세 간격(Fine Pitch) QFP로 명명되고, 일반적으로 2.0~3.8mm는 QFP, 1.40mm는 LQFP, 1.0mm는 TQFP로 구분된다.

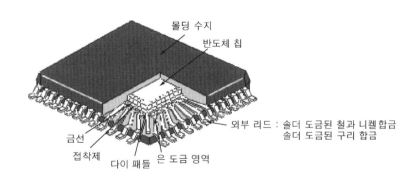

12 TQFP(Thin QFP)

PCB에 실장 시 높이가 1.27mm(50mil) 이하, 몸체(Body) 두께가 1.0mm 이하인 QFP를 말한다. 고신뢰성의 재료, 장비, 공정, 조립 기술력이 필요한 패키지이며, 리드 간격은 0.8/0.65/0.6/0.5mm이며, 핀(Pin) 수는 44~256이다.

13 LQFP(Low Profile QFP)

몸체 두께를 1.4mm로 줄인 패키지로서 고신뢰성의 재료, 장비, 공정, 조립 기술력이 필요한 패키지이다.

14 MQFP(Metric QFP)

제덱(JEDEC) 규격에 의거한 QFP 분류의 일종으로 리드 간격(Lead Pitch) 1.0~0.65mm, 몸체 두께 3.8~2.0mm인 표준 QFP를 지칭한다.

15 PLCC(Plastic Leaded Chip Carrier)

플라스틱 QFJ 또는 플라스틱 LCC로 불리기도 한다. 리드 간격(Pitch) 1.27mm, 핀(Pin) 수는 84핀 이하에 사용된다.

1-4 리드 프레임 성분

1 합금(Alloy) 42(니켈계 합금)

(단위 : %)

업체명	화학 성분									
	C	Al	Mn	Co	S	Ni	Si	P	Fe	Cr
A						40				
	0.05	0.10	0.80	0.50	0.025	42	0.30	0.025	Bal.	0.10
B						40				
	0.02	0.10	0.80	0.50	0.025	43	0.30	0.025	Bal.	0.10
C						40				
	0.02	0.10	0.80	0.50	0.025	42		0.025	Bal.	

니켈(Ni)계 합금은 다시 말하면 철(Fe)계 합금이며 42 합금(Alloy)은 42 니켈-철(Ni-Fe) 합금을 말한다. 니켈-철 합금은 인바(Invar)라고 불리며, 니켈 조성에 따라 열팽창률이 컨트롤된다는 점에서 반도체 소자와 열팽창률을 맞출 수 있는 특징이 있다.

열팽창률이 적고 인장강도가 $50 \sim 90 kg/mm^3$로 강도면과 패키징(Packaging) 후의 기밀성 면에서 리드 프레임(Lead Frame) 재료로서 신뢰성이 높은 반면, 동계 합금보다 2배 이상의 고가이다(DRAM에 주로 사용된다.).

② 구리계 합금 (Cu : 99.95%, O : 0.04%)

원자량	63.57	비 열	0.092cal/g, C(20℃)
결정구조	면심입방격자	끓는 점	2595℃
밀 도	8.89g/cm³(20℃)	탄성계수	12000kg/mm²
액상성 온도	1083℃	열전도도	0.934
고상성 온도	1065℃	전도율	약 101%

특성은 다음과 같다.

① 전기, 열의 양도체로 절연성이 좋아 가공이 용이하고 내식성이 좋다.

② 아연(Zn), 주석(Sn), 니켈(Ni), 금(Au), 은(Ag) 등과 용이하게 합금을 만든다.

③ 상온에서 가공이 용이하다.

④ 700~850℃에서 고온 가공한다.

⑤ 소량의 주석(Sn), 납(Pb)을 첨가 시 절삭성이 좋아진다.

⑥ 상온의 건조한 공기 중에서는 그 표면이 변화하지 않는다.

⑦ 자연수 중에서의 보호피막이 형성되기 쉽고 부실률이 대단히 적으므로 수관, 탱크, 열교환기 등에 널리 사용된다.

⑧ 경수에서 이산화탄소(CO_2) 및 산소(O)의 용해량이 많아지면 부식률도 상당히 높아진다.

⑨ 해수에서 유속이 적을 때는 내식성이 좋고, 부식률은 0.05mm/연 정도이다.

③ 합금(Alloy) 42 리드 프레임(Lead Frame)의 특성적 해석

자재명	업체명	기계적 · 물리적 성질		
		Tensile Strength N/mm²	Hardness HV	Elongation %
Alloy 42	A	588	200	–
		735	220	5.00
	B	620	200	–
		750	230	8.00
	C	590	200	–
		785	230	5.00

④ 구리계 대 니켈계 리드 프레임 비교

종 류	장 점	단 점
Cu계 (Copper Lead Frame)	• 가격 저렴 • 도전율 우수 • 방열성(열전도도) 우수	• 강도 낮음 • 열팽창률 문제
Ni계 (Alloy 42 Lead Frame)	• 열팽창률 조절 • 강도 우수 • 기밀성 우수	• 고가 • 도전율, 방열성 낮음

1-5 리드 프레임 제조 공정

설계(Design)된 리드 프레임(Lead Frame)을 제조하는 방식은 크게 두 가지로 분류된다. 물리적 타발에 의해 리드 프레임을 제조하는 방식의 스탬프(Stamp), 리드 프레임과 화학적 특성을 이용해 리드 프레임을 제조하는 방식의 에치 리드 프레임(Etch Lead Frame)이 그것이다.

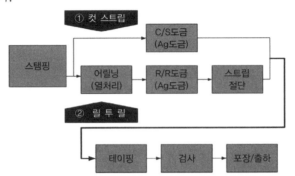

┃ 스탬프 리드 프레임(Stamped Lead Frame) 제조 방식 ┃

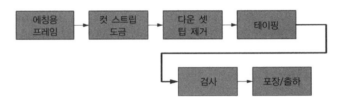

┃ 에치 리드 프레임(Etched Lead Frame) 제조 방식 ┃

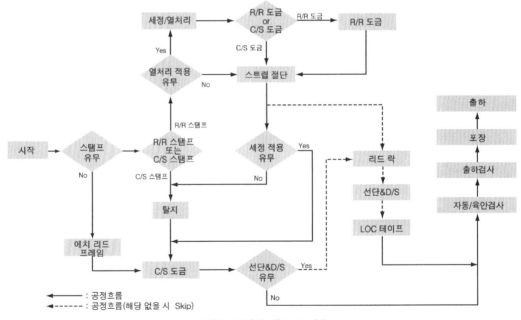

┃ 리드 프레임 제조 순서 ┃

semiconductor package

① 스탬핑(Stamping) 공정

(1) 스탬핑 공정의 의미

스탬핑 공정은 소성 전단 가공의 일종으로, 고속·고용량의 프레스 장비(Press Machine)와 순차적 타입(Progressive Type)의 금형을 이용하여 투입되는 원자재를 장비와 금형의 상하 운동에 의해 타발하는 방식을 말한다.

① 소성가공

탄성한도(비례한도)를 넘는 변형(소성 변형)을 주어 원하는 형상을 얻는 가공

② 종류
- ㉠ 전단 가공
  - 피어싱(Piercing) : 제품에 구멍을 타발하는 가공
  - 노칭(Notching) : 소재의 가장자리에서 일부분을 타발하는 가공
  - 블랭킹(Blanking) : 소재에서 제품 외형을 타발하는 가공
- ㉡ 성형 가공
  - 밴딩(Bending) : 제품을 소요 형상으로 구부리는 가공
- ㉢ 압축 가공
  - 코이닝(Coining) : 재료를 밀폐된 형 속에서 강하게 눌러 형과 같은 요철을 재료의 표면에 만드는 가공

③ 타발 작업의 원리
- ㉠ 1단계(인장) : 펀치가 가공 압력을 갖고 하강하면 재료는 최초 압축되어 인장이 시작
- ㉡ 2단계(전단) : 펀치가 1단계를 지나서 계속 하강하면 재료는 탄성한계를 벗어나면서 전단이 시작
- ㉢ 3단계(파단) : 펀치가 2단계를 지나서 계속 하강하면 재료는 파단이 발생하며 이때 응력 집중이 최대가 됨.

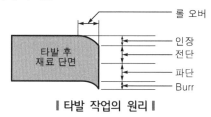

▐ 타발 작업의 원리 ▐

④ 공차(Clearance)
- ㉠ 펀치와 다이(Die)의 편 측 간격
- ㉡ 금형의 수평 유지와 제품 정밀도를 좌우함.
- ㉢ 재료 두께, 재질 등에 따라 공차가 좌우됨.

semiconductor package

(2) 순차적 형태(Progressive Type) 금형의 의미

금형에서 다수의 가공 공정을 순차 이송하여 작업하는 금형을 말한다. 단발형 금형보다 생산성이 대폭 증가하여 대량생산 체제에 적합한 금형 형태이다.

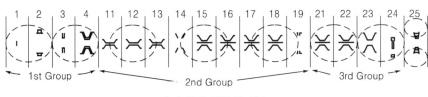

▮ 순차적 타발의 예 ▮

(3) 프레스(Press) 금형의 구조

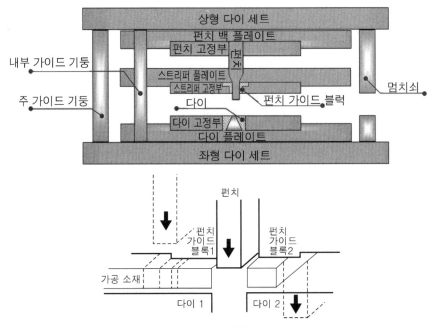

▮ 금형 내 타발의 원리 ▮

(4) 스탬핑 공정 중요 불량

미가공 (Incomplete Treatment)	어느 부위든 가공이 덜 된 L/F
변형(Deformation)	L/F의 어느 부위든지 굽거나 휨 등의 고유의 형태에서 변형된 것
거침(Burr)	소재 가장자리에 수직, 수평으로 발생하는 찌꺼기 수직 찌꺼기(Vertical Burr)

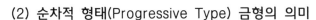

긁힘(Scratch)	제조 공정 또는 취급 중 발생한 리드 프레임 위에 발생된 흠집	Scratch
Slug Mark	손상된 다이 또는 이물질이 붙은 스탬핑 다이에 의해 발생한 리드 프레임	Slug Mark
파임(Pit)	표면에 약간 눌린 자국 또는 분화구 모양의 얕은 흠집	
툴 마크(Tool Mark)	리드 프레임 제조 공정 중 펀치, 다이 등의 금형에 의해 발생된 자국	Tool Mark

② 열처리(Annealing) 공정

냉간 가공의 효과(잔류응력)를 제거하기 위하여 가공하기 전의 연한 상태로 회복시키기 위하여 고안된 열처리 방법의 일종이다.

③ 도금 공정(Ag Plating)

(1) 의미

반도체 칩과 리드 프레임의 전기적 연결 방법인 와이어 본딩(Wire Bonding)의 신뢰성 확보를 위한 부분 은도금(Ag Selective Plating)과 패키지 공정의 신뢰도 보증을 위해 필요한 리드 프레임의 표면 처리 특성을 부여하는 공정이다.

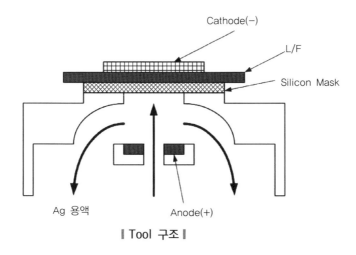

Cathode(−)

L/F

Silicon Mask

Ag 용액

Anode(+)

‖ Tool 구조 ‖

스트립(Strip) 단위(J)의 리드 프레임이 연속적으로 처리 유닛들에서 반응이 이루어질 수 있게 하는 컷 스트립 도금(Cut Strip Plating) 방식과 장비 릴 타입(Machine Reel

Type)의 리드 프레임이 연속적으로 처리 유닛들에서 반응이 이루어질 수 있게 하는 릴 투 릴(Reel To Reel) 도금 방식이 있다.

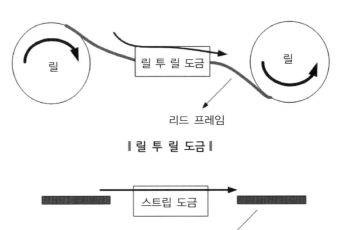

┃ 릴 투 릴 도금 ┃

┃ 컷 스트립 도금 ┃

(2) 공정 순서

세정(Clean) → 활성화(Activation) → 화학적 연마(Chemical Polishing) → 구리 스트라이크(Cu Strike) → 반-이머전(Anti-Immersion) → 은 도금(Ag Plating) → 벗기기(Stripping) → 헹굼(Rinse) → 건조(Drying)

(3) 석출 방법(Mechanism)

물에 용해 시 자유로이 움직일 수 있는 이온을 형성하는 전해질에 전류를 흘리면 전극과 전해질 사이의 전기 화학 반응에 따라 음극에서 도금이 진행된다.

$$KAg(CN)_2 = AgCN + KCN$$
$$\quad \searrow Ag^+ + CN^-$$
$$\qquad \searrow Ag^+ + e = Ag(석출)$$

(4) 구리 스트라이크(Cu Strike)

은(Ag) 도금의 밀착성을 향상시키기 위해 $0.1{\sim}0.15\mu m$의 두께로 리드 프레임 전면에 구리(Cu)를 얇게 때리기(Strike)한다.

(5) 도금 관련 리드 프레임 검사 용어

기포(Air Bubble)	물집(Blistering). 도금면에 기포나 기포 터짐이 있는 것
도금 뭉침(Nodules)	도금이 뭉쳐져서 덩어리가 되거나 돌기된 것
도금 얼룩	덩어리 도금 재료(Lump of Plating Material). 금이 균일하지 않아 얼룩진 곳이 있거나 도금층이 있는 것
도금 영역	도금 영역(Plating Area). 도금 부위가 해당 도면상에 규정된 도금 영역과 일치하지 않는 것
기판 금속층의 노출	미도금. 보이드(Void). 하부 금속 노출(Exposed Base Metal). 도금면에 기초 금속이 노출된 것
프레임 부착	L/F 스틱킹(Sticking). 두 장 이상의 프레임이 붙어 있는 것
이물질	입자(Particle), 이물질(Foreign Material). 질소층으로 붙어서 떨어지지 않는 다른 찌꺼기
오 염	오염(Contamination). 기초금속과 화학적으로 반응하지 않는 부착 유기물질. 무기 이물질
도금 퍼짐 (Ag Bleed Out)	도금 영역이 아닌 측면 혹은 뒷면으로 흘러내린 것. 사이드 플래시
산화(Oxidation)	산소와의 화학적 결합으로 녹슨 것
변색(Discoloration)	리드 프레임 고유의 색이 아닌 다른 색으로 변화된 것
얼룩(Stain)	수용액 또는 비수용액으로 제거할 수 없는 유기 또는 무기물에 의한 화학반응을 통한 기초금속의 변색
이머전(Immersion)	도금 부위가 아닌 곳에 Ag이 묻은 것
도금 벗겨짐(Peeling)	모재 또는 다른 금속층으로부터 도금의 분리
에폭시 번짐 (Epoxy Bleed Out)	다이 접합(Die Attach) 공정을 위해 패드의 도금부 위에 도포된 에폭시 수지(Epoxy Resin) 가열 후 지정 범위 이상으로 번지는 것(Ground Bonding시 치명적인 불량)
어긋남(Misaligned)	도금 마스크의 미세 조정 불균형으로 일부 미도금되거나 과도금된 경우

④ 스트립 컷(Strip Cut) 공정

릴(Reel) 단위로 작업된 전 공정의 제품을 스트립(Strip) 단위로 커팅(Cutting)하는 공정으로, 제품의 특성을 고려하여 리드 팁 트림(Lead Tip Trim)과 다운 셋(D/S) 적용을 병행할 수 있는 공정이다.

⑤ 리드 팁 트림(Lead Tip Trim) / DS(Down-Set) 공정

릴(Reel) 단위 작업 시 공정 이동 간의 변형 방지를 목적으로 연결되었던 리드 팁(Lead Tip)을 커팅(Cutting)하고, 제품 사양에 맞도록 내부 리드(Inner Lead) 부위 및 밸런스 리드(Balance Lead) 부위에 다운 셋(D/S)을 적용하는 공정이다.

주요 관리 항목은 버(Burr), 리드 평면도(Lead Planarity), 리드 틀어짐(Lead Tilt)이다.

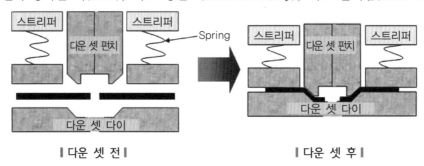

‖ 다운 셋 전 ‖   ‖ 다운 셋 후 ‖

⑥ 테이핑(Taping) 공정

(1) 의미

리드(Lead) 변형의 방지 목적으로 부착되는 리드 고정 테이프(Lead Lock Tape) 또는 칩 올리기(Chip Mount) 시 필요한 LOC 테이프를 부착하는 공정이다.

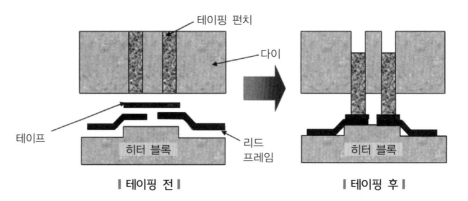

‖ 테이핑 전 ‖   ‖ 테이핑 후 ‖

(2) LOC 테이프 구성

```
┌─────────────────────────────┐ ◄── 접착제
├─────────────────────────────┤ ◄── 기재 필름
└─────────────────────────────┘ ◄── 접착제
```

(3) 테이핑 공정 중요 불량

① 테이프 버(Tape Burr) : LOC 테이프 절단 시 금형의 펀치 앤 다이(Punch & Die) 선단부 마모 및 공차(Clearance)의 유동으로 인하여 테이프 절단면이 밀린 현상으로 테이프 리드 프레임(Tape Lead Frame) 등에 붙어 있는 테이프 찌꺼기를 말한다.

② 테이프 이물질 : LOC 테이프 절단 시 발생된 테이프나 버(Burr) 가루들이 가열판(Heater Block) 위에 떨어져 있다가 테이프 접착 시 코인드(Coined) 면에 달라붙어 있는 것을 말한다.

③ 테이프 버블(Tape Bubble) : 리드 프레임에 LOC 테이프를 접착시킬 때 리드 프레임 표면과 테이프 접합면 또는 테이프 내부에 생기는 공기를 말한다.

④ 테이프 미접착 : 리드 프레임의 리드(Lead)와 LOC 테이프가 부착되지 않고 떨어진 형태이다.

(4) Tape 접착 기술

① 온도(열) : 가열판(Heater Block)의 온도

② 시간 : 생산성을 향상시키기 위해서 접착 시간을 줄이는 것이 바람직하지만 현재로서는 0.2초가 한계(1up-0.2초, 2up-0.3초)

③ 압력 - 장비(M/C)에 공급되는 압력 : 5-6kgf/cm

7 자동검사 공정

리드 프레임(Lead Frame) 제조 공정의 마지막 공정으로 자동화 설비를 이용하여 완성된 리드 프레임에 대한 치수, 외관 항목에 대한 이상 유무를 발견(Detect)하는 공정이다.

8 에칭(Etching) 공정

(1) 부식량 설계

각 에칭(Etching) 가공 조건들을 적용하여 에칭 후 남아 있는 것이 리드 프레임(Lead Frame) 설계치가 되도록 설계하는 일이다.

① 에칭의 특성

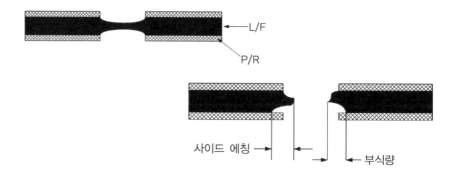

② 부식량

리드 프레임(L/F) 표면에 도포되어 있는 포토 레지스트(P/R)의 선단부에서 L/F 금속이 부식되어 들어간 정도를 말한다.

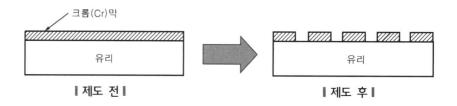

③ 용어 정의 및 내용

　　㉠ P/R : 감광성 수지(Photo Resist)

　　㉡ 사이드 에칭(Side Etching) : L/F의 상면과 하면의 부식량의 차이로 인해 발생한다. L/F 상면과 하면이 만나는 점에서 상면 또는 하면까지의 최대 거리이다.

(2) 도판(Artwork)

① 레이저(Laser) 장비로 크롬(Chrome) 막을 벗겨 내어 리드 프레임(Lead Frame)의 형상(Pattern)을 만든다.

크롬(Cr)막

유리 · ▌제도 전▐

유리 · ▌제도 후▐

구 분	Emulsion Film	Emulsion Glass	Chrome Glass	Remarks
재료비	5~6만원	180~200만원	300~350만원	–
해상도	±0.015μm	±0.004μm	±0.002μm	–
사용횟수	20~30K	100K	700K 이상	12Unit/Strip 기준
장 점	소량 다품종 낮은 비용	소량 다품종 온도·습도 관리가 필름보다 유리	대량 소품종 반영구적으로 사용 옵셋 관리 우수(±0.010μm)	–
단 점	온도·습도에 민감 옵셋 관리가 힘듦	180μm 이하 피치의 한계성	비용 비쌈	–

② 용어 정의 및 내용

　㉠ 크롬(Chrome)막 : 2~3μm의 두께

　㉡ 리드 프레임한 유형에 상면하면 2장의 마스터 패턴(M/P) 제작

　㉢ 유리(Glass) : 4.5~5mm의 두께

　㉣ 마스터 패턴(M/P) : 제도(Plotting) 후 소정의 과정을 거쳐 완료된 유리(Glass)

(3) 라미네이팅(Laminating)

① 리드 프레임(Lead Frame)을 필요한 부분만 에칭(Etching)하기 위하여 리드 프레임 전체 면에 감광성 수지(Photo Resist)를 도포(Coating)하는 공정이다.

액상(Spray) Type	드라이 필름(Dry Film) Type	휠 코팅(Wheel Coating) Type

② 용어 정의 및 내용

　㉠ P/R(Photo Resist)

　　• 양반응(Positive) : 빛과 반응한 부분이 경화되는 P/R

　　• 음반응(Negative) : 빛과 반응하지 않은 부분이 경화되는 P/R

　㉡ P/R의 도포 두께 : 2.5~3.5μm

　㉢ 닥터 바(Doctor Bar) : 소재 표면의 도포액을 조절하여 P/R막의 균일성을 유도

(4) 노출(Exposing)

① 도포(Coating)된 감광성 수지(Photo Resist)를 에칭하기 위한 부분과 하지 않기 위한 부분으로 분리하기 위하여 빛을 조사하는 공정이다.

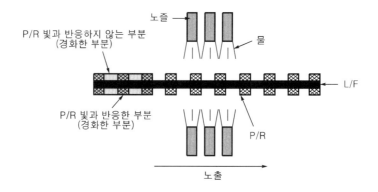

② 용어 정의 및 내용

    ⊙ 공정 순서 : 압착 → 진공 → 노광 → 열림

    ⓒ 불순물 입자(Particle) 제거를 위해 진공 과정이 필요함.

    ⓒ 노광 후 48시간 동안 보관 가능

(5) 현상(Developing)

① 노출(Exposing) 공정에서 형성된 리드 프레임(Lead Frame)의 형상 중 비노광부를 제거하는 공정이다.

② 용어 정의 및 내용

    ⊙ 노광부 : 빛과 반응한 부분

    ⓒ 비노광부 : 빛과 반응하지 않은 부분

    ⓒ 노광부와 비노광부를 물에 대한 용해도차를 이용하여 현상(Developing)함.

(6) 에칭(Etching)

① 리드 프레임을 필요한 부위(노광부)만 남기고 불필요한 부위(비노광부)는 화학물질을 이용하여 제거하는 공정이다.

② 용어 정의 및 내용

   ㉠ 공정 순서 : 전처리 에칭(Pre-Etching) → 본 에칭(Etching)

   ㉡ 전처리 에칭 : 소프트-에칭(Soft-Etching)이라고도 불리며 리드 프레임 표면의 산화막, 이물질, 포토 레지스트(P/R) 찌꺼기 등을 제거하여 염화철($FeCl_3$)의 반응을 촉진시키기 위한 공정

P/R 찌꺼기

(7) 벗기기(Stripping)

① 잔류해 있는 모든 감광성 수지(Photo Resist)를 제거해 내는 공정이다.

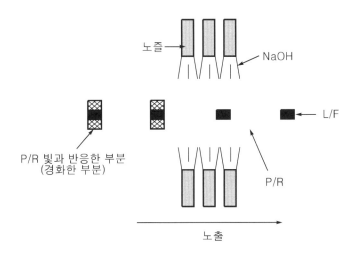

② 주요 관리 항목 : 박리성(미세 잔사)

② 기판(Substrate)

2-1 기판의 의미

① 디램 로드 맵(DRAM Road-Map)

고속화, 고집적도화되고 있는 추세이다.

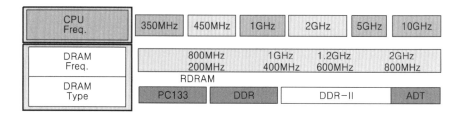

| CPU Freq. | 350MHz | 450MHz | 1GHz | 2GHz | 5GHz | 10GHz |

| DRAM Freq. | 800MHz 200MHz | 1GHz 400MHz | 1.2GHz 600MHz | 2GHz 800MHz |

RDRAM

| DRAM Type | PC133 | DDR | DDR-II | ADT |

② 패키지 유형

‖ TSOP 타입 ‖   ‖ FBGA 타입 ‖

③ 기판

FBGA(Fine Ball Grid Array) 패키지의 원재료이다.

④ FBGA 유형

구 분	페이스-업(Face-Up)	페이스-다운(Face-Down)
패드 위치	가장자리	중앙 패드
접착제	에폭시	테이프
제 품	그래픽, 컨슈머 메모리 등	메인 메모리, 그래픽 메모리 등

⑤ 기판 유형

CSP (=Face Up)	반도체 칩 사이즈의 PKG(Chip Scale Packasge) 제품의 명명법	
BOC (=Face Down)	기판 중앙에 윈도(Open 영역)가 있는 PKG(Board on Chip) 제품의 명명법	

2-2 기판 명명법

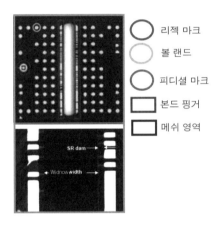

○ 리젝 마크
○ 볼 랜드
○ 피디셜 마크
▢ 본드 핑거
▢ 메쉬 영역

| 페이스-다운(Face-Down) |

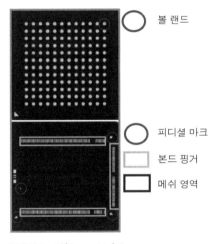

○ 볼 랜드

○ 피디셜 마크
▢ 본드 핑거
▢ 메쉬 영역

| 페이스-업(Face-Up) |

2-3 기판 제조 과정

① 재료(Material)

Material	Drill	Cu Plating	Pattern 형성	AOI	SR 공정	Ni/Au Plating	Routing	AFVI	FVI	Packing

CCL 기판 제작에 기본 원재료

(1) 재료

코어(Core)	기판을 제조하기 위해 사용되는 절연물질의 재료	
동박(Copper Foil)	전기적 특성을 나타낼 수 있도록 코어에 적출된 구리 재질의 판	
솔더 레지스트 (Solder Resist)	회로 보호의 목적으로 기판 외부에 도포되는 초록 색깔의 절연물질	
프리프레그 (Prepreg)	다층 기판을 구현하기 위하여 적출을 하기 위해 사용되는 절연물질의 반경화판	

(2) CCL의 의미

① CCL(Copper Clad Lamination)

코어(Core) + 동박(Copper Foil)

② 구성 요소

㉠ 수지(Resin) : 절연 재료 페놀수지, 에폭시(Epoxy) 수지, BT

BT

Bismaleimide에 경화제로 트라이아진(Triazine)계 알킬 아이소시아네이트(Alkyl Isocyanate) 수지를 조합하여 만든 수지 시스템(Resin System)이다. 미쓰비시 가스 화학(Mitsubishi Gas Chemical)사의 특허 제품으로 시장의 70%가 사용한다.

㉡ 기재 강화(Reinforcement)

형태를 유지하는 역할 → 유리 섬유(Glass Fabric)를 사용한다.

㉢ 필러(Filler)

강도(Stiffness)를 분산하기 위해 사용한다.

┃ 코어와 프리프레그 ┃

코어 (Core)	프리프레그 양측에 동박(Copper Foil)을 붙여서 C-stage까지 완전경화한 재료	
프리프레그 (Prepreg)	유리 섬유(Glass Fabric)에 수지(resin) 향침되어 B-stage까지 경화된 재료	

(3) CCL 제조 과정

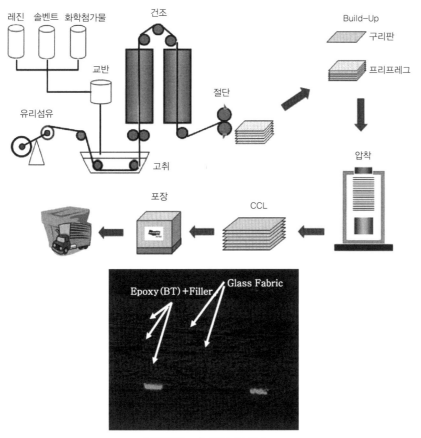

┃ 코어(Core) 단면 구조 ┃

2 드릴(Drill)

Material	Drill	Cu Plating	Pattern 형성	AOI	SR 공정	Ni/Au Plating	Routing	AFVI	FVI	Packing

Drill 　 상/하 동박(Cu Foil)을 전기적으로 연결해주는 홀 가공

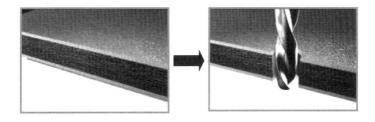

semiconductor package

(1) 홀(Hole)의 종류

비아 홀 (Via Hole)	다층기판에서 상하층의 전기적 도통을 위하여 드릴(Drill) 등의 가공 후 도금을 이용하여 연결을 하기 위한 홀
위치 홀 (Location Hole)	PKG 제작 공정에서 설비에 사용하는 홀로써 제품의 위치를 결정하는 홀

※ 패키지 라인(Package Line)에서 사용하는 홀

(2) 드릴(Drill) 공정 세부 사항

① 가공 방법 : 기계적(Mechanical), 레이저 드릴(Laser Drill) 방법

② 드릴 구경 비교

방 법	레이저 사용	기계적 방법(Drill 사용)		
구경(unit : ϕ)	0.05mm	0.10mm	0.20mm	0.25mm

③ 드릴 재질 : 초경

┃드릴(Drill) 공정의 RPM 비교┃

구경(ϕ)	RPM	발생 열 온도(℃)	연마 주기
0.25mm	125000	600	2000hit
0.15mm	160000	600	–
0.10mm	250000	700	–

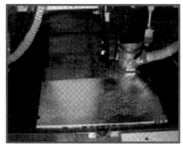 

드릴　　　　　　　　　　　기준 홀 가공

┃기계적 드릴(Mechanical Drill) 작업 모습┃

(3) 엔트리/백업 보드(Entry & Back-Up Board) 비교

| Entry board |
| Cu Foil |
| Core |
| Cu Foil |
| Back-up board |

┃ 드릴 공정 전의 원판의 구조 ┃

구 분	목 적	재 질	Thk
엔트리 보드 (Entry board)	• 프린트(Print) 기판의 동박 보호 • 찌꺼기(Burr) 발생의 억제 • 홀(Hole)의 위치 정밀도 • 드릴(Drill) 열 발산	알루미늄(Al)	0.22mm
백업 보드 (Back-up board)	하판의 찌꺼기(Burr) 발생의 억제	멜라민(Melamin) 수지 (나무판)	0.20mm

③ 동 도금(Cu Plating)

Material	Drill	Cu Plating	Pattern 형성	AOI	SR 공정	Ni/Au Plating	Routing	AFVI	FVI	Packing

Cu Plating 홀(Hole) 속에 전해막을 형성하여 구리(Cu) 도금을 하여 상/하 전기적으로 연결하는 공정

(1) Copper Plating : Electroless(무전해)＋Electrolytic(전해)

절연체(Core)로 분리되어 있는 레이어(Layer)에 전기적 상호연결이 가능하도록 한다.

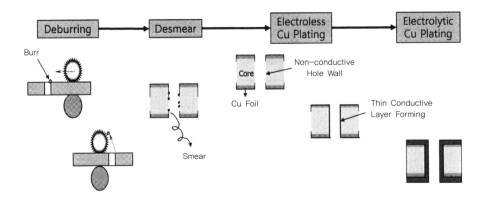

(2) Electroless Cu Plating Concept

전기 동 도금을 하기 위하여 비전도체인 홀(Hole) 내벽에 도전성을 주기 위한 공정이다.

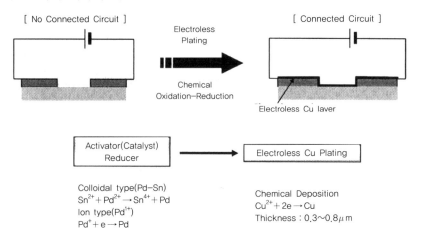

(3) 구리(Cu) 도금 과정

① 전처리

  ㉠ 찌꺼기 제거 방법

    브러시를 이용한 고속회전하여 물리적으로 연마

  ㉡ 얼룩 제거 방법

    • 황산법

    • 크롬산법

    • 과망간산(NaOH)법 : 양산 적용

```
┌─────────┐   ┌──────────────────────┐   ┌─────────┐
│ Sweller │──▶│ 과망간산 처리(MnO₄⁻) │──▶│ 중화반응 │
└─────────┘   └──────────────────────┘   └─────────┘
```

- 목적 : 얼룩을 부풀림
  (Chemical:NaOH)

- 목적 : 얼룩을 제거
  (Chemical:MnO₄⁻)

- 목적 : 표면 중화
- 중화제 : 하이드록실아민+
  황산(쉬플리사) 과수+
  황산(아토텍사)

② 동도금

  ㉠ 클리너

    • 목적 : 무전해 화학도금의 부착력을 증대하고 기판 표면의 오염물을 제거하기 위해 행하는 공정이다.

    • 화학작용 : 모든 표면은 음극 표면을 나타낸다.
    세척제는 일반적으로 양극물질로 중화시키는 경향이 있고 촉매의 흡수가 잘 되게 한다.

  ㉡ 소프트 애칭 : 기판 표면은 약 $1\mu\mathrm{m}$ 정도 애칭시킴으로써 이물질을 제거한다.

  ㉢ 촉매 처리

    • 촉매 전처리(Predio) : 촉매를 보호하고 사용 수명을 늘린다.

    • 촉매(Pd) : 수지 위 화학동석출반응을 활성화하기 위해 필요한 촉매로 Pd금속을 붙이기 위한 단계 중 하나이다.
    뒤따르는 촉진, 환원 단계에서 금속으로 환원시켜 준다.

    • 촉진(Reducer) : 파라듐용액으로부터 주석이온을 제거하는 작용이다.

  ㉣ 화학 도금(무전해 도금) : 전처리 단계에서 홈 속에 부착된 팔라듐(Pd) 금속 위에 구리(Cu)를 도금하여 전기적으로 연결한다.

4 회로(Pattern) 형성 과정

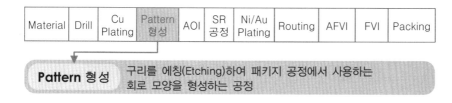

Material	Drill	Cu Plating	Pattern 형성	AOI	SR 공정	Ni/Au Plating	Routing	AFVI	FVI	Packing

Pattern 형성   구리를 에칭(Etching)하여 패키지 공정에서 사용하는 회로 모양을 형성하는 공정

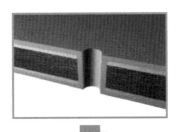

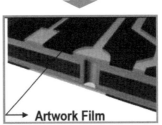

Artwork Film

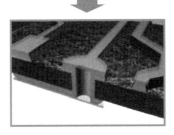

(1) 드라이 필름 라미네이션(Dry Film Lamination)

회로 형성을 위한 드라이 필름(Dry Film)을 CCL에 부착한다.

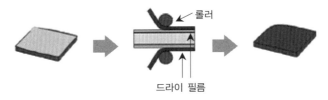

롤러

드라이 필름

(2) 노출(Exposure)

에칭(Etching)하는 부분과 하지 않는 부분을 분리하여 자외선(UV)광을 비추는 공정이다.

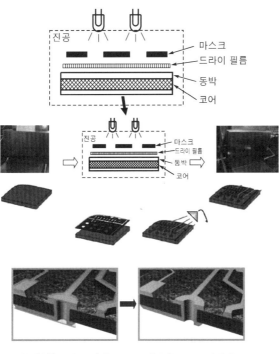

| 에칭(Etching) |　　| D/F 스트리핑 |

(3) 현상(Development)

미노광된 부분을 화학적으로 제거하는 공정이다.

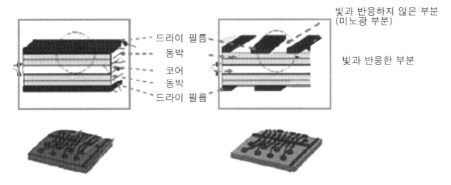

(4) 에칭(Etching)

불필요한 구리(Cu)를 제거하는 공정이다.

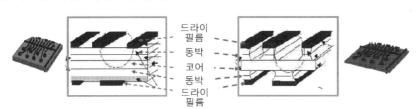

(5) 스트리핑(Stripping)

불필요한 레지스트(Resist)를 제거하는 공정이다.

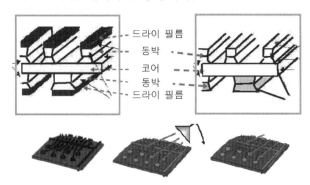

드라이 필름
동박
코어
동박
드라이 필름

⑤ 자동 광학 검사 장비(AOI, Auto Optical Inspection)

Material	Drill	Cu Plating	Pattern 형성	AOI	SR 공정	Ni/Au Plating	Routing	AFVI	FVI	Packing

AOI — 검사 장비로 회로에 발생될 수 있는 불량을 자동 검사하는 공정

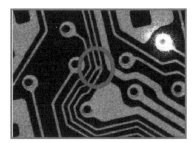

‖ 회로 불량 검사 ‖

회로(Pattern) 가공 상태를 장비로 검사하는 공정이다.

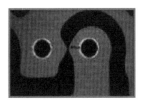

‖ 불량 모드 ‖

⑥ SR 공정

| Material | Drill | Cu Plating | Pattern 형성 | AOI | SR 공정 | Ni/Au Plating | Routing | AFVI | FVI | Packing |

SR 공정 — 회로를 보호하기 위해 에폭시(Epoxy)로 도포하는 공정

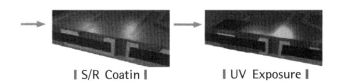

┃ S/R Coatin ┃   ┃ UV Exposure ┃

┃ S/R Developing ┃

(1) 전처리 방법

물리적 방법	화학적 방법
• 버프(Buff) 연마법 • Jet Scrubbing법(Pumice)	• 흑화(Black Oxide) • MEC 전처리

• Jet Scrubbing법(Pumice)
  산화 알루미늄(Al2O3) 알갱이(연마제)를 강압
  으로 쏘아서 표면 처리
	• MEC 전처리(화학적 에칭, Chemical Etching)
	  CZ-8100로 화학적 에칭

(2) SR 공정

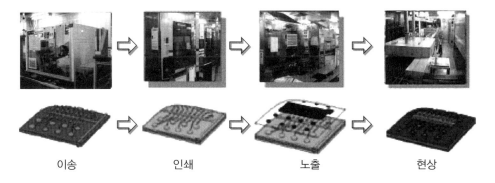

이송   인쇄   노출   현상

(3) SR 인쇄(Print)

회로의 산화를 방지하고 회로 손상(Damage)을 방지하기 위하여 솔더 레지스트(Solder Resist)로 도포하는 공정이다.

▌프린트와 롤 코팅 방식 비교 ▌

방 식	사 진	장 점	단 점

스크린
(Screen)
인쇄
		• 셋업 시간이 짧음
		• 비용이 저렴
		• 홈 충신이 쉬움
		• S/R 두께 얇게
		  컨트롤이 가능(15±10μm)
			• 두께 컨트롤이 어려움
			  (±10~20μm 공차 관리 가능)
			• 박판(0.1T 이하) 작업이 어려움

롤 코팅
(Roll Coating)
인쇄
(스크린
인쇄 장비
일부 보유)
	솔더
	레지스트 기판
	롤러
		• 양면 동시 인쇄 가능
		• 박판 작업 가능
		• 대량 생산 가능
		• 치공구가 간단
		• 두께 컨트롤이 용이
		  (±5μm 공차 관리 가능)
			• 롤 코팅의 비용이 비쌈
			• 홈 충진이 어려움
			  [박판(0.1T 이하) 제외]
			• Roll 마모 시 육안 검사가 어
			  려움

(4) SR 현상(Developing)

SR에 도포된 회로(Pattern) 영역 중 패키지 작업상 필요로 하는 부분을 본드 핑거(Bond Finger), 볼 랜드(Ball Land) 등 노출시키는 작업이다.

⑦ 니켈/금 도금

Material	Drill	Cu Plating	Pattern 형성	AOI	SR 공정	Ni/Au Plating	Routing	AFVI	FVI	Packing

Ni/Au 도금   노출되어 있는 회로에 Ni/Au 도금하는 공정

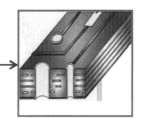

▌Soft Au/Ni 도금 ▌   ▌Ni 도금 ▌   ▌Au 도금 ▌

(1) 니켈/금(Ni/Au) 도금 과정

① 전처리

표면 전처리 ▶	탈지 (Acid 탈지) ▶	소프트 에칭 (Soft Etching) ▶	산 세 ▶

- 잔여 S/R 잔사 처리
- 물리적 방법
  - 퍼미스 처리
  - 플라즈마 처리
  - 고압 수세 처리

- Cu 표면 오염물 제거
- H_2SO_4 + 계면활성제
  - 알칼리 탈지 미사용
  : S/R에 손상 발생

- Cu 표면에 조도 형성
  - $H_2SO_4 + H_2O_2$(반응력↑)
  - $Na_2S_2O_8$(=NaPS)
  (반응력↓)

- CuO, CuO_2 제거 및
  - Cu와 Ni 간의 밀착력 확보
  - 10% H_2SO_4 : 표면 활성화

② 니켈/금(Ni/Au) 도금

니켈 도금 (잔해 도금 방식) ▶	금 도금 (잔해 도금 방식) ▶

- Ni 도금, 용액
  - 설파민산니켈($Ni(NH_2SO_3)_2 * 4H_2O$) : 38~55g
    → 불파민산(HSO_3NH_2) : 용해도 줄음, 고농도
      유지, 고속도금에 용이
  - 첨가제 : 붕산(H_3BO_3) : 22~38g/L
    염화니켈

- 미세금 도금(도금입자 붙임으로 금 도금의 밀착력↑)
  - 구연산염(Citrk Acid) : 0.5~1.5g/L
  - 높은 전류 밀도(2.2A/dm^2, 30sec) : ≒0.03~0.05μm
- Au 도금
  - 구연산염(Citric Acid) Base : 5.5~7.5g/L
  - 높은 전류 밀도(≒0.2A/dm^2, 6.5min) : ≒0.5~1.0μm

(2) 니켈/금(Ni/Au) 도금 세부 작업 순서

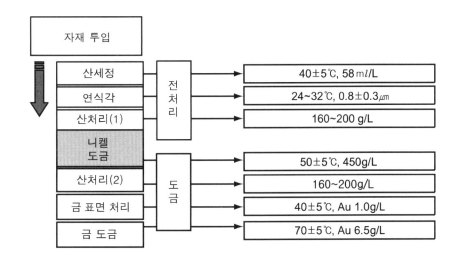

(3) 불량 모드(Mode)

① 모드 : 이물(Foreign Material)의 원인 및 대책
    ㉠ 니켈 양측 입자(Ni Anode Particle) 및 설비, 약품 등 외부로부터 전도성 물질의 유입
    ㉡ 거르기(Filtering) 및 약전해 처리 및 유지(Maintenance) 강화

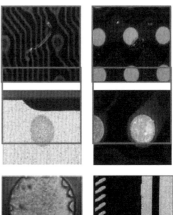

② 모드 : 변색, 오염(Discolor/Contamination)의 원인 및 대책
    ㉠ 각종 화학 균형(Chemical Balance)의 불균형, 수세, 건조의 부족, 금도금 이후의 취급 부주의
    ㉡ 공정액 관리 및 설비 관리 규정 준수 및 취급 주의

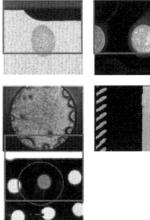

③ 모드 : PIT의 원인 및 대책
    ㉠ 공기 및 수소 기포의 Cu 표면 잔존, 화학 불균형
    ㉡ 도금액의 균형, 적절한 교반 등

④ 모드 : 미도금(Non-Plating)의 원인
회로 절선에 의해 금도금이 되지 않는다.

8 라우팅(Routing)

Material	Drill	Cu Plating	Pattern 형성	AOI	SR 공정	Ni/Au Plating	Routing	AFVI	FVI	Packing

Routing   판넬에서 작업된 것을 패키지 공정에서 사용하는 단위로 나누는 공정

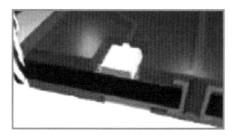

❚ 라우팅 ❚

| (a) 라우팅(Routing) 방식 | (b) 펀칭(Punching) 방식 |

❚ 라우팅 과정(Routing Process) ❚

⑨ 자동 최종 검사(AFVI)

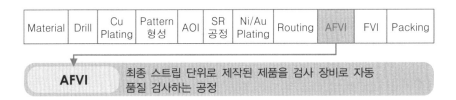

Material	Drill	Cu Plating	Pattern 형성	AOI	SR 공정	Ni/Au Plating	Routing	AFVI	FVI	Packing

AFVI 　최종 스트립 단위로 제작된 제품을 검사 장비로 자동 품질 검사하는 공정

장비상 최종 스트립(Strip) 단위에서의 제품을 장비상으로 발견(Detect)하는 공정이다.

⑩ 최종 검사(FVI)

Material	Drill	Cu Plating	Pattern 형성	AOI	SR 공정	Ni/Au Plating	Routing	AFVI	FVI	Packing

FVI 　최종 육안 검사 공정

기판(Substrate)의 외관적인 결함을 사람의 눈으로 검사하는 공정이다.
점차 고밀도 회로화로 인한 육안검사의 한계점에 다다라 기계적으로 검사가 가능한 장비를 개발, 이용하는 추세로 변화하고 있다.

⑪ 포장(Packing)

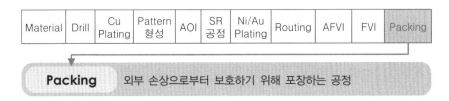

Material	Drill	Cu Plating	Pattern 형성	AOI	SR 공정	Ni/Au Plating	Routing	AFVI	FVI	Packing

Packing 　외부 손상으로부터 보호하기 위해 포장하는 공정

(a) 하드케이스에 담는다.

(b) 제품 인식 라벨이 붙은 뚜껑을 덮는다.

(c) 질소충진 포장을 한다.

(d) 플라스틱 통에 일정 수량의 하드케이스를 담는다.

(e) 종이박스에 넣는다.

(f) 인식 라벨을 붙인다.

❚ 포장(Packing) 방법 ❚

③ 테이프(Tape)

3-1 백 그라인딩 테이프(Back Grinding Tape)

① 사용 용도

웨이퍼 백 그라인드(Wafer Back Grind) 공정을 진행하기 전에 웨이퍼 상(Wafer Top)부 회로층(Pattern)을 보호하는 역할을 한다.

② 일반 구조

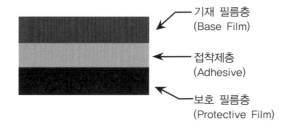

기재 필름층 (Base Film)

접착제층 (Adhesive)

보호 필름층 (Protective Film)

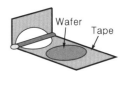

Wafer Tape

③ 층(Layer)별 역할 / 요구 특성 및 구성 성분

(1) 기재 필름층(Base Film)

웨이퍼(Wafer)를 보호하는 기초 재료(Base Material)로 테이프 컷팅(Tape Cutting) 시

찌꺼기(Burr) 발생 억제, 웨이퍼 뒤틀림(Wafer Warpage) 억제 특성 등이 요구된다.

PO(Poly Olefin), EVA(Ethylene Vinyl Acetate Copolymer) 등이 사용된다.

(2) 접착제층(Adhesive)

웨이퍼 표면과 접착시키는 역할을 하며 웨이퍼의 거친 표면을 잘 채워 주는 특성과 백 그라인딩(Back Grinding) 공정 진행 후 원활한 벗기기(Peeling) 특성 등이 요구된다. 아 크릴 폴리머(Acrylic Polymer)가 사용되고, 유형에 따라 UV, Non-UV로 구분된다.

(3) 보호 필름층(Protective Film)

접착제(Adhesive)층을 보호해 주는 역할을 하며 적층 공정 진행 시 제거된다.

PP(Polypropylene), PET(Polyethylene Terephthalate) 등이 사용된다.

④ 백 그라인드 테이프(B/G Tape) 제조 공정

접착제(Adhesive) 원재료 혼합(Mixing) → 기재 필름(Base Film) 위에 접착제 코팅 (Adhesive Coating) → 건조 → 기재 필름(Base Film)+접착제(Adhesive)층과 보호 필름 라미네이션(Protective Film Lamination) → 숙성 및 경화

⑤ 접착제 제조 시 고려 사항

① 웨이퍼(Wafer) 표면부와 좋은 접착 특성을 가지고 있어야 한다.

점착 특성이 좋지 않을 경우, B/G 공정 진행 시 수침 현상이 나타날 수 있다(아래 그림 참조).

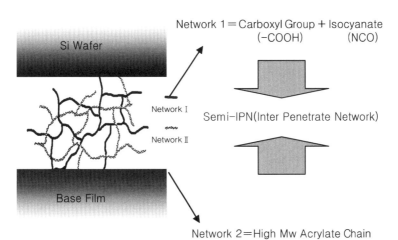

Network 1 = Carboxyl Group + Isocyanate
(-COOH) (NCO)

Semi-IPN(Inter Penetrate Network)

Network 2 = High Mw Acrylate Chain

∣ 벗기기 잔여물이 없는 접착 상태 ∣

② 벗기기(Peeling) 잔여물이 남지 않아야 한다.

고분자 물질이 웨이퍼 표면에 남아 있을 경우, 신뢰성에 악영향을 미칠 수 있다.

③ 웨이퍼 표면에 잔여물이 남지 않게 하기 위해 접착제(Adhesive)의 각 원재료들 간의 교차 결합 밀도(Cross-Linking Density)를 높여 잔여물이 남지 않는 구조가 되도록 설계하여야 한다(다음 그림 참조).

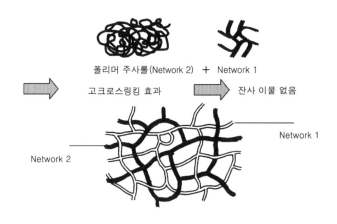

∥ 접착층 구조 ∥

⑥ 미래 백 그라인드 테이프(Future Back Grind Tape)

신규 패키지(New Package), 다층 패키지(Multi Stack PKG), 플립 칩 패키지(Flip Chip Package), 웨이퍼 레벨 패키지(WLP) 등이 개발됨에 따라 B/G 테이프의 요구 특성들도 점점 많아지고 있다.

그 요구 특성들로는 웨이퍼의 두께가 점점 얇아(50μm 이하)지면서 웨이퍼 뒤틀림(Wafer Warpage) 문제를 해결할 수 있어야 하고, 플립 칩 패키지(FCP), 웨이퍼 레벨 패키지(WLP)와 같은 웨이퍼 표면 범프 볼(Bump Ball)을 손상 없이 덮어 줄 수 있어야 하는 특성들이 요구된다. 따라서 현재와는 달리 PKG 유형에 따른 B/G 테이프의 종류도 다양해지고 있다.

3-2 제거 테이프(Remove Tape)

① 사용 용도

웨이퍼 백 그라인드(Wafer Back-Grind) 진행 후 백 그라인드 테이프(B/G Tape)를 제거하는 데 사용되는 테이프이다.

semiconductor package

② 일반 구조

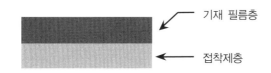

기재 필름층

접착제층

③ 층(Layer)별 역할 및 구성 성분

(1) 기재 필름층(Base Film)

기초 재료로 PET, PE(Polyethylene) 등이 사용된다.

(2) 접착제(Adhesive)

B/G 테이프(B/G Tape)를 제거하기 위한 점착력이 요구된다. PO(Poly Olefin)계가 사용된다.

④ 제거 테이프(Remove Tape) 제조 공정

점착제(Adhesive) 원재료 배합(Mixing) → 기재 필름층(Base Film) 위에 점착제 도포(Adhesive Coating)

3-3 절삭 테이프(Dicing Tape)

① 사용 용도

웨이퍼를 원형틀(Ring-Frame)에 고정시키고, 웨이퍼 절삭 공정 진행 시 개별 칩(Chip)들이 떨어지지 않도록 지지해 주는 역할을 한다.

원형틀(Ring Frame)

② 일반적인 구조

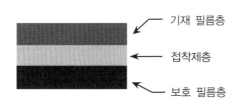

기재 필름층

접착제층

보호 필름층

③ 층(Layer)별 역할/요구 특성 및 구성 성분

(1) 기재 필름층(Base Film)

웨이퍼(Wafer)를 지지해 주는 기초 재료(Base Material)로 웨이퍼 절삭(Wafer Saw) 시 찌꺼기(Burr) 발생 억제, 칩 뒷면 조각(Chip Back-Side Chipping) 발생 억제, 가로·세로 방향의 적절한 인장력 및 신율 특성 등이 요구된다.

PO(Poly Olefin), PVC(Polyvinyl Chloride) 등이 사용된다.

(2) 접착제층(Adhesive)

웨이퍼(Wafer) 뒷면과 접착시키는 역할을 하며 W/S 공정에서는 칩(Chip)이 떨어지지 않도록 지지하고, 다이 접착(Die Attach) 공정에서는 칩이 테이프에서 쉽게 떨어져야 하는 적절한 점착력 특성이 요구된다. 아크릴 고분자(Acrylic Polymer)가 사용되고, 종류에 따라 UV, Non-UV로 구분된다.

(3) 보호 필름층(Protective Film)

점착제(Adhesive)층을 보호해 주는 역할을 하며 웨이퍼 마운트(Wafer Mount) 공정 진행시 제거된다.

PP(Polypropylene), PET(Polyethylene Terephthalate) 등이 사용된다.

④ 절삭 테이프(Dicing Tape) 제조 공정

접착제(Adhesive) 원재료 배합(Mixing) → 기재 필름(Base Film) 위에 점착제 도포(Adhesive Coating) → 건조 → 기재 필름(Base Film)+접착제층(Adhesive)과 보호 필름 적층(Protective Film Lamination) → 숙성 및 경화(B/G 테이프 제조 공정과 동일함)

⑤ UV(Ultra Violet) 접착제

UV광(Light)에 의해 경화 반응을 일으켜 점착력을 감소시키는 역할을 한다.
일반적인 UV 경화(Cure) 반응은 아래와 같이 설명된다.

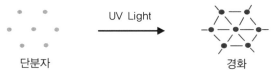

단분자　　　　　　　　경화

(1) 일반적인 UV 반응

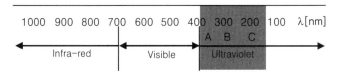

$$R - R' \xrightarrow[\text{Exciting}]{h\nu} R\bullet - R'\bullet$$

Photoinitiator · · · · · · · · · · · · · · · · · Free Radicals

$$R\bullet + nM \longrightarrow RM\bullet + (n-1)M$$

$$RM\bullet + (n-1)M \longrightarrow RM_2\bullet + (n-2)M$$

경화도 증가

$$RM_2\bullet + (n-2)M \longrightarrow RM_3\bullet + (n-3)M$$

$$\longrightarrow RM_p\bullet + (n-p)M$$

(2) 접착제 필름(Film) 내의 UV 반응

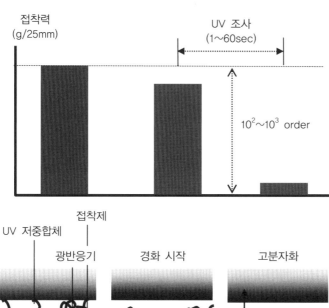

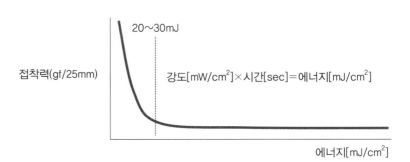

접착력(gf/25mm)

20~30mJ

강도[mW/cm^2]×시간[sec]＝에너지[mJ/cm^2]

에너지[mJ/cm^2]

3-4 공간 테이프(Space Tape)

① 사용 용도

동일한 칩(Chip) 적층 패키지 아래 칩(Chip) 금선에 훼손을 주지 않도록 공간을 확보하는 역할을 한다.

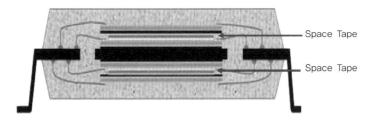

Space Tape

Space Tape

② 일반적인 구조

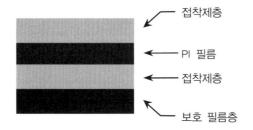

접착제층

PI 필름

접착제층

보호 필름층

③ 층(Layer)별 역할/요구 특성 및 구성 성분

(1) PI 필름

기초 재료(Base Material)로 테이프의 딱딱함(Rigidity)을 부여하며, 계수(Modulus)를 증가시켜 주는 역할을 한다. 유필렉스(Upilex) 등이 사용된다.

(2) 접착제층(Adhesive)

다이와 다이를 접착시키는 역할을 하며, 테이프 보급성(Tape Feeding) 및 칩(Chip)과의 적절한 점착력 특성이 요구된다. 에폭시(Epoxy), 고무(Rubber) 등이 사용된다.

(3) 보호 필름층(Protective Film)

접착제(Adhesive)층을 보호해 주는 역할을 하며 테이프 접착(Tape Attach) 공정 진행시 제거된다. PET 등이 사용된다.

4 공간 테이프(Space Tape) 제조 공정

접착제(Adhesive) 원재료 배합(Mixing) → 기초 재료(Base Film) 위에 접착제 도포(Adhesive Coating) → 기재 필름(Base Film)+접착제(Adhesive)층과 보호 필름 적층(Protective Film Lamination) → 제품 규격 크기별로 절단

3-5 LOC 테이프

1 사용 용도

리드 위의 칩(LOC, Lead On Chip) 테이프는 메모리반도체 패키지 내의 리드 프레임(Lead Frame)과 칩(Chip)을 접착시키는 고내열의 양면 접착 테이프이다.

2 일반적인 구조

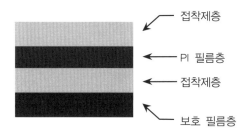

접착제층

PI 필름층

접착제층

보호 필름층

3 층(Layer)별 요구 특성 및 구성 성분

(1) PI 필름

기초 재료(Base Material)로 테이프(Tape)의 딱딱함(Rigidity)을 부여하며, 계수(Modulus)를 증가시키는 역할을 한다. 유필렉스(Upilex) 등이 사용된다.

(2) 접착제층(Adhesive)

칩(Chip)과 리드 프레임(Lead Frame)을 접착시키는 역할을 하며, 찌꺼기(Burr) 발생 억제(쳐냄성), 우수한 접착력 및 접착제의 균일한 흐름성, 실온 저장 안정성 등이 요구된다. PI 필름 양면에 접착되는 접착제 층은 패키지에서 요구되는 물성에 따라 동일 재료 사용 또는 이종 재료를 사용할 수 있다. 폴리이미드(Polyimide)계의 열가소성 접착제가 사용된다.

(3) 보호 필름층(Protective Film)

접착제(Adhesive)층을 보호해 주는 역할을 한다. PET 등이 사용된다.

4 LOC 테이프 제조 공정

접착제(Adhesive) 원재료 배합(Mixing) → 기재 필름(Base Film) 위에 접착제 도포 (Adhesive Coating) → 건조 → 재단(Slitting)[제품 규격 크기별로 절삭(Cutting)] → 숙성 및 경화

3-6 리드 고정 테이프(Lead Lock Tape)

1 사용 용도

리드 고정 테이프(Lead Lock Tape)는 QFP, TQFP 등 박형, 다 핀 리드 프레임(Pin Lead Frame)의 변형을 방지하기 위하여 사용되는 열경화성의 단면 폴리이미드 테이프 (Tape)이다.

2 일반적인 구조

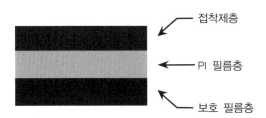

접착제층

PI 필름층

보호 필름층

③ 층(Layer)별 요구 특성 및 구성 성분

(1) PI 필름

기초 재료(Base Material)로 테이프의 딱딱함(Rigidity)을 부여하며, 계수(Modulus)를 증가시키는 역할을 한다. 유필렉스(Upilex) 등이 사용된다.

(2) 접착제층(Adhesive)

리드 프레임(Lead Frame)의 리드(Lead)들을 고정시키는 역할을 하며, 우수한 접착성 및 내열성 특성이 요구된다. 에폭시(Epoxy)계 접착제가 사용된다.

(3) 보호 필름층(Protective Film)

접착제(Adhesive)층을 보호하는 역할을 하며 테이프 접착(Tape Attach) 공정 진행 시 제거된다. PET 등이 사용된다.

④ 리드 고정 테이프(Lead Lock Tape) 제조 공정

접착제(Adhesive) 원재료 배합(Mixing) → 기재 필름(Base Film) 위에 접착제 도포 (Adhesive Coating) → 건조 → 재단(Slitting)(제품 규격 크기별로 절단) → 숙성 및 경화(LOC 테이프 제조 공정과 동일하며, 단면 접착층을 가진다는 차이점을 가지고 있음)

3-7 BOC 테이프

① 사용 용도

BOC(Lead On Chip) 테이프는 메모리 반도체 패키지 내의 반도체 기판(Substrate)과 칩(Chip)을 접착시키는 고내열의 양면 접착 테이프이다.

② 일반적인 구조

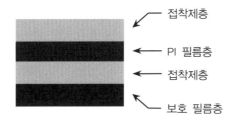

접착제층

PI 필름층

접착제층

보호 필름층

3 층(Layer)별 역할 및 요구 특성, 구성 성분

(1) PI 필름

기초 재료(Base Material)로 테이프의 딱딱함(Rigidity)을 부여하며, 계수(Modulus)를 증가시키는 역할을 한다. 요구에 따라 PI 필름은 사용되지 않을 수도 있다.

유필렉스(Upilex) 등이 사용된다.

(2) 접착제층(Adhesive)

칩(Chip)과 반도체 기판(Substrate)을 접착시키는 역할을 하며, 찌꺼기(Burr) 발생 억제(쳐냄성), 우수한 접착력 및 접착제의 균일한 흐름성, 실온 저장 안정성 등이 요구된다.

LOC 테이프와는 달리 에폭시(Epoxy), 아크릴(Acryl)계의 열경화성 접착제가 사용된다.

4 BOC 테이프 제조 공정

접착제(Adhesive) 원재료 배합(Mixing) → 기재 필름(Base Film) 위에 접착제 도포 (Adhesive Coating) → 건조 → 재단(Slitting)(제품 규격 크기별로 절단) → 숙성 및 경화(LOC 테이프 제조 공정과 동일함)

4 접착제(Adhesive)

4-1 봉지제(EMC)

1 봉지제(EMC)의 의미

(1) EMC(Epoxy Mold Compound)의 정의

EMC란 반도체 구성 재료인 실리콘 칩(Silicone Chip), 금선(Gold Wire), 리드 프레임 [Lead Frame(Substrate)]을 외부의 열, 수분, 충격 등으로부터 보호하기 위해 밀봉하는 에폭시 베이스(Epoxy Base)의 복합 재료(경화제, Silicone계 Filler 등 10여 종의 첨가제)로 반도체의 신뢰성 및 기능에 중요한 역할을 미치는 열경화성 수지[6]를 말한다. 몰드(Mold) 장비에 주입하기 위하여 원 기둥 형태의 태블릿(Tablet)으로 제공한다.

---

6) 일정 온도의 열을 받으면 점도가 낮아지다가 내부적으로 결합반응에 의한 Cross-Link 구조가 형성되면서 급격히 점도가 올라가고 반응이 완전히 완료되면 물리적·화학적으로 안정되어 기계적 강도가 높은 경화 물이 되는 수지(다시 열을 가해도 형태가 변형되지 않는 특성)

(2) EMC가 갖추어야 할 조건

① 외부 환경으로부터 내부 소자의 전기
  적 열화 방지
② 기계적 안정성 부여
③ 사용 중 발생되는 열의 효과적 방출

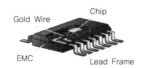

Gold Wire Chip
EMC Lead Frame

② 봉지제(EMC)의 성분과 기능

소 재	기 능	배합비
에폭시(Epoxy) 수지	기본 수지(Base Resin)로서 결합(Binder)의 역할	5~20
경화제(Hardener)	에폭시 수지와 반응하여 가교 결합 형성	5~10
촉매(Catalyst)	에폭시 수지와 경화제와의 반응을 소정시간 내로 촉진시켜 줌	1<
충진제(Filler)	열팽창계수, 열전도율, 역학적 강도 등을 조절	60~93
연결제	유기물과 무기물과의 결합력 향상	1<
저응력제(Modifier)	탄성률 저감에 의한 내부응력 저감제	5<
이형제(Wax)	반도체 소자 성형 이후 금형으로부터의 이형성 부여(작업성)	1<
유기 난연제	유기 난연제로서 난연성 부여	2<
무기 난연제	유기 난연제와 함께 사용되어 난연성 부여(Sb_2O_3)	0.5~3.0
착색제(Colorant)	착색	1<

위 표와 같이 에폭시(Epoxy) 수지가 전자 반도체 산업에 가장 광범위하게 사용되는 이유는 전기 절연성이 좋고, 다른 열경화성 수지(폴리에스테르, 페놀수지 등)보다 성형 수축률이 낮고, 접착성과 내열성이 우수하고, 성형 시 휘발성 가스와 같은 부산물이 없으며 내습성이나 내화학성이 좋기 때문이다.

③ 봉지제(EMC)의 요구 특성

① **성형성** : 유동성, 경화성, 이형성, 금형 오염성, 금형 마모성, 장시간 보존성 패키지 외관
② **내열성** : 내열안정성, 유리전이 온도(Tg), 열팽창성, 열전도성, 내열충격성(고온 및 저온의 반복 순환 과정상)
③ **내습성** : 흡습 속도, 포화 흡습량, 솔더링 후 내습성
④ **부식성** : 이온불순물, 분해가스
⑤ **접착성** : 실리콘 다이, 금속 리드 프레임, 다이 패드(보호막)
⑥ **전기 특성** : 각종 환경에서의 전기절연성, 고주파 특성, 대전성 등
⑦ **역학 특성** : 인장 및 굽힘 특성(강도, 탄성률, 변형률의 고온 특성), 강인성
⑧ **기타** : 마킹성, 난연성, 착색성

④ 봉지제(EMC) 구성 성분의 종류 및 특성

▌ EMC 원재료 - Epoxy Resin 종류 ▌

Properties	OCN	Biphenyl	Multi-Functional	Multi-Aromatic
원료 특성 연화점(융점) 점 도	무정형 구조 55~80℃ 1~6poise	결정성 구조 106℃ 0.2poise	무정형 구조 60~70℃ 0.5~3poise	혼합 구조 60℃ 0.6poise
EMC 주 특성	Normal EMC	High Filler용 EMC	High Tg용 EMC	Green용 EMC
EMC물성 특징 • Filler 함량 • 흡습률 • 접착력	Low(Max 84%) Normal Normal	High(Max 90%) Low High	Med(Max 86%) High Low	High(Max 88%) Low High
장 점	• 좋은 성형성 • 낮은 가격	• 높은 신뢰성 • High Filler 가능	• 열 안정성 • 무난한 성형성	• 높은 신뢰성 • Green EMC 대응
단 점	낮은 신뢰성	• 높은 가격 • 성형성 문제 • 저장 안정성	• 낮은 신뢰성 • 높은 가격	• 높은 가격 • 성형성 문제 • 저장 안정성
주 용도	• 범용 패키지 (Package) • DIP/SOIC/TSOP (LOC)	• 고급 패키지 (Package) • TSOP(Conv.)/BGA	• 특수 패키지 (Package) • BGA	• 차세대 패키지 (Package) • TSOP(Conv.)/BGA /Green PKG

(1) 에폭시 수지(Epoxy Resin)

① OCN(Ortho-Cresol Novolac)

$$\text{OCH}_2-\text{CH}\overset{\text{O}}{\diagup}\text{CH}_2 \quad \text{OCH}_2-\text{CH}\overset{\text{O}}{\diagup}\text{CH}_2 \quad \text{OCH}_2-\text{CH}\overset{\text{O}}{\diagup}\text{CH}_2$$

⊙ 가격이 저렴하며, 좋은 성형성(Moldabilty)을 갖은 표준형 에폭시(Epoxy)이며, 평균 분자량이 650 정도 되어, 비교적 점도가 높다.

⊙ 두께가 얇은 패키지를 봉지하는 데 있어서 OCN과 같은 고점도 수지로는 흐름성이 좋지 않기 때문에 성형(Molding) 자체가 어렵고, 또한 성형이 된다 하더라도 내습성 및 강인성의 척도가 되는 충진제의 함량을 어느 한도(보통 82~84%)이상 제어하기 힘들기 때문에 납땜(Soldering) 시 깨짐(Crack)이 발생하기 쉽다.

② 비페닐(Biphenyl)

$$CH_2-CH-CH_2O \quad \text{(biphenyl with } CH_3 \text{ groups)} \quad OCH_2-CH-CH_2$$

㉠ 에폭시(Epoxy) 수지 중 가장 낮은 점도를 가지며, 높은 접착력 및 내 깨짐 (Crack)성이 우수하다. 단점으로는 높은 접착력으로 인한 연속 작업성이 떨어지며, 가격이 높다. 점도가 낮은 특성을 이용해서 충진제를 중량 기준으로 90%까지 분산시켜도 얇은 패키지의 성형이 가능한 유동 특성을 갖는다.

㉡ OCN보다 가교 밀도가 낮아서 충격을 받았을 때 충진제를 많이 충진했음에도 불구하고 탄성 변형을 하여 깨짐 저항성이 좋다.

㉢ 가교 밀도가 낮아서 유리전이온도(T_g)는 OCN보다 20~30℃ 낮다.

③ 다기능 수지(Multi-Functional, TPM)

단위 공간당 경화제와 반응할 수 있는 에폭시의 관능기가 많은 수지로 OCN보다 가교 밀도가 높기 때문에 접착력이 우수하고, 유리 전이 온도(T_g) 역시 30℃ 이상 증대되어 고내열성의 특징을 갖는다. 그러나 가교 밀도가 높은 만큼 자유 체적이 증가하여 수분이 쉽게 흡습되기 쉬운 성질을 갖기 때문에 얇은 패키지에서는 납땜 (Soldering) 시 균열이 일어나기 쉬운 경향이 있다. PBGA와 같은 패키지나 고온 안정성이 요구되는 패키지에 적합한 편이다.

④ 다중 방향제 수지(Biphenyl Contained)

내흡습성이 좋으며, 높은 접착력을 갖는 수지로서 수지 자체가 난연성을 가지기 때문에 친환경 봉지제(Green Compound)의 기본 수지로 사용된다.

⑤ 기타

DCPD 및 나프톨(Naphthol) 종류가 있다.

⑥ 에폭시 수지(Epoxy Resin)의 특성

수지 (Resin)	점도 (Viscosity)	유리 전이 온도 (Tg)	흡습(Water Absorption)	접착력 (Adhesion)	탄성계수 (Modulus)
OCN	2	3	2	3	2
Biphenyl	5	6	4	1	4
Multifunc.	1	1	1	4	1
Naphthol	1	2	5	2	3
DCPD	3	4	3	2	3
Multiarom.	4	5	4	1	5

※ Ordered By Large Value of Each Item(Applied With Same Hardener)
　Value : 1>2>3>4>5

(2) 경화제 수지(Hardener Resin)

① PN(Phenol Novoloc)

가격이 저렴하고 성형성(Mold Ability)이 우수한 수지로 표준형 경화제이다.

② Xyloc

고가이나 높은 접착력을 가지며, 낮은 유리 전이 온도(Tg) 값과 낮은 흡습률, 낮은
탄성계수(Modulus)를 갖는 수지이다.

③ 다기능 수지(TPM)

고가이며, 높은 유리 전이 온도(Tg) 값과 높은 열저항성을 갖는다. 유리 전이 온도(Tg)가 높기 때문에 뒤틀림(Warpage) 대응에 유리하다.

④ 다중 방향제 수지(Biphenyl Contained)

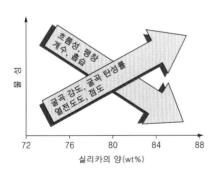

낮은 흡습률과 높은 접착력을 가지며, 높은 난연성을 가진 수지이다.

(3) 실리카(Silica)

① 실리카 제조 방법에 의한 구분

항목 (Item)	단위 (Unit)	결정 실리카 (Crystal Silica)	용융 실리카 (Fused Silica)	합성 실리카 (Synthetic Silica)
비 중	–	2.65	2.2	2.2
선팽창계수	/℃×10E-7	14	5.4	5.4
열전도율	cal/cm · sec · ℃	120~300	38~48	38~48
경 도	Mors	7	5	5
U-함량 (U-Content)	ppb	50~300	50~300	<0.2
자격(Cost)	Rate	1	2	10

고온에서 석영이나 규사를 완전히 용융시켜서 비정형(혹은 무정형)으로 가공한 실리카는 열팽창률이 아주 낮기 때문에 열충격에 강하고 전기 절연성이 높은 특성을 가지고 있다. 합성 실리카(Synthetic Silica)는 U 함량을 낮추기 위해서 인공적으로 합성한 실리카로서, A-광선(A-Ray)의 방출이 낮아서 고저장 장치(Memory Device)에 소프트 에러(Soft Error) 방지를 위해 사용된다.

한편 크리스털 실리카(Crystal Silica)는 열전도율이 높아서 열 방출을 필요로 하는 제품에 사용된다.

Filler Content	Low	High
Spiral Flow	Long	Short
Water Absorption	High (흡습이 잘 된다)	Low
CTE	High	Low
Modulus	Low	High

┃ Filler 함량과 EMC Property ┃

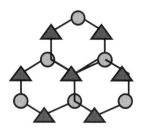
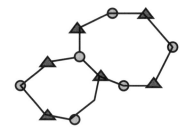

| Crystal | | Fused |

② 실리카(Silica) 모양에 의한 구분

항목(Item)	단위(Unit)	각상 실리카(Silica)	구상 실리카(Silica)
봉지제(EMC) 점도	비율	1	<0.5
성형(Mold) 마모	비율	1	0.1
칩 충격(Stress on Chip)	비율	1	0.6
내납땜 꺼짐(Solder Crack)	–	좋음	나쁨

각상 실리카(Silica)는 구상 실리카에 비해 봉지제(EMC) 점도가 높으며, 성형
(Mold)의 마모 및 칩에 충격(Stress)을 주는 단점이 있으나, 내깨짐(Crack)성은 구
상 실리카에 비해 좋은 특성이 있다.

SEM Photograph

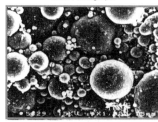
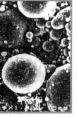
820 to be 100 ←→ 10μm

| 구상 | | 각상 |

(4) 연결제(Coupling Agent)

연결제는 무기물 충진제인 실리카(Silica)와 유기물인 수지를 화학 결합으로 연결시켜
준다.

유기질-무기질 간의 이질적인 경계면은 어떠한 상호 결합력도 존재하지 않기 때문에
결합제 없이 봉지제(EMC)를 만든다면 실리카는 에폭시 수지 속에서 균일하게 분산되기
어려워 뭉치거나 엉겨 버릴 것이다.

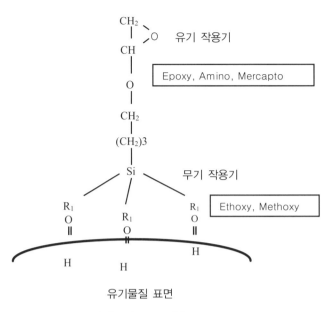

┃에폭시 구조 예┃

(5) 첨가제(Additive)

① 왁스(Wax)

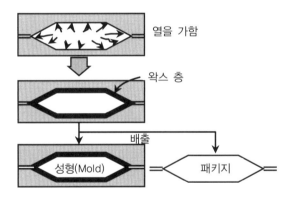

┃이형 방법(Releasing Mechanism)┃

그림과 같이 왁스(Wax)는 성형이 되면서 패키지 외부로 방출, 윤활작용으로 성형된 패키지와 금형 틀(Cavity)과의 이형을 시켜주는 기능을 한다. 그리고 또 하나의 기능은 봉지제(EMC) 제조 공정 시에 내부 윤활제의 역할을 한다. 상온에서 고체 상태인 에폭시 수지와 경화제를 분쇄해서 실리카 등의 분말 등과 혼합하고 훈련시키는 과정에서 엉김 없이 각 성분을 균일 분산시켜 주는 역할을 한다.

② 난연제(Frame Retardant)

$$Sb_2O_3+2HBr \longrightarrow 2SbOBr+H_2O\uparrow \longrightarrow$$
$$Sb_{(n-1)}+O_nBr \text{ 또는 } nSb_{(n-2)}O_{(n-1)}+SbBr_3(Gas)\uparrow$$

난연제로 많이 사용되는 물질은 브롬 에폭시와 산화 안티몬을 병용하여 사용되는데 브롬 안티몬을 생성하면서 가연성 물질의 연소열을 감소시키고 산소를 차단하는 역할을 하여 난연성을 확보한다. 최근에 유럽을 중심으로 브롬이나 염소와 같은 난연제가 연소 시에 맹독성 발암물질을 만드는 이유로 규제되기 때문에 할로겐계가 아닌 무기제 난연제나 충진제(Filler) 함량을 증대하는 방법으로 난연성을 확보하고 있다.

③ 기타

반투명하고 누런 봉지제(EMC)의 색상이 미관상 좋지 않고, 자외선이나 열로부터 보호하여 봉지제 표면이 변색되거나 노화되는 것을 방지하며, 레이저 마킹을 위해서 착색제가 사용된다. 보통 봉지제에서는 카본 블랙(Carbon Black)을 사용한다.
또한 단단하나 깨어지기 쉬운 봉지제(EMC)의 내충격성 개선을 위해서 저응력제 (Low Stress Additive)가 사용되며, 염소나 브롬과 같은 이온물이 유리되어 활동도가 증가되면 알루미늄 패드의 부식으로 신뢰성을 떨어뜨리므로 유리 이온을 포착하는 첨가제 등이 사용된다.

5 봉지제(EMC) 제조 공정

봉지제(EMC) 제조 공정의 순서를 보면, 각 원료를 배합(Recipe)에 맞게 계량하고, 실리카(Silica) 분말을 크기 분포별로 2~3개 종류를 혼합한 후에 결합제인 실란으로 표면처리를 한다. 한편 소량의 첨가제, 왁스 등을 경화제와 볼 제분(Ball Milling)으로 혼합해 놓는다. 분쇄된 에폭시 수지와 실란 처리된 실리카 및 경화제 혼합물을 전부 혼합하여 균일하게 섞는다. 이 상태에서는 아직 어떠한 경화 반응도 일어나지 않은 채로 단순히 봉지제(EMC)의 모든 원료가 입자 상태로 혼합되어 있는데, 경화 과정상 A-상태 (A-Stage)라고 부른다.

다음에 혼합기(Kneader)를 사용해 혼합 및 용융을 시킨다. 혼합기의 내부 온도는 에폭시의 연화점이나 실리카 양에 따라 차이가 나지만 보통 100~120℃ 정도로 제어된다.

혼련이 끝난 상태를 보통 B-상태(B-Stage)라고 한다. 혼련이 끝나면 일정 직경의 노즐을 통하여 B-상태의 봉지제(EMC) 중간물이 압출되고, 냉각판을 통과시켜서 급랭시킨다. 판상의 봉지제는 미세하게 분쇄해서 분말로 가공을 한 후 다시 분말 상태로 균일 혼합을 하는데, 이 과정에서 필수적으로 분말 속에 섞여 있는 미세한 철가루 등을 제거한다.

최종적으로 성형의 편의성을 위해 적절한 크기의 원통형으로 타정한다.

원료 계량 　 원료 혼합 　 용융 　 냉각

타정 　 분말 혼합 　 파쇄

4-2 　 접착제(Paste)

① 접착제의 의미

　반도체 패키지에 사용되는 접착제는 칩(Chip)과 기판(Substrate) 혹은 리드 프레임(Lead Frame)을 붙일 때 사용하는 접착제를 의미하며, 에폭시 수지(Epoxy Resin)와 실리콘(Silicon) 계열이 주로 사용되고 있다. 본 교재에서는 FBGA 패키지에 주로 사용되는 에폭시 수지와 B-상태 수지(B-Stage Epoxy)에 대해서 알아보기로 한다.

반도체 칩
접착제
기판

② 에폭시 수지(Epoxy Resin)

　에폭시 수지라 함은 분자 구조식($-\overset{\overset{\text{O}}{\diagup \diagdown}}{C-C}-$)에와 같은 반응기(Reactive Group)에 한 개의 산소 원자와 2개의 탄소 원자가 결합된 에폭사이드(Epoxide)기가 유기화합물(Organic Compound)에 포함되어 있는 것을 말한다.

❘ 기본 조성 ❘

조 성	기 능
레진	부착력 조절(Adhesion)
유연화제	경화도 조절[Reduce Cross-Link Density(Hardness)]
경화제	경화(Initiate/Catalyze Curing)
경화촉진제	경화 반응 속도 조절(Reduce Cure Time/Temperature)
솔벤트	점도 조절(Reduce Viscosity)
접착촉진제	부착력 조절(Adhesion)
공간확보제	일정 두께로 도포되게 함(Bond Line Control/Minimize Die Tilt)
중진제	기본 물성 조절(Rheology, Workability and CTE Control)

③ 구조상의 분류

(1) 유기 접착제(Inorganic Paste)

유리(Glass)가 접착제 기능을 한다.

(2) 고분자 접착제(Paste)

단분자 수지(Monomer Resin)를 반응시켜 고분자 구조(Polymer Structure)를 형성한다.

① 열경화성 수지

수지의 단분자(Monomer)가 가열 성형된 후 삼차원 망상구조(Cross-Link Structure)를 가지며 다시 가열하여도 연화되지 않는다.

② 열가소성 수지

가열에 의해서 가소성을 나타내는 수지로서 선형 고분자(Linear Polymer)의 구조를 가진다.

‖ 열경화성 고분자(Cross-Link Polymer) ‖　　　‖ 열가소성 고분자(Linear Polymer) ‖

④ 기능상의 분류

(1) 전도성 접착제(Paste)

은(Silver)과 같은 전도성을 띠는 무기 충진제(Inorganic Filler)를 첨가하여 접착제가 전기적 전도성을 띤다.

(2) 비전도성 접착제(Paste)

실리카(Silica)와 같은 비전도성의 무기 충진제를 첨가시켜 접착제 전체가 절연성을 띤다.

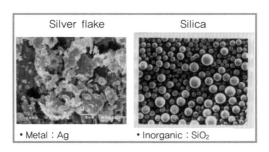

⑤ 상태상의 분류

A-상태 (A-Stage)	상온에서 끈적임을 가지나 접착력은 없는 상태
B-상태 (B-Stage)	일정한 온도에서 끈적이며 접착력을 가질 수 있는 상태
C-상태 (C-Stage)	완전 경화되어 더 이상 화학적 특성이 변하지 않는 상태

(1) B-상태

에폭시 수지(Epoxy Resin)와 경화촉진제의 반응에 의한 가교(Cross Linking)가 시작되지 않는 '온도(저온)와 시간' 조건에서 희석제(Diluents)를 증발시켜 상온에서는 끈적이지 않고 일정한 온도 이상에서 끈적이며 접착력을 가질 수 있는 상태를 B-상태(B-Stage)라 한다.

이렇게 B-상태(B-Stage)된 접착제는 상온에서는 접착력을 가지지 않으나 일정 수준의 온도와 압력(Bonding Force)을 가할 경우 녹아서 접착성을 가지며 경화반응이 시작된다. 즉, 반죽(Liquid) 상태에서 고체(Solid) 상태로 물리적 변화(건조)만 시킨 다음 열을 가함으로써 화학적 반응(경화)을 일으키게 된다.

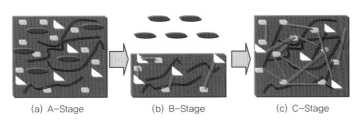

(a) A-Stage   (b) B-Stage   (c) C-Stage

‖ A → B → C Stage 메커니즘 ‖

(2) A → B 상태(Stage)

내부의 용제(Solvent)가 증발하고, 에폭시(Epoxy)와 경화제(Hardener) 간 2차원 공유 결합이 형성된다.

(3) B → C 상태(Stage)

에폭시와 경화제 간 3차원 공유 결합이 형성된다.

$$\underset{\text{Epoxy}}{\overset{\text{CH}\quad\text{CH}_2}{\diagdown\diagup}}\quad + \quad \text{HO} - \langle\bigcirc\rangle\diagdown$$

$$= \quad \overset{\text{CH} - \text{CH}_2 - \text{O} - \langle\bigcirc\rangle}{\underset{\text{OH}}{|}}$$

▌각 성분의 경화도별 상태 ▌

Stage of Adhesive		A-Stage	B-Stage	C-Stage
〜	액상 탄성중합체	변화 없음	←	←
●	솔벤트	변화 없음	증발됨	–
▪	에폭시	변화 없음	조금 반응	완전 반응
◺	경화제	변화 없음		

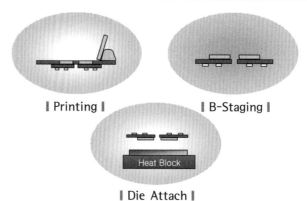

▌Printing ▌   ▌B-Staging ▌

▌Die Attach ▌

● Spiral Flow ●

온도 및 압력에 의해 유동성을 가지면서 흐를 수 있는 길이 측정(EMMI-1-66 표준규격으로 측정)

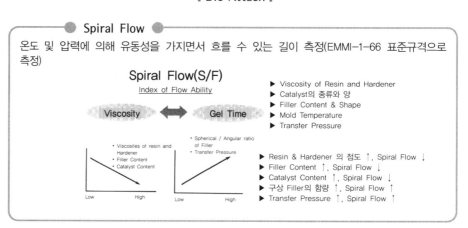

Spiral Flow(S/F)
Index of Flow Ability

Viscosity ⟷ Gel Time

▶ Viscosity of Resin and Hardener
▶ Catalyst의 종류와 양
▶ Filler Content & Shape
▶ Mold Temperature
▶ Transfer Pressure

- Viscosites of resin and Hardener
- Filler Content
- Catalyst Content

- Spherical / Angular ratio of Filler
- Transfer Pressure

▶ Resin & Hardener 의 점도 ↑, Spiral Flow ↓
▶ Filler Content ↑, Spiral Flow ↓
▶ Catalyst Content ↑, Spiral Flow ↓
▶ 구상 Filler의 함량 ↑, Spiral Flow ↑
▶ Transfer Pressure ↑, Spiral Flow ↑

Low High   Low High

● Gel Time ●

EMC의 경화속도 측정방법으로 경화도가 25%가 되는데 걸리는 시간을 말한다. 또, 175℃ Hot plate에서 유동성을 가지는 시간이기도 하다.

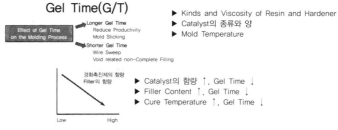

Gel Time(G/T)

Effect of Gel Time on the Molding Process

Longer Gel Time
Reduce Productivity
Mold Sticking

Shorter Gel Time
Wire Sweep
Void related non-Complete Filling

▶ Kinds and Viscosity of Resin and Hardener
▶ Catalyst의 종류와 양
▶ Mold Temperature

경화촉진제의 함량
Filler의 함량

▶ Catalyst의 함량 ↑, Gel Time ↓
▶ Filler Content ↑, Gel Time ↓
▶ Cure Temperature ↑, Gel Time ↓

Low High

→ Gel Time이 짧아질수록, In-Complete Filling에 따른 Void 발생 및 Wire Sweeping 가능성 높아짐.

4-3 웨이퍼 뒷면 적층 테이프(WBL Tape)

1 웨이퍼 적층 테이프(WBL Tape)의 의미

반도체 패키징에 사용되는 접착제의 일종으로 웨이퍼 뒷면 적층 테이프(Wafer Backside Lamination Tape)의 약어로 기존의 반도체 재료인 절삭 테이프(Dicing Tape) 와 접착 필름(Adhesive Film) 또는 에폭시 접착제(Epoxy Paste)를 일체형화 한 필름이다.

2 일반적 구조

웨이퍼 뒷면 적층 테이프(WBL Tape)의 상세 구조는 제조사에 따라 약간의 차이는 있지만 일반적으로 아래 그림과 같은 3층 구조를 가진다.

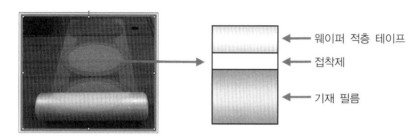

웨이퍼 적층 테이프
접착제
기재 필름

3 공정에 따른 웨이퍼 뒷면 적층 테이프(WBL Tape) 적용의 이해

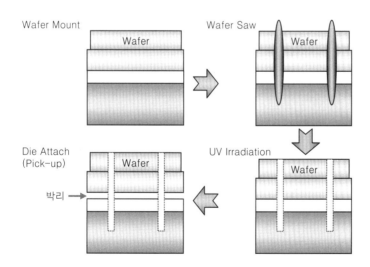

④ 각 층(Layer)별 요구 특성 및 물성

(1) 기본 필름층(Base Film Layer)

① 요구 특성

과거 기재 필름(Base Film)은 PVC(Poly Vinyl Chloride) 필름이 주종을 이루었으나 PVC 고분자 사슬의 Cl기는 이온 이동(Ion Migration)이 심한 물질로 제품의 부식 문제 및 가소제 전사로 인한 오염 문제를 야기한다. 이에 최근에는 PO 필름으로 대체되고 있는 추세이다.

PO(Poly Olefin) 필름은 PE(Ploy Ethylene), PP(Poly Propylene) 등을 일컫는 고분자로 그 구조식을 보면 아래와 같다.

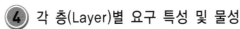

$$\left[\begin{array}{c} H_2 \ H_2 \\ C - C \end{array}\right]_n \qquad \left[\begin{array}{c} H_2 \ H \\ C - C \\ | \\ CH_3 \end{array}\right]_n \qquad \left[\begin{array}{c} H_2 \ H \\ C - C \\ | \\ Cl \end{array}\right]_n$$

❙ PE ❙   ❙ PP ❙   ❙ PVC ❙

② 요구 물성

기재 필름은 웨이퍼 절삭(Wafer Sawing) 시 발생되는 열을 견디지 못해 발생되는 테이프 찌꺼기(Tape Burr)를 극소화시키기 위한 내열성을 요구한다. 또한 다이 접착(Die Attach) 공정에서 최적 팽창(Expanding)을 위한 연신 및 탄성 특성을 나타내야 하며 이러한 팽창 공정 중 칩 간 불균일한 간격, 칩의 비산 등의 불량 방지를 위해 등방 연신 특성도 요구된다.

마지막으로 웨이퍼 붙임(W/M) 공정에서 투명도(Haze Value)를 가짐으로써 장비상의 감지(Sensing) 및 정렬(Alignment)의 정확도를 높일 수 있도록 요구된다.

(2) 접착층(Adhesive Layer)

① 요구 특성

물, 용제, 열 등을 사용하지 않고, 상온에서 단시간 작은 압력을 가하여도 접착이 가능하며 박리 시 피착물의 오염 없이 쉽게 떨어져야 한다.

다시 말해 하층의 기재 필름(Base Film)과의 접착력 및 경화 후 상층의 웨이퍼 뒷면 적층 테이프(WBL Tape)와의 원활한 박리 특성을 지녀야 한다.

② 요구 물성

접착층(Adhesive Layer)은 절삭(Sawing) 공정 중 발생되는 열에 의한 불량 방지를 위한 강한 내열성과 함께 절삭 날(Sawing Blade)의 오염과 절삭 시 다이 떨어짐(Flying Die)을 방지하기 위한 물성이 요구된다.

이와 함께 가장 중요한 물성은 절삭 시에는 강한 부착 유지력, 다이 들어올림(Die Pick-Up)시에는 약한 계면 박리력 균형 유지가 요구된다.

이러한 접착제들은 박리력 감소 방법에 따라 UV 경화형, 열(Thermal) 경화형, 발포형으로 나눌 수 있다. 특히 UV 경화형 점착제가 시간 대비 박리력 감소 속도가

semiconductor package

가장 빠르므로 가장 일반적으로 쓰이고 있다.

UV 경화형의 접착제로 아크릴계가 주로 사용 되는데 이는 내열성이 좋고, 단분자(Monomer)와 중합법에 따라 구조 및 물성 제어가 쉽기 때문이며, 순수(DI Water) 알코올 등 유기용제에 의한 청정 세정성이 우수하기 때문이다.

(3) 웨이퍼 뒷면 적층 테이프층(WBL Tape Layer)

① 요구 특성

웨이퍼(Wafer)와의 강한 접착력 및 반도체 제품에 적합한 신뢰성을 보유해야 하며, 작업성 측면에서 경화 속도 및 유동성 특성도 겸비해야 한다.

② 요구 물성

웨이퍼 뒷면 적층 테이프 층(WBL Tape Layer)은 에폭시 수지(Epoxy Resin), 열가소성과 열경화성(Thermoplastic & Thermoplastic), 경화제, 충진제(Filler)가 조성의 주축을 이루고 있으며 제조사에 따라 그 조성과 소량의 첨가제가 조금씩 달라지는데 이를 얼마나 잘 조절하느냐가 웨이퍼 뒷면 적층 테이프(WBL Tape) 제조의 기술력이다.

열가소성(Thermoplastic) 또는 열경화성 수지(Thermoset Resin)로 이루어진 접착제로 사용되는 웨이퍼 뒷면 적층 테이프(WBL Tape)는 70℃ 이하에서 웨이퍼 마운트가 가능해야 한다. 최근에는 열가소성 접착제와 열경화성 접착제의 장점을 결합시켜 고분자 합성(Polymer Alloy)이라는 재료 설계(Material Design)로 전환되고 있는 추세이다.

⑤ 각 층들의 물성 조절(Properties) 컨트롤

① 에폭시(Epoxy), 경화제 종류의 선택[경화 후 높은 유리 전이 온도(High Tg), 낮은 용융점도, 저흡습]과 열가소성(Thermoplastic), 열경화성(Thermoset)의 조성 비율, 충진제(Filler)(입자 크기, 표면 처리 유무, 충진양) 등에 따라 아래 그림과 같이 3가지 특성을 조절할 수 있다.

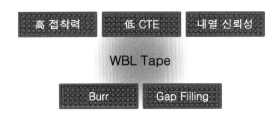

② 찌꺼기(Burr)를 억제하기 위한 기재 필름(Base Film)의 내열성 확보와 접착층의 내열성, 응집력 증가가 필요하다. 또한 채움(Gap Filling)성을 위한 저용융점도의 에폭시(Epoxy), 경화제 종류의 선택, 경화 속도의 조절(높은 반응 시작 온도, 빠른 경화 반응) 및 흐름성이 좋은 충진제(Filler)의 선택으로 앞의 그림의 두 가지 특성을 조절할 수 있다.

⑥ 웨이퍼 뒷면 적층 테이프(WBL Tape)가 제조되어 사용되기까지의 방법

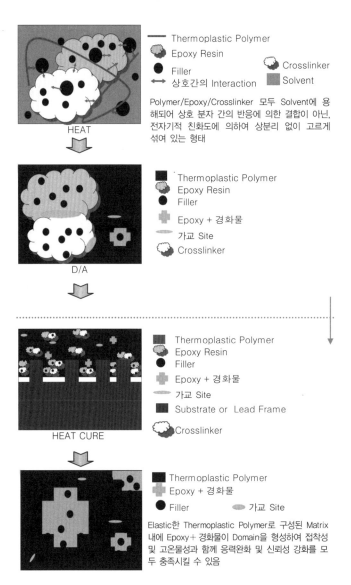

Polymer/Epoxy/Crosslinker 모두 Solvent에 용해되어 상호 분자 간의 반응에 의한 결합이 아닌, 전자기적 친화도에 의하여 상분리 없이 고르게 섞여 있는 형태

Elastic한 Thermoplastic Polymer로 구성된 Matrix 내에 Epoxy＋경화물이 Domain을 형성하여 접착성 및 고온물성과 함께 응력완화 및 신뢰성 강화를 모두 충족시킬 수 있음

⑦ 접착 방법

(1) 기계적 맞물림(Mechanical Interlocking)

피착제의 표면에 존재하는 표면 요철이 접착제와 피착제 간 접착력을 형성하고, 평평한 표면보다는 피라미드 구조 혹은 수지상 구조의 표면을 가지는 재료가 접착력이 높다.

(2) 확산(Diffusion)

열역학적으로 상용성이 있는 고분자계면 사이에서 고분자 사슬의 확산에 의해 계면에 사슬 엉킴이 발생하여 접착력을 형성한다.

상용성이 없거나, 접착 조건이 유리 전이 온도 이하이거나, 피착제가 금속 및 무기물인 경우 확산이론은 적용 불가하다.

(3) 정전기(Electrastic)

두 물질이 접착하는 경우 서로의 페르미 준위를 맞추기 위해 이동하며, 이러한 전하의 이동에 따라 접착 계면에서 전기적 이중층이 형성되면서 접착력을 형성한다.

금속 · 고분자 · 금속 간 접착에서는 이론에 의해 예견되는 접착력이 실제 실험값에 비하여 미미함을 보여 준다.

(4) 흡착(Adsorption)

두 물질 사이에 분자적 접촉에 따른 표면인력에 의해 두 물질 간 접착력이 형성되는 이론으로 상호 확산이 없는 고분자와 금속, 고분자와 무기물 간의 접착에 잘 적용된다.

※ 위 4가지 접착 방법으로 설명할 수 있는 경우는 소수에 불과하며, 접착 현상은 여러 방법의 복합된 현상으로 이해할 수 있다.

4-4 코팅액(Coating Material)

① 코팅(Coating)의 의미

긴 금선 루프 형태(Long Wire Loop Mode)로 금선 접합(Wire Bonding)이 되는 제품의 경우 성형(Mold) 시 금선 휨/붙음(Wire Sweeping/Short) 불량이 발생하는데, 이를 방지하기 위해 코팅액(Coating Material)을 사용하여 금선 접합(Wire Bonding) 시의 루프 모양(Loop Shape) 그대로 고정시킨다.

② 코팅액의 특성

일반적으로 에폭시(Epoxy)와 실리콘(Silicone) 형태 2가지가 있다.

❚ 주요 물성 ❚

변 수	단 위	값
Description(명칭)		DRAM-grade Encapsulant
One or Two Part		1
Color(색)		Black
Physical Form(물리적 형태)		Low Viscosity, dispensible Liquid, Cures to Elastomer
Viscosity/Flowability(점도/흐름성)	Poise or dPa-s	82
Durometer	Shore A	52
Specific Gravity(비중)		1.3
Cure Time at 150℃(302°F)(경화시간)	minutes	30
Young's Modulus	mPa	2.8
CTE	micron/m/C	205
Dielectric Strength	volts/mil	500
Dielectric Constant at 100Hz/1MHz		2.9/2.9
Volume Resistivity(부피 저항)	ohm-cm	3.1 E+14
Dissipation Factor at 100Hz/1MHz		0.0005/0.0002
Na 함량	ppm	<1
K 함량	ppm	<1
Cl 함량	ppm	<2

③ 코팅 공정 시 주의사항

코팅 경화(Coating Cure) 후 성형(Mold) 전 필히 플라즈마(Plasma) 세척 처리를 하여, 코팅액(Coating Material)과 봉지제(EMC Material)와의 접착력을 높여 주어야 한다.

플라즈마 세척 미진행 시 코팅·봉지제 계면에 박리(Delamination)가 발생한다.

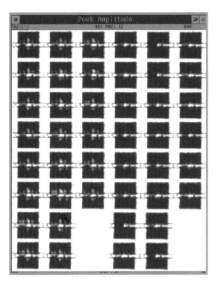

| SAT Image |

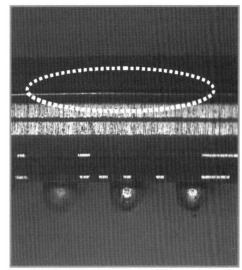

| Section Image |

평행 적층(Planner Stack)의 경우 중심(Center) 부위의 다이(Die) 위 코팅이 미도포된 부분에 PIQ 손상이 발생한다.

| 완전 코팅으로 공정 조건 변경 및 코팅 미진행 |

5 금속(Metal)

5-1 금선(Gold Wire)

1 금선의 의미

(1) 금선의 정의

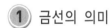

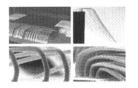

칩(Chip)의 전극(Pad)과 반도체 기판(Substrate)의 전극(Lead) 간의 인터커넥션(Inter-connection)에 사용되는 물질(Material)로 일반적으로 Au의 순도는 99.99%(4N)를 사용하며, 0.01%는 사용자가 원하는 특성에 맞게 불순 혼합물이 포함된다.

(2) PKG에서 금선을 사용하는 이유

① 늘리고 뽑고 자유자재로 할 수 있는 특성

　㉠ 1g 금으로 3km의 금실을 뽑을 수 있음.

　㉡ 높은 전성(얇게 펴지는 성질)과 연성(길게 늘어나는 성질)

② 절대 변하지 않는 신뢰성

　㉠ 공기나 물에서 변화가 없음.

　㉡ 강산, 강염기에도 녹지 않음.

③ 우수한 전기 전도도

　㉠ 우수한 전기 전도도(은의 67% 수준)

　㉡ 전기 전도도 : 은>구리>금>크롬>알루미늄

(3) 금선의 물성

금선의 물성을 평가하는 테스트 데이터(Test Data)로는 연신율(Elongation), 인장 강도(Tensile Strength)[또는 파괴 하중(Breaking Load)] 등이 있다. 이외 질김성(Toughness), 항복 강도 (Yield Strength) 등이 있다.

┃금선의 물성치에 대한 정의, 단위를 인장 실험 곡선과 비교┃

물 성	단 위	설 명
파괴 하중	gr · f	와이어를 양쪽에서 당겨 끊어질 때의 힘
인장 강도	gr · f/mm^2	파괴 하중 값을 면적당으로 나타낸 값(인장 강도라고 함)
변형률	%	원래 길이에서 늘어난 길이 정도
항복 강도	gr · f/mm^2	전단 변형이 일어나는 임계강도(항복 강도라고 함)
인성(질김성)	−	재료가 외부의 힘으로 갈라지거나 늘어지지 않고 견디는 성질

▶ HAZ(Heat Affected Zone) ◀

FAB(Free Air Ball)를 만들기 위한 EFO 방전 시 열에 의해 결정구조가 비정질로 바뀌는 부분. 루프 길이(Loop Height) 및 볼 목 강도(Ball Neck Strength)에 영향을 줌.

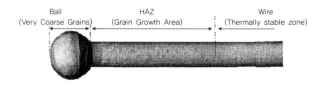

Ball (Very Coarse Grains)　　HAZ (Grain Growth Area)　　Wire (Thermally stable zone)

② 용어 정리 및 인장 실험 곡선(Tensile Test Curve)

이번 항목에서는 금선(Gold Wire)의 물성치에 대한 정의, 단위를 인장 실험 곡선(Tensile Test Curve)과 비교하여 설명하고자 한다.

질김성(Toughness)은 질김 정도를 나타내는 것으로 아래 그래프에서 볼 때 굵은 선 내의 면적을 의미한다. 면적이 넓을수록 외부 힘에 대한 대항성이 높아지며, 반면에 면적이 좁을수록 외부 힘에 의해 쉽게 절단됨을 알 수 있다.

아래 그래프는 진변형(True Strain)과 진응력(True Stress)을 나타낸 것으로 와이어의 특성을 쉽게 파악할 수 있다. 그래프는 탄성역(Elastic Range), 일정한 플라스틱 변형 구간(Range Of Uniform Plastic Deformation), 비일정한 플라스틱 변형 구간(Range Of Non Uniform Plastic Deformation) 영역으로 나뉜다.

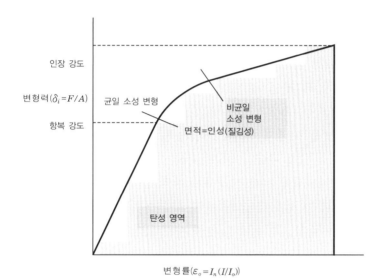

탄성역에서는 물질은 외부 힘이 사라지면 원래의 상태로 복귀될 수 있으며, 탄성 영역이라고 한다. 응력(Stress)이 항복 강도(Yield Strength)를 넘어서면 외부 힘이 사라져도 원래 상태로 복귀될 수 없는 소성 변형 영역이 된다.

소성 변형 영역은 크게 두 개의 영역으로 나뉘는데, 일정한 와이어(Wire) 굵기를 유지하면서 늘어나는 일정한 플라스틱 변형(Uniform Plastic Deformation) 영역과 굵기가 변하면서 늘어나는 비일정한 플라스틱 변형(Non-Uniform Plastic Deformation) 영역으로 나뉜다. 비일정 플라스틱(Non-Uniform Plastic) 영역의 끝이 파단점(Break Point)이며 이때 걸린 힘이 파괴 하중(Breaking Load)이다.

기울기는 각 물질의 고유한 성질에 따라 달라지며, 질김성(Toughness) 역시 물질마다 달라진다. 예를 들어 유리의 경우 기울기는 급경사를 이루겠지만 약간 늘어나면서 깨질 것이다. 그렇기 때문에 질김성을 나타내는 면적은 아주 좁다. 반면에 고무줄의 경우 기울기는 아주 완만하겠지만 많이 늘어난 후 끊어진다. 그러나 이것 역시 질김성은 낮다.

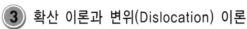

3 확산 이론과 변위(Dislocation) 이론

금선(Gold Wire) 자료를 보면 확산(Diffusion Theory) 및 변위 이론(Dislocation Theory)에 대한 간단한 내용들이 있는데, 사실 이러한 이론은 재료역학을 전공하지 않은 비전공자들에게는 이해가 잘 되지 않는 부분이다.

이러한 이론들이 금선(Gold Wire)과 무슨 연관성이 있는지 의문을 가진 엔지니어도 있을 것이다.

이번 항목에서는 간단하게 이런 이론이 어떤 것인지에 대해 설명하고 금선에서 이 이론을 어떻게 이용하는지에 대해 살펴보기로 한다.

금선이 실제 와이어 본딩 공정(Wire Bonding Process)에 적용될 경우 크게 두 가지의 문제에 직면하게 된다.

첫째가 칩 패드(Chip Pad)와의 접착성 문제이다.

이 부분을 설명하기 전에 간단하게 확산이론에 대해 설명하겠다.

물질은 저마다 고유한 확산 속도를 가지고 있다. 예를 들어 금(Au)의 확산계수(D_0)는 0.091이고 알루미늄(Al)의 확산계수는 2.25이다.

아래 그림과 같이 확산 속도가 높은 금속(Metal) B와 속도가 낮은 금속(Metal) A를 결합시키고 충분한 열을 가하자. 열을 가하게 되면 원자는 자유에너지(ΔGm) 벽을 넘어 자유로이 이동할 수 있게 된다. 그러면 확산 속도가 높은 금속의 원자가 빠른 속도로 확산도가 낮은 금속으로 옮아간다. 따라서 초기의 접합선(Weld Line)이 Dx만큼 금속 B 쪽으로 옮아가게 된다.

이것은 금속 B에서 금속 A로 보다 많은 원자가 옮겨진 것을 의미한다.

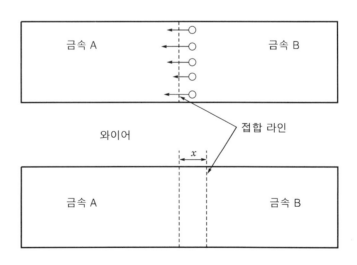

금선(Gold Wire)이 칩 패드(Chip Pad)에 결합(Bonding)되면 아래 그림과 같이 5종류의 금속 간 화합물(Intermetallic Compound)이 형성된다.

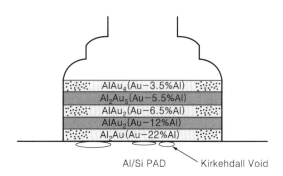

Al/Si PAD   Kirkehdall Void

칩 패드(Chip Pad)는 알루미늄-실리콘(Al-Si) 1%로 이루어졌으며, 알루미늄(Al)은 앞의 확산계수로 보아 금(Au)보다 확산 속도가 높은 물질이다. 접합 시 받은 높은 온도로 인해 자유로워진 알루미늄(Al) 원자는 확산 속도가 낮은 금(Au) 쪽으로 옮아가게 된다. 물론 알루미늄(Al) 쪽에 가까울수록 알루미늄(Al) 원자의 분포는 많아질 것이고 멀수록 낮을 것이다. 금(Au) 쪽으로 옮아간 알루미늄(Al) 원자들이 금(Au) 원자와 화학적 결합을 통해 5종의 화합물을 형성한 것이다.

알루미늄(Al) 원자 분포가 많은 곳에선 2가알루미늄금(Al_2Au) 화합물을, 분포가 적은 곳에선 알루미늄사가금($AlAu_4$) 화합물을 만들었다.

이들 화합물은 각기 저마다의 고유한 특성을 나타낸다.

2가알루미늄금화물($AlAu_2$)은 백색 막(White Plague)라고 불리는 부서지기 쉬운 성질의 화합물이나 신뢰성에 큰 영향은 주지 못한다. 2가알루미늄금(Al_2Au)은 보라색 막(Purple Plague)라고 불리는 전기전도성 및 기계적 성질이 좋아 접합을 강하게 해주는 화합물이다.

이러한 금속 간 화합물(Intermetallic Compound)의 특성 및 발생 비율에 따라 칩 패드(Chip Pad)와 와이어 간의 접착력에 차이가 난다.

참고로 커켄달(Kirkendall) 공간(Void)은 금(Au)과 알루미늄(Al) 간의 확산 속도의 차이에 의해 발생되는 것으로 특히 두 물질의 접착면에서 주로 발생되며, 여기서는 알루미늄(Al) 원자가 빠져나간 공간이라고 보면 된다.

$$D = D_0 \exp(-Q/RT)$$

여기서, D : 온도에 따른 확산계수

D_0 : 확산계수

Q : kcal/mol

$$D_{AU} = 0.091 \exp[(41.900 \pm 300)/(1.987 \times 523)]$$
$$= 2.195 \times 10^{-19} \mathrm{cm^2/sec}$$
$$D_{Al} = 2.25 \exp[(-34.900)/(1.987 \times 523)]$$
$$= 5.85 \times 10^{-15} \mathrm{cm^2/sec}$$

재료역학에서 금속의 성질 특히 강도를 설명하는 데 주로 '변위(Dislocation) 이론'을 적용한다.

우리는 막연히 금속을 구성하는 원자들이 꿀벌의 집처럼 차곡차곡 질서 정연하게 자리하고 있을 것이라고 생각할 것이다. 그러나 실제 금속 원자들의 구성을 보면 구석구석에 틈이 있고 이러한 틈이 모여 띠 같은 모양이 된다(금속 결합은 공유결합이나 이온결합에 비해 결합력이 약하다는 것을 염두해야 함).

이러한 띠를 변위(Dislocation)이라고 한다. 이 띠는 그냥 그대로 제 위치에 고정되지 않고 살아 움직이듯이 여기저기 옮겨 다닌다. 물론 이 띠는 하나만 있는 것이 아닌 2개 이상이 존재하며 이들은 서로 만나 커지기도 소멸되기도 한다. 이들은 또한 자석같이 서로 밀어내고자 하는 성질을 가진다.

중요한 것은 이러한 띠들의 움직임이 강도에 주요한 마이너스 요인이 된다는 것이다.

따라서 금속의 강도를 강하게 조절하고자 한다면 이런 변위의 발생 및 움직임을 조정해야 하는 문제를 안게 된다.

이 변위의 움직임을 막는 방법으로 이물질을 첨가하는 것이 있다.

변위가 움직이다가 이러한 이물질을 통과하면 이물질 둘레에는 변위 고리(Dislocation Loop)가 형성된다. 이 변위 고리는 변위와 같은 성질을 띠며 변위를 밀어내는 역할을 하게 된다. 따라서 변위 띠는 이들 변위 고리에 의해 움직임을 제약 받게 된다. 우리가 알고 있는 불순물이 바로 이러한 이물질을 뜻한다.

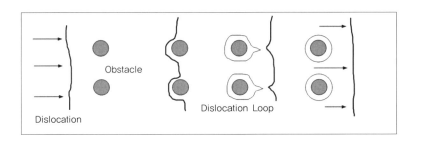

정리하면, 변위 이론은 금속의 강도를 설명하는 이론이고, 이 이론은 그대로 금선(Gold Wire)의 기계적 특성을 설명하며, 금선 제조사는 이 이론을 근거로 원하는 특성의 와이어(Wire)를 만들기 위해 불순물 및 공정 조건을 적절하게 선택하게 된다.

다시 본론으로 돌아가서 우리가 금선을 와이어 본딩(Wire Bonding)에 적용했을 때 두 번째로 생각해야 할 부분이 볼 목(Ball Neck)에서의 끊어짐 문제이다.

신뢰성 실험 중 특히 온도 순환(Temperature Cycle)에서 많이 발생되는 문제에는 와이어 루프(Wire Loop)에서 가장 취약한 볼 목(Ball Neck)이 테스트 중 받게 되는 스트레스(Stress)를 이기지 못하고 균열이 발생하거나 심지어 끊어지는 불량 모드(Fail Mode)가 있다.

이런 불량(Defect)은 루프 모양(Loop Shape), 와이어 본딩 장비(Wire Bonding Machine)

결함, 적절하지 못한 와이어(Wire) 특성으로 인해 발생될 수 있다. 그렇다면 와이어(Wire) 측면에서는 이 문제를 어떻게 대처해 나갈 것인가?

물론 내응력성이 우수한 와이어를 만들면 된다. 그러면 어떻게 내응력성을 우수하게 만들 수 있는가?

이 답을 위해서는 금속의 재결정 알갱이 회복 성장(Recovery-Recrystallization-Grain Growth) 과정을 알아야 한다.

순수한 금에 철, 은 등의 원소를 도핑(Doping)한 후 주조하여 압출하면 금속은 알갱이(Grain)가 전혀 없고 단층으로 이루어져 있음을 보게 된다.

이 상태는 단단하지만 쉽게 부서지는 상태이다. 일정 온도에서 열처리를 하면 작은 크기의 알갱이가 형성되고 이 상태를 회복기(Recovery)라고 한다. 온도와 시간이 가해지면 알갱이는 점점 더 성장하게 되어 재결정 알갱이 성장(Recrystallization Grain Growth) 과정을 거치게 된다.

중요한 것은 알갱이 크기가 커지게 되면 스트레스에 취약하게 된다는 것이다. 금선 제조사에서 나온 자료를 보면 확산 이론 및 변위(Dislocation) 이론으로 이 부분을 설명한 것이 많다.

특히 와이어 본딩(Wire Bonding) 시 강한 열을 받게 되는 볼 목(Ball Neck)에서 알갱이 크기가 커지게 된다. 앞에서 말했듯이 이 부분이 스트레스에 가장 취약한 이유도 이러한 현상 때문이다. 금선 제조사에서 볼 목(Ball Neck)에서의 취약성을 보완하기 위한 방법을(다시 말해 알갱이 성장을 최대한 억제하기 위해) 연구 중이다.

④ 불순물(Dopant)

반도체 패키지는 여러 가지 종류가 있으며, 각각의 패키지에 요구되는 와이어(Wire)의 특성도 달라지게 될 것이다. 예를 들어 LGA 패키지에 사용되는 와이어는 루프(Loop)가 낮게 형성될 수 있는 특성을 지녀야 할 것이고, 다 핀 MCP는 와이어 간 간격이 촘촘하면서 또한 길게 형성되어야 하므로 강도가 높은 와이어가 필요할 것이다. 와이어 제조사는 고객이 요구하는 특성의 와이어를 만들기 위해 적절한 불순물(Dopant)을 첨가한다.

불순물은 순수한 금에 첨가되어 물리적 특성을 변화시키는 역할을 한다.

불순물로 사용되는 소재는 다양한데 대표적인 것이 베릴륨(Be), 칼슘(Ca), 세륨(Ce), 납(Pb) 등이며, 불순물의 종류 및 첨가량에 따라 와이어는 파괴 하중(Breaking Load), 연신율(Elongation), 항복 강도, 질김성(Toughness) 등이 달라진다.

일반적인 SOJ, PLCC, SOIC 같은 패키지에는 베릴륨 불순물(Be Dopant)을 적용하고, T-SOP, TQFP, TSSOP 경우는 질김성이 우수하여 볼 목(Ball Neck)에서 불량을 감소시키는 칼슘 불순물(Ca Dopant)을 적용한다.

처짐(Sagging)이나 와이어 휨(Wire Sweeping)이 우려되는 긴 루프 결합(Long Loop Bonding)이 주로 적용되는 BGA, MQFP, TAB용 와이어에는 세륨 불순물(Ce Dopant)을 적용한다. 세륨 불순물(Ce Dopant)을 적용하면 와이어의 파괴 하중(Breaking Load), 연신율(Elongation), 질김성(Toughness) 등이 상당히 우수해진다.

┃ 불순물 유형별 역할 및 적용 ┃

불순물	Be	Ca	La	Pb
역 할	• 재료 강도 높임. • 재결정 온도 높임.	• 탄성 영역을 넓힘. → 인성 높임. • HAZ를 짧게 함. → 루프 높임.	• 재료 강도 높임. • 알갱이 크기를 줄임. → 볼 목 강도 높임.	%단위 첨가 시 강도가 향상됨.
적용 패키지	SOJ	TSOP, TQFP	MQFP, BGA	MCP

┃ 불순물 유형별 물성치 ┃

불순물	Be	Ca	Ce
재결정 온도[℃]	250~350	400~450	Over 400
입자 크기[μm]	2~3	1.5~2	0.8~1.3
접합 후 볼 목 영역의 입자 크기[μm]	8~10	6~8	4~6
열 영향 지역 크기[μm]	275~325	100~150	150~200
루프 높이[mil]	10~12.5	3.5~6.0	5.5~8.0
루프 길이[mil]	Max. 200	Max. 180	Max. 260

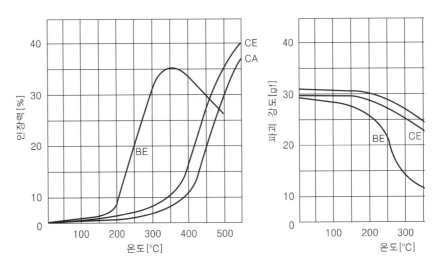

┃ 온도에 따른 기계적 물성 변화 그래프 ┃

5 금선(Gold Wire) 제조 공정

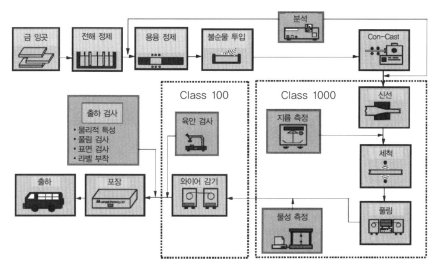

▌Manufacturing Process ▌

금선 제조사(Gold Wire Maker)마다 제조 공정은 유사하며, 다음은 MKE사의 제조 공정도이다.

(1) 전해 정제(Electrolylic Refining)

순도가 낮은 금을 전해액에 넣어 (+)극으로 하고 (−)극에는 고순도화된 금판(Gold Flat)을 걸어 적절한 전압과 전류를 가해 주면 (+)극에서 (−)극으로 순수한 이온만 전기 분해되어 달라붙게 하는 공정이다.

(2) 용융 정제(Zone Melting Refining)

재료를 완전히 용해한 후 한 방향으로 매우 천천히 응고시키면 재료 내에 존재하는 불순물들은 원재료와 분리되어 재료가 응고되는 방향으로 이동하게 되는데 이 부분을 제거하여 고순도의 금으로 만들어 주는 공정이다. MKE사 경우 정제 공정은 전해 정제 공정(Electrolylic Refining Process), 용융 정제(Zone Melting Refining) 두 공정으로 되어 있다.

(3) 신선(Drawing)

재료를 다이스(Dies)라고 하는 기구를 이용하여 다이스 구멍(Dies Hole)의 크기대로 인발하여 점점 가늘게 가공하는 공정이다.

(4) 스웨이징(Swaging)

재료를 원형으로 가공하는 방법의 하나로 원형 단조를 의미한다. 즉 일반적인 단조는 한 방향으로 재료를 때려서 납작하게 가공하지만 원형 단조는 원형으로 때려서 봉의 형태로 가공하는 공정이다.

semiconductor package

(5) 풀림(Annealing)

재료가 냉각 가공하는 동안 받은 압력(Stress)을 열을 가하여 제거하기 위해 열처리하는 공정이다.

(6) 금선 대신 상대적으로 저렴한 은선 및 동선에 대한 적용과 검토가 활발히 이뤄지고 있으며, 생산에 적용 중인 경우도 있다. 또한, 골드 코팅 및 팔라듐 첨가를 통한 신규 소재 개발도 병행 중인 추세이며, 특성과 신뢰성에 문제가 없는 제품을 개발하고 있는 추세이다.

5-2 솔더 볼(Solder Ball)

① 솔더 볼(Solder Ball)의 의미

(1) 솔더 볼의 정의

고집적 PKG 기술인 BGA, CSP, WLCSP에서 반도체 칩과 회로 모듈(Module) 그리고 PCB 기판을 접착하여 전기 신호를 전달하는 미세한 볼 형태의 솔더(Solder) 부품으로 조성에 따라 녹는점(융점)이 180~220℃까지 다양하며 전기적·기계적 특성이 우수하다.

초창기에는 Sn(주석)-Pb(납)이 주된 원재료로 사용되었으나, 환경 규제 강화에 따라 솔더 합금 중 납(Pb) 함량이 0.1% 이하인 Lead(Pb)-Free 조성의 볼이 주로 사용되고 있다(95% 이상).

(2) 솔더 볼의 크기(Size) 경향

모바일(Mobile) 디지털 기기의 소형화에 따라 솔더 볼의 크기도 점차적으로 소형화되는 추세이다.

750µm   500µm   400µm   300µm   200µm 150µm

(3) 솔더 볼의 유형 비교

볼의 조성에 따라 다양한 유형의 솔더 볼이 개발되었고, PKG의 요구 목적에 맞는 특성을 갖는 솔더 볼이 사용되고 있다.

Type	조 성	Remarks
Normal Solder Ball	Sn63/Pb37	녹는점(181~185℃)이 낮아 작업이 용이하나 환경 오염 유발
Pb-Free Solder Ball (SAC305)	Sn96.5/Ag3.0/Cu0.5	• 녹는점 217~219℃ • Main Memory BOC 제품에 주로 사용
Pb-Free Solder Ball (SAC302)	Sn96.8/Ag3.0/Cu0.2	• 녹는점 217~219℃ • Mobile Memory PoP 제품에 주로 사용
Pb-Free Solder Ball (SAC105)	Sn98.5/Ag1.0/Cu0.5	• 녹는점 217~227℃ • 고신뢰성 Main Memory 제품에 주로 사용
Fatigue Resistant Solder Ball (7050)	Sn63/Pb34.5/Ag2.0/Cu0.5	• 녹는점 178~210℃ • 솔더 볼 균열 및 변형이 개선 됨.

② 솔더 볼의 제작 과정

기본적인 제작 개념은 업체마다 비슷하며 원리에 따라서 약간씩 다른 방법이 사용된다.

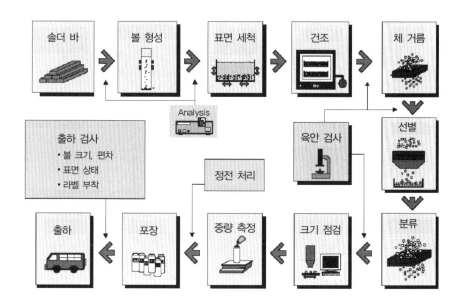

솔더 바 타입(Solder Bar Type)의 원재료(Material)에 온도를 가하여 용탕 상태로 만들어 진동(Vibration)이나 제트(Jet) 분사 방식으로 배출하며 윤활유(Oil)나 냉각원 질소(Cold N₂)에서 서서히 식으면서 표면장력에 의해 구형화되어 솔더 볼을 제작한다. 이때 제트 노즐 크기(Jet Nozzle Size)나 배출구 크기를 조절하면 크기를 조절할 수 있다.

③ 솔더 볼 표면

일반적 주석·납 조성의 솔더 볼의 경우 표면이 매끄러우며 볼 입자(Ball Grain)의 경계가 두 가지로 매우 간단하며 조성의 크기도 크다.

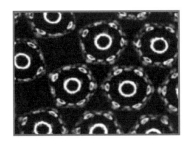 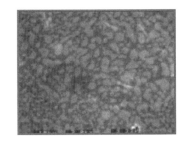

4 무연 솔더 볼과 일반적인 솔더 볼 차이

아래 그림의 좌측은 일반적인 솔더 볼을, 우측은 무연 솔더 볼(Lead Free Solder Ball)을 표시한 것이며, 특징으로는 일반적인 솔더 볼의 경우 표면이 균일하며 매끄럽지만 무연 솔더 볼의 경우 주름진 형태의 표면 형상을 갖는다.

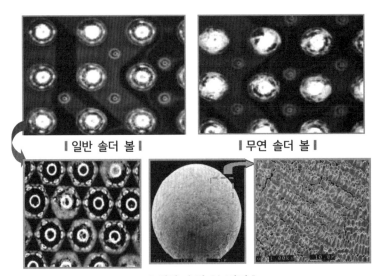

┃일반 솔더 볼┃   ┃무연 솔더 볼┃

┃일반 솔더 볼 단면┃

5 볼의 경도 측정(일반/무연)

볼(Ball)의 경도 측정 결과 일반적인 볼(Normal Ball)을 기준으로 무연 솔더 볼(Lead Free Solder Ball) 4은(4Ag) 조성의 경우가 높았으며, 은(Ag)의 함유율이 작은 3은(3Ag)의 경우 경도가 작아짐을 알 수 있다.

┃경도┃

조 성	경도(Hv)
Sn~37Pb	13.30
Sn-4Ag-0.5Cu	16.52
Sn-3Ag-0.5Cu	15.91

6 볼(Ball) 파단 방식 분석

볼 전단(Ball Shear) 또는 볼 당김 시험(Bal Pull Test) 시 패드(Pad)에 발생되는 파단 형태이다.

볼 접합(Ball Joint)의 이상 유무를 판단하는 데 중요한 방법이다.

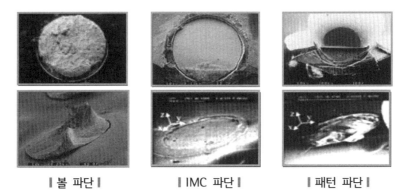

| ▮ 볼 파단 ▮ | ▮ IMC 파단 ▮ | ▮ 패턴 파단 ▮ |

7 IMC 층(Layer)의 분석 (I)

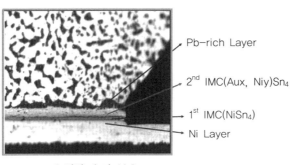

Pb-rich Layer

2nd IMC(Aux, Niy)Sn$_4$

1st IMC(NiSn$_4$)

Ni Layer

▮ 일반 솔더 볼 ▮

─● Cu와 Sn이 Intermetallic을 형성하는 이유 ●─

Cu의 확산(Diffusion) 속도가 가장 빨라서 속도 차이로 Sn과 Cu가 반응한다. 또한, Ag와 Cu는 매우 소량인 이유도 있다.

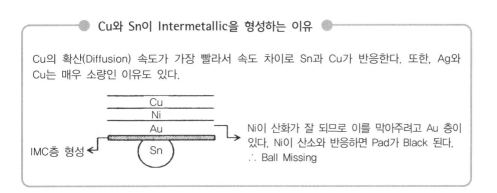

IMC층 형성 ◀──

Ni이 산화가 잘 되므로 이를 막아주려고 Au 층이 있다. Ni이 산소와 반응하면 Pad가 Black 된다.
∴ Ball Missing

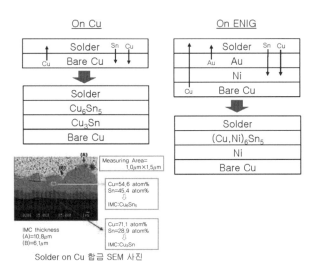

┃ PCB 종류에 따른 IMC 층의 변화 ┃

8 IMC 층(Layer)의 분석 (Ⅱ)

볼(Ball)의 접합(Joint) 시 접합 계면에 발생하는 금속 간 화합물(Intermetallic Compound)을 IMC라 하며, 이는 금속 간의 전자의 이동에 의한 확산 정도에 따라 크기가 결정된다.

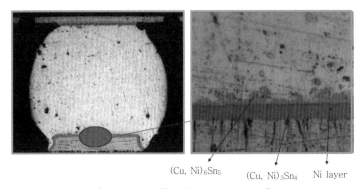

$(Cu, Ni)_6Sn_5$ 　　$(Cu, Ni)_3Sn_4$ 　　Ni layer

┃ Intermetallic Phase Diagram ┃

┃ IMC 물성 ┃

물 성	Cu	Sn	Ni	Cu_3Su_5	Cu_3Sn	Ni_3Sn_4
밀도(g/cm)	8.9	7.3	8.9	8.28	8.9	8.65
영율(Gpa)	117	41	213	85.56	108.3	133.3
비커스 경도(kg/mm^2)	30	100	15	378	343	365
전기 저항도($\mu\Omega \cdot cm$)	1.7	11.5	7.8	17.5	8.93	28.5
열전도도(W/m · k)	3.98	0.67	0.905	34.1	70.4	19.6
비열(J/kg · K)	0.385	0.227	0.439	286	326	272
열팽창도(10^{-4}/K)	17.1	23	12.9	16.3	19	13.7

∥ 패드 성분 ∥

Solder	Metal PAD	Intermetallic Compound
Sn–Ag(–Cu)	Cu	Cu_6Sn_5
Sn–Ag	Ni	Ni_3Sn_4
Sn–Ag–Cu	Ni	$(Ni, Cu)_6Sn_5$ or $(Ni, Cu)_3Sn_4$
Sn–Cu	Ni	$(Ni, Cu)_6Sn_5$ or $(Ni, Cu)_3Sn_4$
Sn–Pb	Ni	Ni_3Sn_4

EPMA analysis by solidification rate

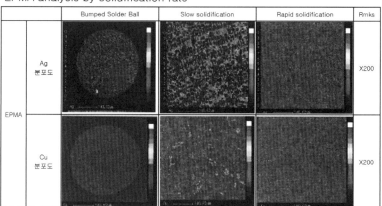

∥ Ag 및 Cu 분포도-Yellow ∥

∥ 솔더 볼 조성 특허 ∥

회사	국가	특허번호	Priority date	조 성	비 고
SenJu/ Matsushita	일본	JP 3,027,441 (5,050,289)	1991. 7.08	Sn/3–5Ag/0.5–3Cu/0.59b	산화 방지
Iowa	미국	US 5,527,628	1993. 7.20	Sn/3.5–7.7Ag/1–4Cu Plus 0 to 10Bi, and Si, Sb, Zn, Mg, Ca RE to 1%	산화 방지
후지 (Fuji)	미국	US 6,179,935	1997. 7.16	1. Sn/0–4Ag/0=2Cu/0.1Ni/0.1Ge 3. Sn/0–3.5Sb/0.1Ni/0–3.5Sb/0.1Ge	–
	일본	P3,296,289		1. Sn/1–4Ag/0.2Cu/0.05Ni/0.02P 2. Sn/1–4Ag/0.05Ni.0.01Ge 3. Sn/1–4Ag/0.2Cu/0.05Ni/0.02P/0–0.1Ge	
	독일	DE 19,816,671		Sn/0.4Ag/0.2Cu/0.1Ni/0.1Ge,P	
J.W.Harris Company	미국	US 4,695,428	1986. 8.21	Sn–3Ag–0.5Cu	–

6 기타

6-1 플럭스(Flux)

1 도입

(1) 플럭스의 의미

현대 반도체 패키징 산업은 대기 또는 고온에서 작업된다. 따라서 장치 리드(Device Lead), 즉 구리(Copper), 니켈(Nickel) 등은 쉽게 변색(Tarnish)된다.

변색된 금속은 납땜 접합(Solder Joint) 상태가 불량하므로 이것을 적게 하기 위해선 산화막, 오염, 그리스 등을 제거해야 한다. 이러한 역할을 하는 것이 플럭스이며, 라틴어에서 기원했으며 그 의미는 '흐름(Flow)'에서 기원했다.

납땜(Soldering)에서 플럭스는 다음과 같은 특성을 갖는다.

① 산화막(Oxides) 제거
② 표면장력 감소, 그에 따른 용융 상태 납땜의 젖음성 증대
③ 금속 표면 정화(Cleaning)에 따른 재산화 방지

(2) 플럭스 선정 시 고려사항

산업계에는 수백 종의 혼합염(Flux)이 있으나, 그것은 특정한 목적에서 기원하였다.

일반적으로 수많은 실험을 한 업체가 다양한 경험을 바탕으로 우수한 제품을 만들고, 이것은 고비용과 연계된다.

플럭스 선정 시 3대 중요 고려사항은 다음과 같다.

① **성능** : 산화막과 유기막 제거 능력
② **잔사 부식성** : 플럭스 청소 후 잔여분에 의한 부식이 유발될 수 있음.
③ **잔사 수세 제거 가능 여부** : 납땜(Soldering) 후 플럭스(Flux)의 수세(Water Cleaning)가 가능한지 여부

위의 ①, ②는 모순적일 수 있다. 오염막 제거 능력을 높이기 위해 산·염기 물질을 사용하는데 이것은 부식을 유발하기 때문이다.

③은 공정 관리(Process Control)를 용이하게 하는 측면의 관점이다.

2 젖음(Wetting)

납땜(Soldering) 중 녹은 납(Molten Solder)은 기초 금속(Base Metal)의 전체 표면을 표면장력에 따라 덮는다. 젖음이 발생하는 표면은 산화, 오염 등 저해 요소가 없어야 한다.

표면이 육안으로 식별 가능한 이물질이 있을 경우 볼(Ball)을 들어 올리므로 미젖음(Non-Wetting)이 발생한다. 젖음(Wetting)과 미젖음(Non-Wetting)은 젖음 각으로 측정된다(아래 그림 참조).

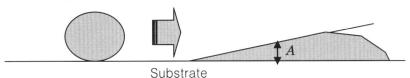

Substrate

$A=0°$는 Good Solder Joint, $A=180°$이면 Bad Solder Joint이다.

(1) 젖음의 정의

젖음이란 고체의 표면에 액체가 부착되었을 때, 고체와 액체 원자 간의 상호작용에 의해 액체가 퍼지는 현상을 말한다. 즉, 용융된 솔더가 금속 표면에 퍼지는 것으로, 솔더가 모재 표면에 젖지 않으면 솔더링이 불가능하다.

(2) 젖음이 잘 되기 위한 조건

모재 표면이 부식되거나 오염되지 않아야 하고, 적절한 플러스와 솔더, 가열온도가 필요하다.

젖음은 모재 금속의 종류, 표면 상태 분위기 등 여러 가지 요인에 의해 바뀌며, 솔더링의 양·불량을 결정하는 가장 중요한 요소이다.

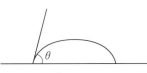

- $\theta=0°$ 이상적으로 젖어 있는 상태
- $0°<\theta<90°$ 젖어 있는 상태의 범위
- $90°<\theta<180°$ 젖어 있지 않은 상태의 범위
- $\theta>180°$ 전혀 젖지 않은 상태

⇒ 젖음각(θ)이 작을수록 솔더링성이 좋으며, θ가 90° 이상인 조건에서는 솔더링이 어렵다.
⇒ 일반적으로 잘 젖어 있는 기준은 θ가 20° 이하일 때이다.
⇒ 실제의 젖음은 θ가 20~60°, 60~90° 정도면 잘 젖지 않은 것, 90° 이상이면 젖지 않은 것이다.

③ 솔더 플럭스 성분(Solder Flux Ingredients)

모든 플러스는 부식성이다. 부식성의 정도는 화학 공식(Formulation)에 달려 있다.
상용 플러스의 조성(Composition)은 일반적으로 특정한 요소로 구성되어 있다.

구 분	구 성	예
1	Activator(활성제)	무/유기염, 무/유기산, 아민
2	Vehicle(매체)	알코올, 글리콜, 물
3	Detergent(세척제)	계면활성제, 안정화제, 알카놀아민

플럭스에는 활성 온도 구간이 있다. 그 구간에서 효율적 최적화를 해야 한다.
고온에선 플럭스 기능 상실 및 전소(Burning)가 발생할 수 있으므로 탄화, 증발이 발생한다.

4 플러스 매개체(Flux Vehicle)

플러스 매개체(Flux Vehicle)는 아래 사항을 목적으로 한 희석제(Solvent)이다.

① 특별히 유기 기초(Organic Base)에서의 비중(Specific Gravity) 조절

② 플러스(Flux) 구성체의 균일(Uniform)한 배합 및 분포

③ 표면에 대한 열적 안정성 및 젖음 능력 제공

매개체(Vehicle)는 통상 물, 지방족 알코올(Aliphatic Alcohols)이다.

메탄올(Methanol)은 독식 희석제(Toxic Solvent)이므로 가급적 사용하지 말아야 한다.

5 세제(Detergents)

플러스(Flux)에는 세척제가 들어 있다. 기초 재료(Base Material)의 윤활제(Grease)를 제거하고 표면장력을 감소시키기 위해서다. 세제(Detergent)에는 다른 세척제와 같이 표면활성제가 들어 있다. 또한 안정제가 들어 있는데 이는 금속 이온(Metal Ion)과 결합하게 한다. 세제는 거품이 발생하는데 과도한 거품은 바람직하지 않다.

표면 계면활성제는 두 부분으로 구성된다.

① 소수성 부분(A Hydrophobic Portion, 물과 반응하지 않는), 통상적인 긴 수소탄소 사슬(Usually A Long Hydrocarbon Chain)이다.

② 친수성 부분(A Hydrophilic Portion), 물에 오염물을 충분히 용융 또는 다른 극성 용매 역할을 하게 한다.

6 혼합염 분류(Flux Classification)

납땜 혼합염(Soldering Flux)은 활성제(Activator)에 따라 종류가 나뉘고 잔류물(Residue) 성질에 따라 나뉜다. 좋은 납땜(Good Soldering)을 위해선 좋은 혼합염(Flux)을 사용하여야 하는데, 일반적으로 순한 혼합염을 사용한다. 이것은 부식을 최소화하고 넓은 여분(Margin)을 갖고 반응한다.

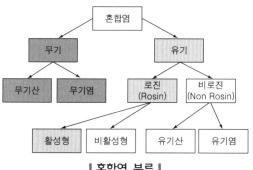

┃혼합염 분류┃

혼합염군은 앞의 표와 같이 나뉘며, 환경 문제에 의한 혼합염 처리 용액 배수가 안 되는 지역에선 유기 로신 활성형을 사용했다.

현재는 공정성이 우수한 수용성 혼합염이 보편적이다.

> ● 플럭스 ●
>
> • 플럭스는 기본 메탈(Base Metal)로부터 산화층(Oxide Layer)을 약하게 하거나 융해시킴으로써 산화막(Oxide Film)을 제거하는 데 있다.
> • 융해/결합력이 약화된 산화막은 혼합염 주 부분(Flux Main Body)으로 부유된다.
> • 기본 메탈(Base Metal)은 앞의 표에 열거된 플럭스가 용융된 솔더(Solder)를 만나면, 플럭스도 용융된다.
> • 산화막의 재결합을 막기 위해서는 용융된 플럭스가 기본 메탈에 대한 보호막을 이루어야 한다.
> • 솔더(Solder)는 용융된 플럭스보다 무거우므로 표면 상태, 온도에 따라 금속 간 결합을 만든다.
> • 솔더 층(Solder Layer)이 두께를 형성하고, 열이 제거되면 응고(Solidification)가 발생한다.

6-2 캐필러리(Capillary)

① 캐필러리의 의미

캐필러리는 반도체 조립 공정에서 선접합 장비(Wire Bonding Machine)에 장착 자체의 구멍에 투입된 와이어(Wire)를 사용하여 반도체 칩(Chip)과 외부의 리드(Lead)를 연결시키는 역할을 수행한다.

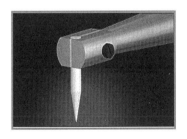 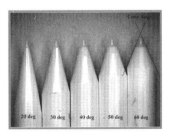

(1) 성분(세라믹) : $Al_2O_3 + ZrO_2$, Al_2O_3

① 기존 Al_2O_3 성분에 ZrO_2을 삽입하여 세라믹(Ceramic) 성분 강화

② 지르코니아의 역할(ZrO_2)

　㉠ 알루미나의 이상 결정립 성장을 억제한다.

　㉡ 외부로부터 응력이 발생되면 응력장내에서 상전이로 인해 부피 팽창이 일어나 미세 깨짐(Micro Crack)이 발생되어 파괴인성이 증가된다.

(2) 마모 여부

정상 조건에서는 마모가 없으나 기판의 종류에 따라 도금 성분에 따라 마모가 되기도 한다.

(3) 제조 과정

파우더 반입 ··· Al_2O_3(99.9%), ZrO_2

↓

분말 혼합 ··· 볼 밀(Ball Mill) 공정, 바인더(Binde) 첨가

↓

건조 ··· 스프레이 건조(Spray Dryer) 공정

↓

성형 ··· 유압 압축 성형

↓

소결 ··· 1,500~1,650℃

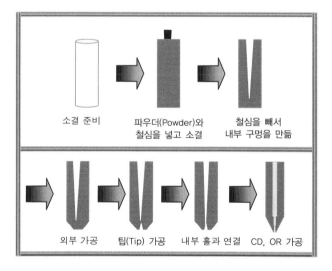

소결 준비　　파우더(Powder)와　　철심을 빼서
　　　　　　철심을 넣고 소결　　내부 구멍을 만듦

외부 가공　　팁(Tip) 가공　　내부 홀과 연결　　CD, OR 가공

2 캐필러리 구조

중요 인자
- 팁 직경(TD)
- 챔버 직경(CD)
- 바깥 회전 반경(OR)
- 페이스 각도(FA)
- 구멍 직경(HD)
- 내부 챔버 각도(ICA)

(1) 볼 접합

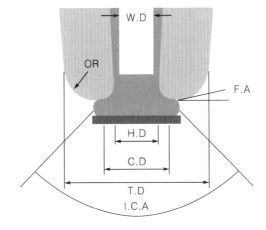

(2) 스티치 접합

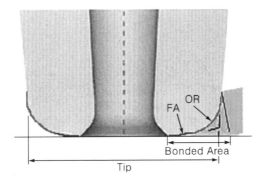

③ 캐필러리 세부 기능

(1) 팁 직경(TD, Tip Diameter)

① **중요 인자** : 본드 패드 간격(Bond Pad Pitch)

큰 사이즈 TD 치수(Dimension)의 캐필러리(Capillary)는 상대적으로 긴 본드 길이 (Bond Length)의 2차 스티치(Stitch)가 형성되어 높은 수치의 인장 시험 결과가 나타난다. 그러나 큰 사이즈 TD 치수(Dimension)의 캐필러리는 접합된 볼(Bonded Ball)과 근접한 루프(Loop)와의 비정상적인 접촉을 발생시킬 수 있다.

② **일반적인 설계 법칙(General Design Rule)**

$$\text{Tip(Mil)} = \text{BPP}[\mu m]/20$$

여기서, BPP : 본드 패드 간격

팁 직경과 스티치와의 관계	 팁(Tip)이 큰 경우 : 안정적 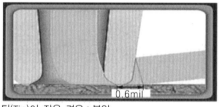 팁(Tip)이 작은 경우 : 불안
설계 시 고려사항	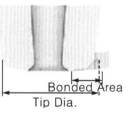 Bond Pad Pitoh　Tip Dia. 패드 간격에 따라 결정됨.
상관 관계 부위	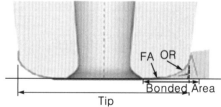 Tip TD에 따라 FA, OR이 달라질 수 있음.

(2) 챔퍼 직경(CD, Chamfer Diameter)

① 챔퍼 직경은 1차 접합 전의 프리 에어 볼(Free Air Ball)을 구멍(Hole) 중심에 모아서 유지시켜 주며, 접합된 볼(Bonded Ball)의 크기와 두께에 영향을 준다.

② 일반적 설계 법칙

$$볼\ 크기 = CD + (0.4 \sim 0.5)\text{mil}$$
$$볼\ 크기 = BPO - 0.3\text{mil}$$

여기서, BPO : Bond Pad Open

● BPO와 BPP의 정의 ●

- BPO : Bond Pad Opening의 약자로 정사각형 Pad의 한 변 길이
- BPP : Bond Pad Pitch의 약자로 Pad Center에서 인접 Pad Center까지의 거리

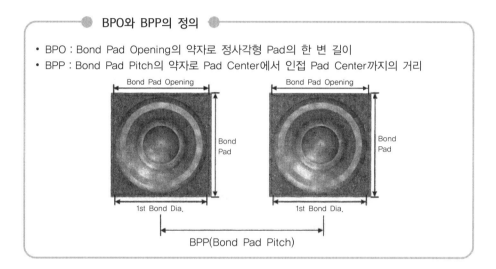

| Design 시 고려사항 |

Free Air Ball 크기 결정

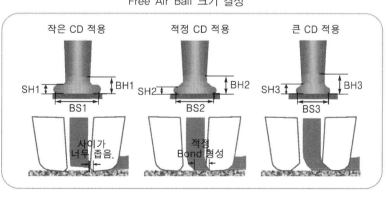

| CD 크기에 따른 Bond 영향 |

semiconductor package

Bond Pad Opening

Bond Pad

1st Bond Dia.

CD

BPP

▎접합 후 볼 크기 결정 ▎

(3) 구멍 직경(HD, Hole Diameter)

① 대부분의 응용(Application)에 있어서 구멍 직경(Hole Diameter)은 접합(Bonding) 중의 중심 벗어남(Off-Center)을 피하고 정상적인 루프(Loop)를 형성하기 위해 와이어 크기 대비 1.3~1.4배 정도를 선정하는 것이 일반적이다.

내부 구멍의 형상과 광택 부위(Polishing Quality)는 접합 중 와이어의 원활한 이송을 위한 주요소라 할 수 있다.

② 일반적 설계 방식

와이어 직경(Wire Dia.)+0.2mil≤구멍≤와이어 직경+0.5mil

Hole Diameter 와 Ball과의 관계

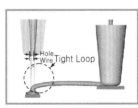

HD가 작은 경우 : Loop 불안

Hole Wire Tight Loop

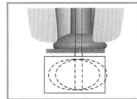

HD가 맞는 경우 : Loop 안정

Hole Wire

HD가 큰 경우 : 중앙 벗어남 발생

Tip이 작은 경우 : 불안

(4) 페이스 각도(FA, Face Angle)와 바깥 회전 반경(OR, Outer Radius)

FA는 미세 산격 제품(Fine Pitch Device)에 대해 8~11도 정도가 일반적이다. OR은 2차 스티치 접합(Stitch Bond)의 모양, 폭 및 두께를 결정하는 주요 인자이다.

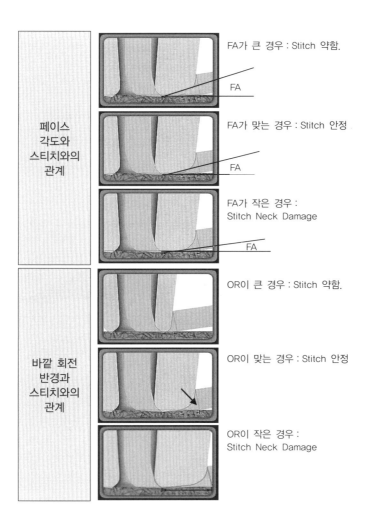

페이스 각도와 스티치와의 관계		FA가 큰 경우 : Stitch 약함. FA
		FA가 맞는 경우 : Stitch 안정 FA
		FA가 작은 경우 : Stitch Neck Damage FA
바깥 회전 반경과 스티치와의 관계		OR이 큰 경우 : Stitch 약함.
		OR이 맞는 경우 : Stitch 안정
		OR이 작은 경우 : Stitch Neck Damage

(5) 내부 챔퍼 각도(ICA, Inner Chamfer Angle)

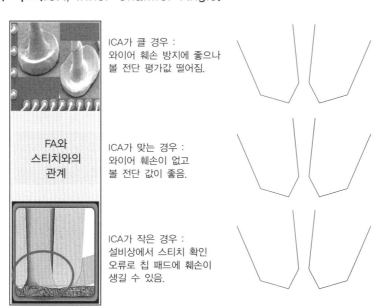

FA와 스티치와의 관계	ICA가 클 경우 : 와이어 훼손 방지에 좋으나 볼 전단 평가값 떨어짐.
	ICA가 맞는 경우 : 와이어 훼손이 없고 볼 전단 값이 좋음.
	ICA가 작은 경우 : 설비상에서 스티치 확인 오류로 칩 패드에 훼손이 생길 수 있음.

웨이퍼 절삭 날(Wafer Saw Blade)

1 웨이퍼 절삭 날의 의미

웨이퍼 절삭(Wafer Sawing) 시 웨이퍼를 절단하기 위하여 사용되는 다이아몬드 가공 도구로 실제로는 웨이퍼를 깎아 내면서 가공 부분을 파내게 된다.

2 날 영역(Blade) 외관 용어

Exposure는 날의 길이이고, 잘린 자국 너비(Kerf Width)는 웨이퍼 절삭(Wafer Sawing) 후 절단(Cutting)된 부스러기(Chipping)의 폭을 뜻한다.

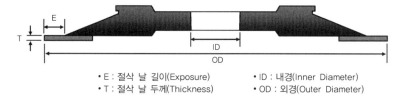

- E : 절삭 날 길이(Exposure)   • ID : 내경(Inner Diameter)
- T : 절삭 날 두께(Thickness)   • OD : 외경(Outer Diameter)

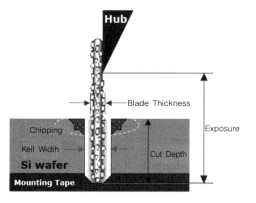

3 절삭 날 메커니즘

(1) 다이아몬드 입자(Grit)를 지탱하는 접착제(Bond)는 가공 중의 부하나 작업(Work) 중 절삭분 등에 의해서 서서히 제거된다.

(2) 절삭 날인 다이아몬드 입자(Grit)는 탈락되나, 새로운 다이아몬드 입자(Grit)가 표면에 나타나서 새로운 날이 되어 가공을 진행(Self-Sharpening)한다.

> ● Blade Chip Pocket ●
> • 절삭분의 배출 효과 : 절삭분을 일시적으로 보유하고 이후 외부로 방출
> • 냉각 효과 : 절삭수를 투여하여 열의 발생을 저하시킴.

④ 절삭 날 설계(Blade Design) 시 고려 사항

(1) 접착제 유형

　단단한 접착제는 접착제(Bond)의 지탱력이 강하기 때문에 마모가 적으나 품질이 나빠질 수 있고, 부드러운 접착제는 접착의 지탱력이 약하기 때문에 마모량은 크지만 자생발인(自生発刃) 작용이 활발해져서 부스러기가 감소하게 된다.

(2) 다이아몬드 입자 크기

　다이아몬드 입자(Grit) 크기가 크면 지탱력이 커서 마모량이 적으나 품질이 나빠질 수 있고, 반면에 다이아몬드 입자 크기가 작으면 가공물에 충돌 시 충격이 작아져서 부스러기가 감소하게 된다.

(3) 집중도

　집중도(Concentration)가 높으면 다이아몬드 입자 1개에 주는 부하가 작아서 마모량은 작으나 품질이 나빠질 수 있고, 집중도가 낮을 경우는 마모량은 많지만 자생발인(自生発刃) 작용이 활발하게 일어나 뒷면 부스러기가 좋아진다.

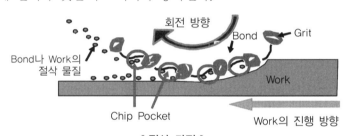

‖ 절삭 과정 ‖

⑤ 절삭 날(Blade) 비교

　아래 Disco사의 예처럼 웨이퍼 특성 및 두께에 따라 다이아몬드 입자 크기나 집중도를 다르게 적용할 수 있다.

구 분	모 델	다이아몬드 입자 크기	집중도
범용	27HDDD	4~6μm	표준
얇은 웨이퍼용	DH05DD	2~6μm	낮음

27HDDD	DH05DD
• 다이아몬드 입자 1개에 주는 부하가 작음.	• 다이아몬드 입자 1개에 주는 부하가 큼
• 다이아몬드 입자의 지탱력이 큼.	• 다이아몬드 입자 지탱력이 작음.
⇩	⇩
자생날인이 활발하게 이루어지지 않아 부스러기 큼.	자생날인이 활발하게 이루어져 부스러기 작음.

‖ 집중도의 비교 ‖

6-4 절삭 날(Singulation Blade)

1 의미

패키지 절삭 날은 절삭 공정에서 기계축(Spindle)에 부착하여 반도체 기판(Substrate)에 배열되어 있는 유닛(Unit)을 개별 유닛으로 분리할 때 사용하는 부재료이다.

2 종류

패키지 날(Blade)은 외관상으로는 허브(Hub)의 유무에 따라 허브 유형, 허브리스(Hubless) 유형으로 구분되고, 허브 형태 중에서도 전체가 동일 재질인 형태, 외곽만 날인 형태로 구분된다.

허브 형태는 알루미늄으로 만든 허브를 날에 추가로 부착해야 하기 때문에 단가가 높으나, 기계축(Spindle) 장착 시의 정밀도가 높아 웨이퍼 절삭(Wafer Saw) 공정에서 주로 사용한다. 패키지 절삭(Saw) 공정에서는 허용 공차가 상대적으로 크기 때문에 단가가 비싼 허브(Hub) 형태보다는 허브리스 형태를 주로 사용하고 있다.

허브리스 형태 날은 기계축(Spindle) 장착 시 허브(Hub)의 역할을 하는 스페이서(Spacer)와 플랜지(Flange)를 사용해야 한다. 단, 비메모리 등의 좀더 정밀도를 요하는 패키지에는 허브 형태를 사용하는 경우도 있다.

‖ 허브 형태 날 ‖ ‖ 허브리스 형태 날 ‖

3 구성

날(Blade)은 자르는 것(Cutting)에 기여하는(톱날과 같은 역할을 하는) 결정체(Crystal)와 이 결정체를 고정하고 날의 형태를 만들어 주는 접착제(Bond), 크게 이 2가지의 재료로 구성된다.

날의 품질은 결정체의 균질성과 접착제의 물성에 의해 결정되는데, 용도에 맞는 재료 선택이 중요하다.

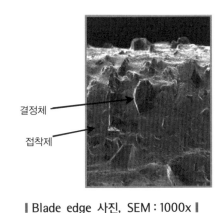

결정체

접착제

‖ Blade edge 사진, SEM : 1000x ‖

① 입자(Grit) : 다이아몬드(Diamond)(실제 가공 시 날의 역할)

② 접착제(Bond) : 다이아몬드 입자(Grit)를 지탱하는 역할(Resin/Metal/Electro Plated). S/G에서는 Metal Type 사용

semiconductor package

날(Blade)의 종류	장 점	단 점
Resin Type	작업면의 품질 우수	• 짧은 수명 • Broken 쉬움.
Metal Type	• Resin 대비 높은 수명 • PKG 절단면 품질 우수	• Glass 가공 힘듦. • Cu, Burr 제어 힘듦.
Electro Plated Type	긴 수명	• 낮은 절단면 품질 • Dia, 함량 조절 힘듦.

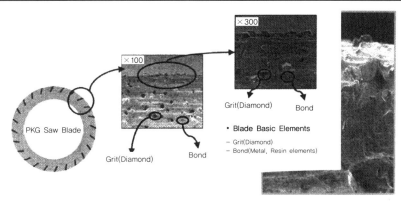

④ 제조 과정(Fine사, 허브리스 형태 금속 날)

패키지 절삭 날의 제조 과정은 아래와 같은 순서로 진행된다.

결정체 크기가 작은 마이크로미터(μm) 웨이퍼 절삭 날(Wafer Saw Blade)은 다소 공정이 상이하다.

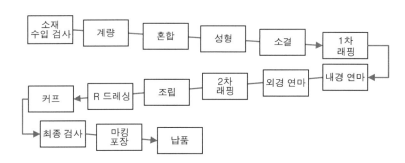

계량
결정체(다이아몬드), 접착제 재료를 정해진 비율대로 계량

성형
소결틀에 1개 분량씩 투입

소결(Sintering)
금속 파우더를 열과 압력을 가해 디스크를 만듦.

래핑
연마를 통해 두께를 결정

⑤ 접착제 재료

날(Blade)의 대부분을 차지하는 접착제 재료(Bond Material)는 주로 금속(Metal)을 사용한다.

근래에는 FBGA(Fine Ball Grid Array) 패키지의 특성에 맞게 마모량을 증가시킬 목적으로 수지(Resin) 성분을 추가하는 추세이다. 마모량을 증가시키는 이유는 자르는 것에 따른 셀프 드레싱(Self Dressing) 효과로, 자르는 것 품질이 일정하게 유지되도록 하기 위해서이다.

구 분	수 지	금 속	전기주조
재 료	열경화성 수지	금속(Cu, Fe, Co etc)	Ni
제조 방법	압착	소결	도금
특 징	• 무른 본드 → 최상의 품질	금속의 종류에 따라 다름	• 단단한 본드 • 얇은 두께의 날 제조 가능
사 용	• 유리/결정질 절단 • 세라믹 절단 • 패키지 절단	• 세라믹 절단 • 형상 절단 • 패키지 절단	• 실리콘 절단 • 사파이어 절단 • 패키지 절단

① 종류

Bond명	Bond 재료	특 징	용 도
Ni 전착	금속 도금	• 다이아몬드 입자(Grit)의 돌출이 많아 절삭력 우수 • 마모가 적음.	Si Wafer의 Dicing용
Metal	금속 분말	• 마모가 적어서 다이아몬드 입자(Grit)의 지탱력 강함. • 고부하 가공에 사용	PKG의 Dicing용
Resin	열경화성 수지	• 무르기 때문에 탄력 있음. • 가공 상태 우수	Glass 등 깨지기 쉬운 재질의 Dicing용

② 무른 본드(Soft Bond)와 단단한 본드(Hard Bond)

　⊙ 무른 본드(Soft Bond) : 접착제(Bond)의 지탱력이 약하기 때문에 소모량은 많으나, Self-Shapening이 활발해 Chipping에 우수

　ⓒ 단단한 본드(Hard Bond) : 접착제(Bond)의 지탱력이 강하기 때문에 소모가 적음. 내구성(Life Time) 우수

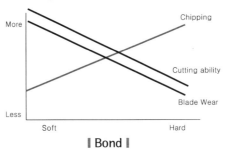

‖ Bond ‖

⑥ 재료 결정체

일반적으로 날(Blade) 제작에 사용되는 결정체는 아래의 3가지이다.

결정체의 종류	특 징
자연 다이아몬드	• 각상 • 크기 : 2~126μm • 부서짐 : 없음.
합성 다이아몬드	• 각상 • 크기 : 2~126μm • 부서짐 : 다양한 형태로 발생
CBN (Cubic Boron Nitride)	• Cubic Boron Nitride • 각상 • 크기 : 4~126μm • 부서짐 : 없음.

고경도의 재료일수록 날의 품질이 우수하나 가격이 고가이므로 현재의 패키지 절삭 날은 대부분 합성 다이아몬드(Synthetic Diamond)로 제조하고 있다.

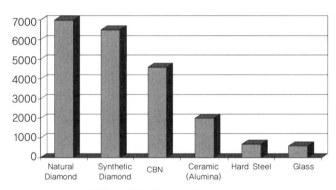

┃ 경도 비교 : Knoop Hardness ┃

① 크기 : 일반적으로 메시(Mesh)로 표기(수치가 클수록 Grit가 작음)
   ㉠ S/G 공정 사용 중인 날(Blade) 크기 : #500 정도 사용
   ㉡ Large Grit : 거친 표면 절단 시 사용, Grit Size가 클 경우 지탱력이 커서 소모력이 적음. 따라서, 내구성(Life Time) 우수
   ㉢ Small Grit : Fine 표면 절단 시 사용, Grit Size가 작을 경우 가공물 충돌 시 충격이 적음. 따라서, 표면 Chipping이 적음.
② 집중도 : 날(Blade) 안에 포함되어 있는 Grit 양(수치가 클수록 많이 합류)
   ㉠ 집중도 100 : 날(Blade) 안에 체적비율로 25%의 Grit가 들어있는 상태
   ㉡ 집중도가 높은 쪽이 Grit 1개에 주는 부하가 적어 소모량이 적음.
   ㉢ 집중도가 낮은 쪽이 소모량은 많으나 Self-Sharpening이 활발하게 이루어짐. 따라서, Black Side Chipping 적음.

semiconductor package

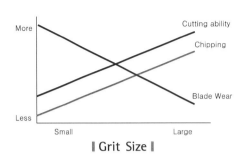

‖ Grit Size ‖

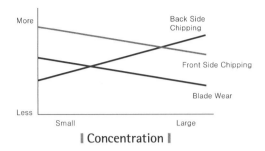

‖ Concentration ‖

7 날의 특성에 영향을 주는 요소

(1) 결정체 크기(다이아몬드 입자 크기)

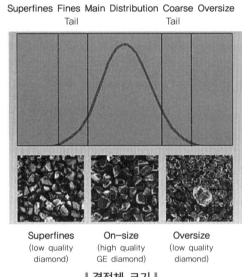

‖ 결정체 크기 ‖

일반적으로 결정체 크기는 보통 크기를 의미하는데, 질 높은 품질의 결정체일수록 크기의 범위가 좁다. 크기의 범위가 좁을 때 얻을 수 있는 이점으로는 자른 것의 크기가 고르다는 점이다. 크기가 들쭉날쭉하면 절단면이 거칠어져 칩 깨짐(Chip Out)이 크게 발생한다. 결정체 크기에 따라 기본적인 절삭력도 차이가 나는데 일반적으로 크기가 클수록 높은 절삭력을 나타낸다.

(2) 결정체 집중도(Crystal Concentration)

① 집중도 지수는 결정체가 날에서 차지하는 부피×4로 나타내는데, 이는 다음 그림처럼 날에서 결정체가 차지하는 부피를 나타낸다.

　※ 예를 들어, 농도 75는 날 부피의 18.75%가 결정체란 뜻이다.

② 집중도, 접합제 재질, 결정체 크기가 작업하고자 하는 자재의 강도, 경도에 적절한 정도에 따라 수명 시간이 크게 달라진다.

semiconductor package

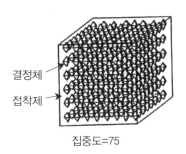

결정체

접착제

집중도=75   집중도=75

(3) 연마(Dressing)

　연마는 날 제조 시나 양산 시 모서리 부분의 형상을 미리 연마 판을 사용하여 가공함으로써 커팅 품질을 향상시키는 공정이다. 연마를 함으로써 새 날의 거친 표면을 균질하게 만들어 날 간의 품질 편차 개선 및 칩 깨짐(Chip Out) 개선 효과를 얻을 수 있다.

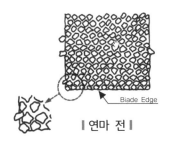
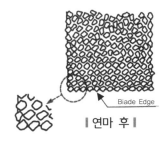

Blade Edge   Blade Edge

┃연마 전┃   ┃연마 후┃

① 조건에 따른 날(Blade)의 수명 Summary

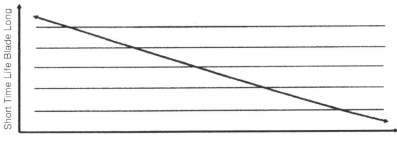

Short Time Life Blade Long

Slow Feed Rate	Fast Feed Rate
Blocky Diamond Shape	Irregular Diamond Shape
Low Filler	High Filler
High Concentration	Low Concentration
Hard Bond	Soft Bond
Big Diamond	Small Diamond

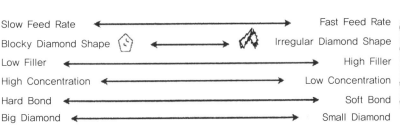

② 연마 입자 크기에 따른 처리 메커니즘

연마 입자의 크기에 따라 처리 메커니즘은 서로 다른 특징이 있다.

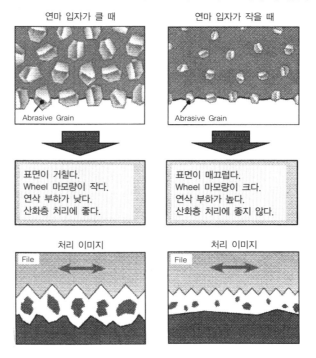

③ 가공 품질

㉠ 표면 거칠기 : 큰 연마 입자로 연마(Grinding)했을 때, 연삭 표면은 거칠어진다.

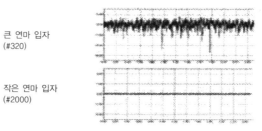

㉡ 마모율 : 아래 그림처럼 작은 연마 입자를 사용할 경우 휠(Wheel) 마모율은 증가한다. 큰 연마 입자 휠(Wheel)(거친 연삭)은 많은 양의 소재 제거하는 데 사용되고 작은 연마 입자 휠(Wheel)은 일반적으로 소량을 제거하는 데 기본적으로 사용된다(연삭 마침).

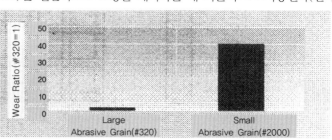

6-5 휠(Wheel)

1 휠의 의미

웨이퍼 뒷면 연삭 공정에서 웨이퍼(Wafer) 뒷면을 연삭할 때 사용하는 다이아몬드 연삭 도구를 말한다.

2 휠 설계 시 고려 사항

(1) 지립(Grit or Particle)

일본 용어로 砥粒(とりゅう)이며 연삭 입자(Abrasive Grain)를 말한다.

(2) 입도(Mess)

① 체의 구멍이나 입자의 크기를 나타내는 단위로 길이 방향 25.4mm(1inch) 안의 눈금 수를 말한다.

② 망체 줄과 칸 표준 간격은 4 : 6 비율로 구성된다.

③ 1메시(Mesh) 망체를 예를 들어 보면 1메시(Mesh) 망체의 칸 간격은 15.24mm가 된다(15,240μm).

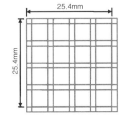

(3) PSD(Particle Size Distribution)

① 입도 분포를 말하며 이러한 분포도는 피삭재의 표면 조도와 재료제거율에 영향을 미친다.

② PSD(Particle Size Distribution)에 대한 최적의 설계는 과대 입자와 과소 입자를 최소화하는 것이다.

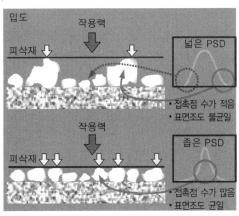

(4) 접착제 형태

① 금속 접착제 형태는 동, 황동, 철, 텅스텐, 코발트, 주석, 니켈, 은 등 금속을 결합 제로 하여 제조된 제품을 말한다.

금속재 결합제

② 수지 접착제 형태는 합성수지(페놀, 폴리아미드)를 결합제로 하고 금속 무·유기질 보강제를 넣어 제조된 제품을 말한다.

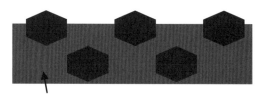

수지 결합제+보강제

③ 유리화 접착제 형태는 세라믹 결합제 휠(Wheel)이라고도 불리며, 수지 결합제보다 결합력이 우수하고 기공과 조직의 변화를 주어 휠의 기본 강도와 칩 배출 성능을 다양하게 조절할 수 있다.

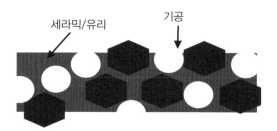

세라믹/유리   기공

④ EL-PL 형태는 니켈을 사용해 전기도금법을 응용한 접착법으로 웨이퍼(Wafer) 절 삭 날에 사용되고 있다.

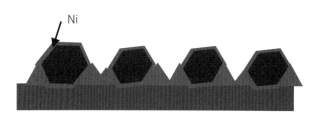

Ni

⑤ 융착 형태는 경납땜 금속을 이용해 생크(Shank)에 직접 경납땜하여 강한 결합을 형성한다. 입자 크기의 80%의 지립 노출을 가능하게 하므로 낮은 연삭 힘으로 높은 재료 제거율을 가지며, 매우 뛰어난 자유롭게 자르는 능력을 갖는다.

(5) 결합도

① 지립이 접착제에 결합된 정도를 결합도라 하고, 경도 또는 그레이드(Grade)라고 부르는 경우도 있다. 일반 연삭지석과 동일한 알파벳으로 표시하고 Z에 가까운 쪽이 강해서 내마모도가 크고 A에 가까운 쪽이 약해서 마모가 잘된다.

② 일반적인 결합도

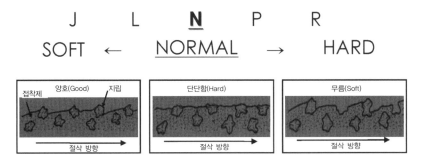

(6) 집중도

① 단위체적당 지립의 양을 나타내고 집중도가 높아짐에 따라 연삭공구의 수명이나 절삭면의 조도는 향상되나 연삭성은 저하될 수 있다.

집중도	함량[cts/cc]
50	2.2
75	3.3
100	4.4
125	5.5
150	6.6

② 4.4cts 예시

　㉠ 다이아몬드 1 Carat=0.2g

　㉡ 다이아몬드 밀도 3.52

　㉢ 4.4(cts)=0.88(G)

　㉣ 다이아몬드 밀도 3.52(G/Cc)

　㉤ 0.88(G)/3.52(G/Cc)=0.25cc

　㉥ 1cc 체적의 25%를 차지한다.

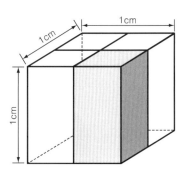

6-6 슬러리(Slurry)

1 슬러리의 의미

　웨이퍼 뒷면 절삭 공정 시 상황에 따라서 Z_1, Z_2 작업을 마친 후 웨이퍼(Wafer) 거칠기를 좋게 하고 스트레스(Stress) 층을 제거하여 웨이퍼의 강도를 강하게 하기 위해 초미세 절삭으로 연마 작업을 진행할 수도 있다. 슬러리(Slurry)란 이러한 경우에 용매를 사용하여 물리적, 화학적 미세 절삭을 하도록 연마 패드(Pad)와 함께 사용되는 용액을 말한다.

2 슬러리의 특성 조절 인자 구분 및 효과

연마비 결정 인자
• 실리카(Silica)
• 변수
　- 크기와 함량
　- 낮은 금속 순도
• 효과
　- 기계적 연마에 의한
　　연마비 향상
　- 잔여물 제거

분산 안정화 / 연마비 영향
• 기본 재료
• 변수
　- 종류와 함량
• 효과
　- pH 정도
　- 화학적 연마에 의한 연마비
　　향상
　- 슬러리 보관 기간

연마비 / Rms 영향
• 아민(Amine)
• 변수
　- 종류와 함량
　- 낮은 금속 순도
• 효과
　- 화학적 연마에 의한 연마비
　　향상

오염물 세정 특성에 영향
• 분산제
• 변수
　- 친수성
• 효과
　- 세정 효과

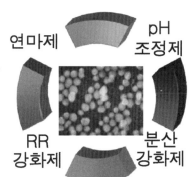

3 광택용 슬러리 작용

　기계적인 제거 요인으로는 헤드(Head) 압력, 헤드/압반 RPM, 패드 강성, 실리카 크기와 종류가 영향을 준다.

　화학적 제거 요인으로는 슬러리 산도와 부식제가 영향을 준다.

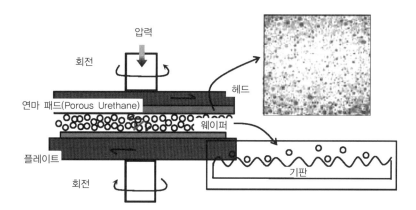

6-7 몰드(Mold) 세척 재료

① 세척 물질

몰드 다이(Mold Die)를 주기적으로 세척하는 데 사용하는 재료로서 보통 세척의 경우 멜라민, 플라스콘(Plaskon), 왁스 콤파운드(Wax Compound) 등을 사용하고 고무 세척의 경우에는 고무 세척제, 고무 왁스 등이 있다.

② 몰드 세척 재료의 종류

(1) 일반적 세척 재료

① 멜라민(Melamine)
트랜스퍼(Transfer) 세척 시 사용한다.

② 플라스콘(Plaskon)
콤프레션(Compression) 세척 용도로 사용한다.

③ 왁스 콤파운드(Wax Compound)
왁스 세척(Wax Cleaning) 시 사용한다.

(2) 고무 세척(Rubber Cleaning)

① 고무 세척제

콤프레션(Compression) 세척 용도로 사용한다.

② 고무 왁스

왁스 세척 용도로 사용한다.

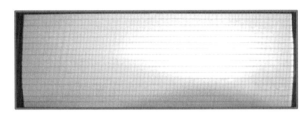

6-8 트레이(Tray)

1 트레이

절삭이 완료된 개별 패키지를 선적하는 도구로서 전도성이 있는 정전기 방지용 재질로 만들어지며 시간이 흐르거나 습도가 있는 환경에서 변형이 없어야 한다.

2 트레이 재질

(1) MPSU(Modified Polysulfone)

초기 사용 재료로 가격이 고가이기 때문에 MPPO가 개발된다.

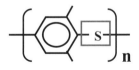

(2) MPPO(Modified Polyphenylene Oxide)

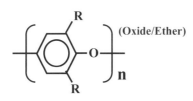

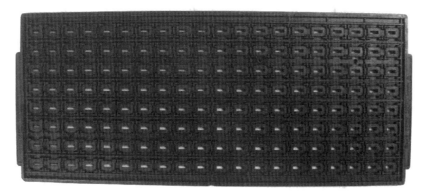

‖ 트레이 ‖

Chapter

7

패키지 신뢰성

Chapter 7

패키지 신뢰성

1 패키지 신뢰성(Reliability)의 개요

1-1 패키지 신뢰성 검사의 목적

사용자들에 의해 실제 사용 중에 받을 수 있는 스트레스(Stress)들을 재현하여 PCB 기판에 부착된 반도체가 실제 상황에서도 제대로 작동하는지 여부를 알아보기 위해 실시한다.

1-2 패키지 신뢰성 검사의 종류

1 초기 불량률(EFR, Early Failure Rate)

(1) 목적

번인(Burn-In)을 통하여 불량제품을 스크린(Screen)하고 고객에게 판매된 제품의 초기 불량률을 평가하여 초기 고객 사용(Field) 불량률 예측과 번인(Burn-In)의 스트레스 인가능력(Screen-Ability)을 평가하기 위함이다.

(2) 스트레스 조건(Stress Condition)

온 도	바이어스	시 간	시료 수	기 준
125℃	Vcc*	48hrs	1000ea	<1000ppm

semiconductor package

② HTST(High Temperature Storage Test)

(1) 목적

반도체 제품의 저장 조건(Storage Condition)에서 열적 스트레스(Stress)에 의해 가속되는 불량 발생 메커니즘(Fail Mechanism)에 대한 시간과 온도의 효과를 평가하기 위한 시험이다.

(2) 스트레스 조건

온 도	시 간	시료 수	기 준
150℃(-0, +10)	1000hrs	76ea	LTPD 3%

(3) 온도 조건 결정 시 유의 사항

특히 솔더와 같은 재료의 녹는점, 패키지를 구성하는 물질들의 유리 전이온도와 온도 안정성, 패키지의 흡습 정도, 실리콘의 온도한계(전기적 특성 고려)

③ 전처리 검사(Preconditioning Test)

(1) 목적

반도체 소자(Component)가 건조 포장(Dry Packing) 상태에서 운반을 통하여 고객에게 전달되고 고객이 PCB 기판에 실장(Mounting)을 진행하는 과정을 시뮬레이션(Simulation)한 것으로 품질 승인(Qualification) 시 환경 시험(Environment Test) 전 전처리 조건으로 사용한다.

※ 패키지 검사 공정의 라인 작업 가동 시간 제어(Inline Window Time Control)를 위한 데이터로 활용됨.

(2) 스트레스 조건

구 분	DRAM	SRAM/FLASH
가 열	125℃ 24hrs	125℃ 24hrs
흡 습	85℃/85%RH 24hrs (Option : 60℃/60%RH 120hrs)	60℃/60%RH 40hrs
리플로우	3Cycle • Peak : 240℃ @ SnPb 제품 • Peak : 260℃ @ Lead-Free 제품	3Cycle • Peak : 240℃ @ SnPb 제품 • Peak : 260℃ @ Lead-Free 제품

(3) 리플로우(Reflow) 조건

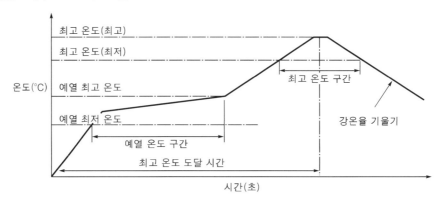

Profile Feature	Normal Product	Lead-Free Product
평균상승률	3℃/second max.	3℃/second max.
예 열	100~150℃ ; 60~120seconds	150~200℃ ; 60~180seconds
일정 온도 이상 유지 시간	183℃ ; 60~150seconds	217℃ ; 60~150seconds
최고 온도	235~240℃ ; 10~30seconds	255~260℃ ; 10~20seconds
강온율	6℃/second max.	6℃/second max.
최고 온도 도달 시간	6 minutes max.	8 minutes max.

(4) 수분 방치 시간대 전처리 시험 수준(Moisture Window Time vs. Preconditioning Test Level)

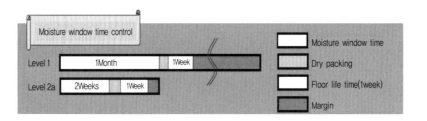

　고객이 실장 공정 가능 시간(Floor Life Time)(1Week) 이내에 실장(Mounting)을 할 경우 패키지 깨짐(Package Crack) 등의 문제가 발생하지 않도록 하기 위하여 번인(BI) 후부터 건조 포장(Dry Packing)까지의 기간을 관리하는 것이 수분 방치 시간 제어(Moisture Window Time Control)이다.

　따라서 JEDEC Level 2a를 만족하는 제품은 위의 그림에서 알 수 있듯이 2주로 관리하여야 하며 Level 1을 만족하는 제품은 1개월로 관리하여도 충분한 마진(Margin)을 갖는다.

semiconductor package

❘ JEDEC 수분 강도 ❘

레 벨	Floor life		흡습 요구			
			표 준		가속실험	
	시 간	조 건	시간(hours)	조 건	시간(hours)	조 건
1	무제한	≤30℃/85%RH	168	85℃/85%RH	–	–
2	1년	≤30℃/60%RH	168	85℃/60%RH	–	–
2a	4주	≤30℃/60%RH	696	30℃/60%RH	120	60℃/60%RH
3	168시간	≤30℃/60%RH	192	30℃/60%RH	40	60℃/60%RH

④ T/C(Temperature Cycling) 검사

(1) 목적

반도체의 갑작스런 온도 변화에 대한 적응력을 시험하기 위함이다. 반도체는 몇 개의 서로 다른 재료로 구성되어 있다. 이들의 재료는 각각 열팽창계수(CTE)가 다르기 때문에 열적 변화에 따른 팽창과 응축의 불일치로 인해 반도체의 불량이 가속된다.

(2) 스트레스 조건

조 건	요 소		모 듈
	TSOP	FBGA	
고 온	150℃	125℃	125℃
저 온	−65℃	−55℃	0℃
사이클	30min	30min	30min
기 간	1000Cycle	1000Cycle	1000Cycle
시료 수	116ea	116ea	5ea
기 준	LTPD 2%	LTPD 2%	LTPD 50%

⑤ PCT(Pressure Cooker Test)

(1) 목적

수분(Moisture) 환경에 대한 패키지의 내구성을 평가하기 위함이며, 특히 2기압의 압력을 인가하여 전기 전달체와 에폭시 봉지제(EMC) 사이로 습기를 쉽게 침투시켜 반도체 칩(Chip)의 금속 부식(Metal Corrosion)을 유발하고 이를 통해 패키지의 밀봉 특성을 평가하기 위함이다.

(2) 스트레스 조건

온도(℃)	습도(%)	압력(psig)	시 간	시료 수	기 준
121±1	100	2ATM(15±1)	240(−0, +8)	116ea	LTPD 2%

- 1ATM=14.7psi=760torr=1.013bar
- psig : Pounds per squqre inch(gauge pressure)
- psia : Pounds per square inch(atmosphere pressure)
- 15psig=2ATM

6 THB(Temperature Humidity With Bias) 검사

(1) 목적

고온 다습한 환경에서 열화 또는 습기로 인한 반도체 칩(Chip) 내부의 부식(Corrosion) 등 환경적인 결함 및 반도체에 인가된 전압에 의한 전기장(Electric Field)에 의해 내부에 존재하고 있는 불순물, 이온(Ion) 등으로 인한 트랜지스터(Tr.)의 전압 시프트(Vt Shift), 이로 인한 파라미터 드리프트(Parameter Drift) 등 전기적인 결함을 평가하기 위함이다.

(2) 스트레스 조건

온도(Dry bulb ℃)	습도(%)	시 간	시료 수	기 준
85±2	85±2	1000(−24, 168)	116ea	LTPD 2%

(3) 전압 인가 지침

① 칩 셀렉트 핀(Chip Select Pin)에는 반도체가 동작하지 않도록 전압을 인가
② 동작 최대 전압을 핀(Pin)에 인가
③ 스트레스 조건(Stress Condition) 시간 동안 연속적으로 전압을 인가

7 HAST(Highly Accelerated Temp. & Humidity Stress Test)

(1) 목적

고온다습한 환경에서 반도체의 신뢰성(Reliability)을 평가하기 위함이며, 패키지의 접합부를 통한 수분(Moisture)의 침투를 가속시키기 위해 온도, 습도, 바이어스(Bias) 등의 시험 조건을 강화시켰다.

※ THB와 시험 원리는 같고, 온도 및 압력 스트레스(Stress)를 강화시킨 것이다.

(2) 스트레스 조건

온도(℃)	습도(%)	시 간	시료 수	기 준
130±2	85±2	96(-0, 2)	45ea	LTPD 5%

(3) 전압 인가 지침

① 칩 셀렉트 핀(Chip Select Pin)에는 반도체가 동작하지 않도록 전압을 인가

② 동작 최대 전압을 핀에 인가

③ 스트레스 조건(Stress Condition) 시간 동안 연속적으로 전압을 인가

2 BGA, CSP 신뢰성

2-1 개요

정보통신의 급속한 발전과 함께 휴대전화, 노트북, 개인휴대정보단말기 등으로 대표되는 전자기기에는 더욱 더 소형, 경량화, 고기능화, 고속화가 요구되고 있다.

이러한 요구를 실현하기 위해서는 전자부품의 소형화, 고집적화 및 PCB 기판의 다층화, 배선(Pattern)과 배선 간의 미세화에 대한 대응, 솔더 페이스트(Solder Paste) 등의 생산성 재료, 실장 설비 및 운영 기술, 검사 기술, 불량 수리 기술 등 양품을 생산할 수 있는 고밀도 실장에 대한 전반적인 인프라 구축과 실장 요소 기술이 필요하다.

전자부품의 중추적인 역할을 하는 반도체 패키지 형태는 QFP나 SOP의 주류에서 패키지 크기 및 핀(Pin) 수, 패턴 미세화(Fine Pitch)에 대응해서 개발된 BGA나 CSP는 한층 더 높은 실장 밀도가 가능하여 거의 모든 전자기기에 급속도로 적용되고 있다.

BGA나 CSP는 고밀도 실장이 가능하다고 하는 장점 이외에도 그 구조도 고속응답이나 낮은 임피던스 등 양호한 전기적 특성을 가지고 있는 점에서 앞으로 더욱 보급이 확산될 것으로 전망되고 있다.

본 내용에서는 BGA나 CSP를 제품에 적용할 경우 참조할 사항과 이미 적용 중에 있는 실장 공정에서 생산할 때 필요한 중요 사항을 언급하고 요소 기술 및 공정별 검토한 내용과 신뢰성 향상을 위한 평가 결과를 소개한다.

실장(SMT) 요소 기술과 신뢰성

1 BGA, CSP의 특징 및 부품 선정 시 고려 사항

(1) BGA와 CSP 차이

BGA와 CSP는 같은 연장선상에 있는 패키지이다. 물론 부품 제조 방법이나 형태에 따른 분류도 있겠지만 가장 큰 차이점은 다음과 같다.

① 볼(Ball) 간 간격(Pitch)의 차이이다.
BGA는 1.0mm, 1.27mm, CSP는 0.8, 0.75, 0.5, 0.4mm 볼 간 간격으로 BGA보다 좁다.
② 반도체 칩(Chip)이 전체 패키지 대비 차지하는 비율로서, CSP의 경우 80% 이상을 차지하고 있다.

(2) BGA와 CSP의 부품 선정 시 고려 사항

QFP나 SOP와 마찬가지로 실장은 동일하고, QFP나 SOP에 비해 고밀도화가 가능한 패키지로서 소형, 박형, 고밀도이기 때문에 납땜 온도나 리플로우 솔더(Reflow Solder) 회수에 영향 받으며 습도나 실장 후 기계적 스트레스(Stress)에 약한 단점이 있어서 주의를 해야 한다. 또한 QFP나 SOP의 경우는 실장 후 변화가 적기 때문에 부품 단품으로 품질 보증이 가능하지만 BGA, CSP는 부품 단품만이 아니고 실장하면서부터 품질 보증을 고려해야 한다. 특히 납땜이 완료된 후에도 후 공정 작업(휨, 변형) 등 외부 스트레스를 많이 받으므로 주의가 필요하다.

납땜 후에도 QFP나 SOP의 경우는 외관상으로 납땜 불량 검사가 가능하지만 BGA나 CSP는 외관 검사가 안 되어 엑스레이(X-Ray) 검사나 전기적 접속 검사를 해야만 확인이 가능한 어려움이 있다. 일반적으로 설계자는 부품 승인 시에 전기적 특성만을 중요시하지만 BGA나 CSP의 경우는 부품 선정 시 반드시 다음의 사항을 고려해야 한다.

① 전기적인 특성
② 부품 외형 및 전극부 사양 : 외곽 사양, 볼(Ball) 평탄도, 볼 성분, 전극부 치수, 도금 성분, 도금 두께
③ 출하 검사 항목 및 기준(PCT, 열 충격 시험, 온도 Cycle, 고온 고습 등) : 볼(Ball) 초기 전단(Shear) 강도 및 열 충격 시험 후 전단 강도 변화량
④ 부품 관리[보관 방법, 흡수율, 베이킹(Baking) 조건 등]
⑤ 권장 솔더 리플로우 프로파일(Soldering Reflow Profile)
⑥ 열 충격 보장 회수(불량 수리 판단 기준, 부품의 재활용 결정 기준)
⑦ 코너부 더미 볼(Dummy Ball) 배치 유무

② PCB 기판 설계

일반적으로 설계 단계에서 제품의 신뢰성이나 제조 공정상에서 나타나는 전체 불량의 60% 이상이 발생한다고 할 만큼 설계는 가장 중요한 기술이다. 신뢰성이나 제조를 고려한 설계가 되었을 경우 제조 현장에서 발생되는 불량은 현저하게 줄어든다.

먼저 전기 단자 크기(Pad Size)의 경우 BGA, CSP 전극부 크기와 동일하게 하는 것이 장기 신뢰성에서는 가장 좋으나 공정 안정성을 좋게 가져가고 휴대형 제품과 같이 초기 접합강도를 요구하는 제품은 PCB 기판 측 전기 단자(Pad)가 큰 것이 좋다. 일반적으로도 적용되고 있다.

전기 단자 간 지나가는 배선 규정(Pattern Rule)은 전기 단자(Pad)의 면적을 크게 가질 수 있도록 하나의 배선(Pattern)으로 통일하는 것이 좋다. 솔더 레지스트(Solder Resist)는 일반적인 타입(Normal Type)을 많이 사용하며 전기 단자 크기보다 75~50μm 정도 크게 설계한다.

아래 그림은 볼 간 간격(Pitch)에 따른 일반적 전기 단자 크기 규정(Pad Size Rule)이다.

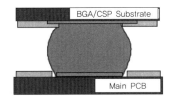

구 분	전기 단자 크기	솔더 레지스트
1.27mm	0.75ϕ	0.85ϕ
1.0mm	0.50ϕ	0.60ϕ
0.8mm	0.40ϕ	0.50ϕ

부품의 배치는 기계적 스트레스(Stress)가 적은 위치에 다음을 고려하여 배치해야 한다.
① 기판 내에서 휨의 발생이 어렵고 충격에 의한 영향이 적은 위치에 배치한다. 따라서, 휨이 많은 중심부, 나사부(Screw) 부위, 커넥터(Connecter) 부위는 피한다.
② 높은 부품, 열 공급을 많이 필요로 하는 부품 부위는 배치하지 않는다.
③ 양면 기판인 경우 BGA 밑면에는 대형 부품을 배치하지 않는다.
④ 연배열 PCB의 경우 휨 대책과 절단(Cutting)을 고려하여 설계한다.

③ 생산 공정에서의 부품 관리

일반 QFP나 SOP 경우에도 흡습이 되어 불량이 발생되는 부품들은 제습보관대와 챔버를 사용하여 흡습에 대한 특별 관리를 하듯이 BGA, CSP는 보관, 취급에 대해서 매우 엄격하게 관리를 해야 한다.

사용하기 위해서 진공 포장을, 개봉 후는 부품 제조회사의 권장 사항을 지켜야 하며 내부의 인디케이터(Indicator)를 확인하고 그 상태에 따라 사용하거나 베이킹(Baking) 처리 또는 필요에 따라서는 부품의 불량 검사 등을 결정해야 한다(다음 그림 참조).

포장 개봉 후 양품이나 베이킹 처리한 부품이 제조 현장에 투입되고 48시간이 지나면 다시 베이킹 처리해야 하므로 투입량과 시간 관리를 잘해야 한다.

사용 후 남은 부품이나 휴일 전 실장 장비(Mounter)에 남아 있는 BGA, CSP는 회수하여 습도 10% 이하의 제습보관대에 보관한다.

  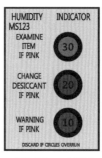 

‖ 양품 ‖ 　　　 ‖ 주의 요함 ‖ 　　　 ‖ Baking 처리 ‖ 　　　 ‖ 불량 검사 ‖

④ BGA, CSP 불량 사례

BGA, CSP 불량이 공정이나 시장에서 발생되는 현상의 대부분은 젖음성과 확산에 의한 불량과 기계적인 스트레스(Stress)에 의한 불량이 많다. 기계적인 스트레스에 의한 불량은 제조라인에서 발생되는 원인과 시장에서 발생되는 원인으로 나눌 수 있는데 먼저 제조라인에서는 실장(SMT) 완료 후 ICT에 의한 스트레스, 커넥터(Connecter) 삽입, 나사(Screw) 체결에 의한 불량과 완제품 상태로 시장에 출하 후 낙하 충격, 압축, 반복적 Key 조작 등으로 인해서 BGA, CSP 접속부에서 스트레스를 받아 발생하는 것이 있다.

이러한 불량은 제품 설계 단계에서 충분히 검토되어야 하나 대부분의 회사는 시장에서 불량이 발생한 후에 대책을 수립하는 실정이다.

Set 상태에서 불량이 발생하여 손가락으로 누르면 동작을 하고 떨어지면 불량이 발생하는 경우가 많은데 이러한 현상을 검사하기 위해 엑스레이(X-Ray) 장치를 이용하여 확인해 보면 90% 이상은 발견되지 않은 젖음성 불량이거나 미세한 깨짐(Crack)성 불량이다. 또한 엑스레이는 흑백으로 나타나고 접합부를 사실 그대로 볼 수 없어 프리즘을 이용한 내시경 카메라 접합부 확인 장치를 사용하여 외곽부 볼(Ball) 접합 상태를 보면서 엑스레이와 같이 사용하면 불량 원인 분석과 대응에 유용하다.

어떤 불량은 부품의 밑면 중심부가 부풀어 올라 솔더 볼(Solder Ball) 간 브리지(Bridge)가 발생할 수 있다. 부품의 배치와 공정 조건 및 제품의 휨이나 변형 등에 BGA, CSP가 어느 시점에서 단선(Open)이 발생하는지를 다음 그림과 같은 방법으로 시험할 수 있다.

설계자는 시험한 결과 데이터를 참조하여 부품 배치 및 사출물 설계에 참조하고, 현장에서는 리플로우(Reflow) 휨 대응에 그리고 후 공정에서는 수납 땜이나 커넥터를 삽입할 때 PCB 하면의 작업 지그(Jig)의 설계에 활용할 수 있다. 또한 휴대전화나 개인정보단말기 등 BGA, CSP가 탑재되어 있는 제품은 BGA, CSP 접합부에 대해 납땜 후 열 충격이나 낙하 충격에 대한 시장에서의 단선(Open) 불량 대책으로서 접합부에 언더필(Underfill) 수지를 충진하는 데 충진 유무에 대한 강도 및 단선 발생 비교 데이터를 아래의 방법으로 산출해 보면 언더필 데이터가 5배 이상 강하게 나타난다.

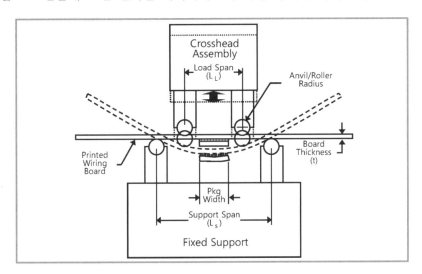

BGA, CSP 납땜 후 공정의 불량이나 부품의 불량을 확인하는 방법으로서 실장된 제품을 강제로 떼어내는 경우도 있다.

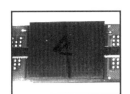

┃ SBM 전 Sub에 단품 실장 ┃ ┃ Aging 전 탈착실험 ┃ ┃ Aging 후 탈착실험 ┃

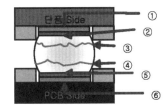

┃ 파단 형태 ┃

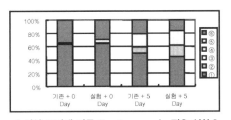

┃ 실험 조건에 따른 Fracture mode 점유 현황 ┃

위의 파단 형태(Fracture Mode)를 보면 ①, ⑥에서 박리가 되면 양호한 결과로 판단하고 ②, ⑤에서 발생하면 도금 상태를 확인해 볼 필요가 있다.

③, ④에서 파단 발생 시는 접합부에 깨짐(Crack)이 있었거나, 반대로 가장 좋은 접합(Joint)을 나타내는 양면성이 있다.

⑤ BGA, CSP 실제 불량 사례

구 분	현 상	원 인	대 책
1		단품 패키지를 MAP 카드 실장 시, 발생하는 응력보다 솔더 접합력이 낮아 발생	PKG Ball Land 확장 (400 → 430μm)
2		단품 패키지 실장 후 사용되는 외곽 접합 에폭시의 열팽창으로 솔더 접합부 분리 불량 발생 추정	• 외곽 집힙 빙식 변경 ('—'자 → dot) • PKG Ball Land 확장 (400 → 430μm)
3		A사 Video Card 제작 시 취급 부주의에 의한 접합부 응력 인가	• 리플로우 프로파일 변경 (Hynix 조건) • 취급주의 교육

⑥ 결론

BGA, CSP 생산 시 불량을 줄이기 위해선 부품에 대한 선정부터 활용, 관리 방법의 충분한 이해가 필요하다. 가장 중요한 요소인 신뢰성과 제조성을 좌우한다고 볼 수 있는 PCB 설계로 시장과 생산에서 발생할 수 있는 불량을 방지할 수 있어야 한다. 또한 부자 재의 선정 및 올바른 활용과 부자재와 설비와의 관계를 충분히 알고 공정의 조건을 설정 하는 것이 중요하다. 공정과 시장에서 발생할 수 있는 불량을 줄이기 위해 여러 각도로 평가 항목과 방법을 만들어 사전에 불량을 방지할 수 있도록 하여 경쟁력 있는 제품을 만들어야 한다. BGA, CSP에서 불량이 발생하면 쉽게 확인하고 검사할 수 있는 방법이 없어 SMT 제조에서는 많은 어려움을 겪고 있는 것이 사실이다.

향후 BGA, CSP 적용이 확대되고 0.5mm 이하의 볼 간격(Pitch) 제품도 나오므로 솔 더 접합(Solder Joint)에 대한 기술 확보가 중요한 경쟁력이 된다.

앞장에서 BGA 제품에서의 솔더 접합의 주요성 및 문제점을 살펴보았다.

다음에서는 솔더 접합 신뢰성 평가 방법 중 최근 각광을 받고 있는 기계적 충격 (Mechanical Shock)과 구부림 시험(Bending Test)을 소개한다.

또한 위와 같은 실험을 하기 위해선 패키지 단품을 PCB에 실장 평가해야 하는데, 이 때 필요한 것이 데이지 체인(Daisy Chain)이다.

2-3   데이지 체인(Daisy Chain)

데이지 체인은 기존의 단품 상태의 신뢰성을 확보, 메인 메모리(Main Memory), 그래픽 카드(Graphic Card) 및 PCB 레벨(Level)에서의 신뢰성 확보를 위한 보드 레벨(Board Level) 신뢰성 평가이다.

① 목적

PCB 기판과 패키지의 실장 신뢰성(Solder Joint Reliability)을 알아보기 위해서이다.

② 실험 방법

패키지 내부는 데이지 체인(Daisy Chain)용 선 접합(Wire Bonding)을 하고, PCB는 데이지 체인(Daisy Chain)용 배선(Pattern)으로 제작한다.

① 단품 패키지를 PCB 위에 실장한다.
② T/C를 돌린다(200cycle / 500cycle / 1000cycle …).
③ 저항값을 측정하여 절선 / 단락(Open / Short) 유무를 판단한다.

③ 시험 내용 및 조건

① T/C 조건 : 0~125℃ / −25~125℃ / −40~125℃ / −55~125℃ 등
② 환경 시험(5종류) : 굽힘 / 낙하 / 비틀기 / 진동 / 기계적 충격 실험

④ 데이지 체인 모형(Concept Schematic)

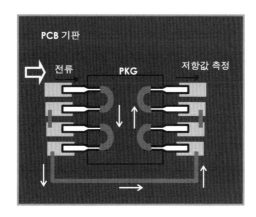

⑤ 데이지 체인 참고

(1) 데이지 체인 규격

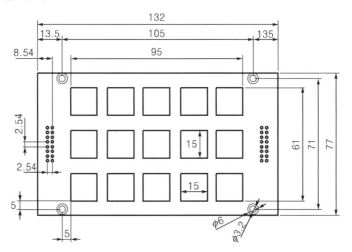

(2) 제조 사양

▮ 평가용 PCB 적층 재료 ▮

Board Layer	Thickness(microns)	Copper Coverage(%)	Material
솔더 마스크	20	–	LPI
Cu층 1	35	–	Copper
절연층 1–2	65	–	RCC
Cu층 2	35	–	Copper
절연층 2–3	130	–	FR4
Cu층 3	18	70%	Copper
절연층 3–4	130	–	FR4
Cu층 4	18	70%	Copper
절연층 4–5	130	–	FR4
Cu층 5	18	70%	Copper
절연층 5–6	130	–	FR4
Cu층 6	18	70%	Copper
절연층 6–7	130	–	FR4
Cu층 7	35	40%	Copper
절연층 7–8	65	–	RCC
Cu층 8	35	–	Copper
솔더 마스크	20	–	LPI

1. RCC : Polycland PCL–CF–400 12/35/35
2. FR4 : NELCON–4000–5 or Equivanlent

2-4 기계적 충격(Mechanical Shock)

① 목적

사용자의 부주의 및 작업 공정상 발생할 수 있는 기계적 충격(Mechanical Shock)에 대한 신뢰성 평가를 진행하여 외부 충격에 의한 내구성(Endurance) 향상 및 순간 충격 (Sudden Spike)에 대한 신뢰성 평가를 진행함에 그 목적이 있다.

낙하 시험(Drop Test)은 사용자의 환경이 다양하게 변화되고, 유텍틱 솔더(Eutectic Solder)에서 리드 프리 솔더[Lead Free Solder(Green Product)]로 변화되면서 많은 이슈에서 그 필요성이 확인되고 있다(고객 요청 등).

② 장비와 조건

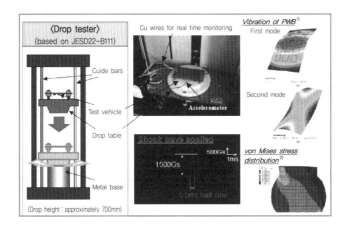

위의 그림과 같이 지지대(Metal Station)에 데이지 체인용 PCB(Daisy PCB)를 고정하고 해당 스트레스 레벨(Stress Level)에 따라 자유낙하시킨다. JEDEC 권장은 충격파 펙 (Peck) 1500Gs에 펙(Peck) 파형은 0.5ms이다.

③ 접합부 충격 평가

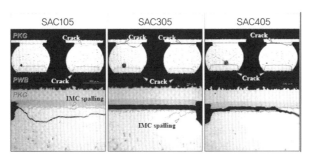

위의 그림과 같이 접합(Joint)부의 충격(Shock)에 대한 능력을 평가할 수 있다.

2-5 구부림 시험(Bending Test)

1 목적

보드 레벨 시험(Board Level Test)으로서 반도체 소자(Component)의 부서짐 강도 (Fracture Strength)를 평가한다. 이 실험의 목적은 실장된 부품이 어느 정도의 스트레스 (Stress)에 대응 가능한지 평가하고, 조립(Assembly) 시 보드 테스트(Board Test), 실장 시 휨, 운송(Shipping), 취급(Handling), 사용(Field Operation) 시 기계적 충격(Mechanical Shock) 에 대한 제품 능력을 평가하는 데 있다.

2 장치와 조건

장비는 만능시험기와 같이 일정 힘으로 일정 강하 속도 설정(Down Speed Setting)이 가능한 장비를 사용한다. 4지점 구부림 시험(4-Point Bend Test) 조건은 아래의 그림과 같이 PCB(Daisy)에 반도체 소자(Component)를 실장하고 강하 깊이(Down Depth)에 따 른 인장(Strain)값을 읽어 들인다. 어떤 제품이든지 부서짐 깊이(Fracture Depth)가 있다.

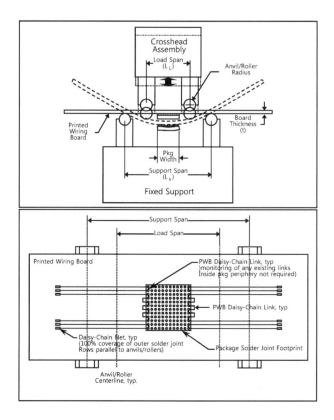

위의 그림과 같이 접합(Joint)부의 휨에 대한 능력을 평가할 수 있다.

③ 응용(Application)

(1) 인장 데이터(Strain Data) 구하기

아래 그림과 같이 인장 게이지(Strain Gage)를 부착하여 구부림 깊이(Bending Depth)에 따른 인장(Strain) 데이터를 구한다.

(2) 인장 대 구부림 깊이(Strain vs. Bending Depth)

구부림 깊이별 인장 데이터로부터 인장별 구부림 깊이 회귀식을 만든다.

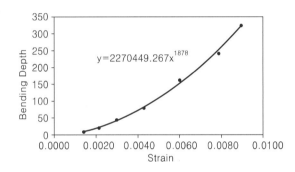

(3) 확률 플롯(Probability Plot)

인장(Strain)별 구부림(Bending)을 실시하면 샘플별 절선(Open) 발생(Solder Joint Crack 등) 산포를 갖는다. 이것을 확률도로 정리한다.

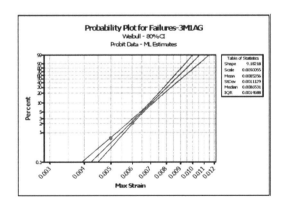

④ 결론

구부림 시험(Bending Test)은 실험 방법, 재료 표준 등이 JEDEC에 기준되어 있으나 능력값이 얼마 이상이어야 한다는 판정 기준은 표준화되어 있지는 않으며, 고객 또는 실험 평가자가 임의로 정하며 그 항목과 기준은 정형화되지 않고 있기에 지속적인 상관관계를 통한 향후 표준화를 고려한 검토가 필요한 항목이다.

M.E.M.O

Chapter

8

측 정

측 정

 웨이퍼 두께 측정

웨이퍼(Wafer)의 뒷면(Back Side)을 원하는 만큼 연삭(Grinding) 한 후 그 두께를 측정하는 것을 말한다.

크게 웨이퍼 마운트(Wafer Mount) 후 또는 백 그라인딩(Back Grinding) 후 측정하는 두 가지 방법이 있다.

1 웨이퍼 마운트(Wafer Mount) 후 측정하는 방법

‖ 웨이퍼 마운트 후 측정 모습 ‖

① 측정 장비
② 위의 그림과 같은 순서로 5지점을 측정한다.
③ 측정값＝(웨이퍼 두께 + 테이프 두께) – 테이프 두께

2 연삭(Grinding) 후 측정(Manual Thickness Gauge) 방법

‖ 웨이퍼 백 그라인드 측정 모습 ‖

semiconductor package

① 앞의 그림과 같이 1지점(Point)을 측정한다.

② **측정 위치** : 앞의 그림과 같이 플랫 존 레이저 마킹(Flat Zone Laser Marking) 부위 옆 더미 칩(Dummy Chip)부를 측정한다.

③ 라미네이션 테이프(Lamination Tape)가 부착된 상태에서 두께를 측정한다.

④ 두께 값이 상한치 또는 하한치에 가까울 경우(목표치±10μm) 추가 4지점(Point)을 측정하여 그 평균값을 기록한다.

② 전기 단자 크레이터링 검사(PAD Cratering Inspection)

선접합 공정 시 접합 지점에 가해진 과대한 에너지의 영향으로 본드 패드에 형성된 미세한 파손이 신뢰성에 지대한 나쁜 영향을 미친다. 형태는 옥사이드 층 밑의 실리콘 층이 손상되어 화산의 분화구처럼 보이며 조개빗살 모양을 띠는 검은 회색빛으로 나타난다.

❚ Bond Pad Crater ❚

❚ Bond pad peel off that led to ball lifting ❚

① 전기 단자 크레이터링(PAD Cratering) 발생 메커니즘

실리콘(Silicon) 뒷면 확산을 방지하고 절연체의 Si 돌기(Si-Nodules)를 형성하기 위해 알루미늄(Al) 배선을 하는 동안 1%의 실리콘(Si)이 입혀진다.

Si 돌기는 선 접합(Wire Bonding) 동안 본드 압력(Bond Force)에 의해 위 절연체에 손상을 주고 초음파 진동에 의해 더 크게 성장한다.

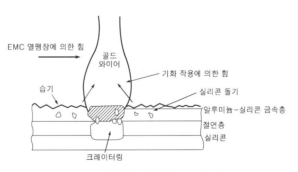

❚ 크레이터링 메커니즘 모식도 ❚

몰드 공정에서 EMC 수지는 습기를 흡수한다. 이 습기는 다이(Die) 표면으로 스며들어서 골드 볼(Au Ball) 주변에서 머물게 된다.

이 습기는 증발하게 되는데 이때 발생한 큰 내부 압력이 EMC 수지의 불일치로 인한 EMC 수지의 열팽창력과 함께 리플로우(Reflow) 공정 동안 골드 볼(Au Ball)에 가해진다.

위와 같은 결과로 커져 버린 Si 돌기에 의해 손상을 받았을 때 생겨 난 크레이터링(Cratering)은 골드 볼(Au Ball)을 들뜨게 한다.

semiconductor package

② 전기 단자 크레이터링 검사(PAD Cratering Inspection)

① 선 접합(Wire Bonding)을 한다.
② 금속층 에칭(Metal Layer Etching) : 왕수[3(HNO₃) : 1(HCl)] 또는 수산화나트륨용액(NaOH)에 담근다.
③ 옥사이드(Oxide)와 산화 막의 깨짐(Crack) 또는 변형 등을 검사한다.

③ 전기 단자 크레이터(PAD Cratering) 제거 방법

① 선 접합 온도 상향 조정
② 초음파 세기 하향 조정
③ 캐필러리 하강 속도 하향 조정

③ 볼 인장 / 전단 시험(Wire Ball Pull / Shear Test)

칩과 기판을 선 접합(Wire Bonding)법이나 솔더 볼(Solder Ball)을 리플로우(Reflow)해서 접속하였을 때 대두되는 중요한 문제가 바로 반도체 칩(Chip)의 전기 단자(Pad)와 볼(Ball), 혹은 UBM(Under Bump Metallurgy)과 솔더 범프(Solder Bump) 간의 접속 강도이다.

선 접합 혹은 솔더 범핑(Solder Bumping)된 시료들에 대해서 열적, 전기적으로 신뢰성 실험을 하고 난 후에는 접속된 금속의 계면(Au wire/Al pad, UBM/Solder)에서 반응이 일어나서 금속 간 화합물들이 형성된다. 이러한 금속 간 화합물들은 취성이 강해서 심하게 형성된 경우에 계면의 접속 강도를 떨어뜨리게 된다. 위 측정은 이러한 접속 강도를 측정할 수 있다.

솔더 범프가 형성된 시편을 테이블(Table)에 고정하고 일정한 힘(Load)과 전단 높이를 설정하여 볼 전단 실험을 수행하면 전단 툴(Stylus)이 범프를 밀어서 파괴를 발생시킨다. 이때 최대 5kg의 전단 강도까지 측정이 가능하다. 또한 볼 전단 시험뿐 아니라 카트리지(Cartridge)를 교체함으로써 선 인장 시험과 콜드 범프 인장 시험(Cold bump Pull Test)도 수행할 수 있다.

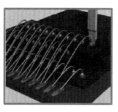

▮ 볼 전단 시험 ▮

▮ 와이어 인장 시험 ▮

① 볼 전단 시험(Ball Shear Test) 순서

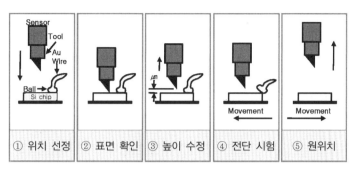

▌와이어 전단 측정 순서 ▌

본드 볼(Bond Ball)의 합금층 접합력을 확인하기 위해서는 아래 그림의 BPT 파단 모드(Mode)와 스펙(Spec) 값 두 가지를 만족해야 한다.

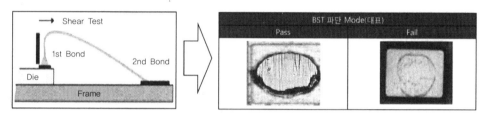

② 선 인장 시험(Wire Pull Test) 순서

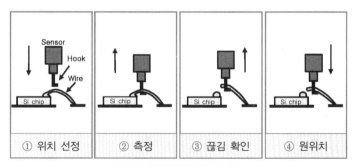

▌와이어 인장 측정 순서 ▌

볼 / 스티치(Ball / Stitch)의 접합력 및 루프(Loop) 이상에 의한 와이어(Wire)의 취약 여부를 확인하기 위해서는 아래 그림의 BPT 파단 모드(Mode)와 스펙(Spec) 값 두 가지를 만족해야 한다.

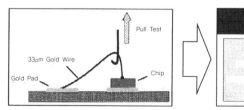
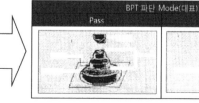

4 솔더 볼 인장 / 전단 시험(Solder Ball Pull / Shear Test)

1 의미

(1) 반도체 기판(Substrate)에 접착된 볼(Ball)을 수평으로 밀거나 수직 방향으로 당겨 볼이 반도체 기판에 어느 정도로 붙어 있는가(접착력)를 알아보는 시험이다.

볼 크기	기 준
0.45±0.02mm	Min 400grm
0.40±0.02mm	Min 300grm

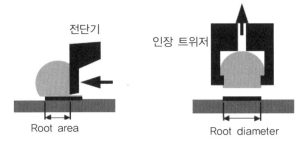

‖ 솔더 볼 전단/인장 시험 모식도 ‖

(2) Ball의 접합력 측정

① BPT(Ball Pull Test)

아래 BPT 파단 모드(Mode)와 스펙(Spec) 값 두 가지를 모두 만족해야 한다(파단 모드(Mode)는 대표 예시임).

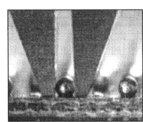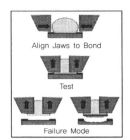

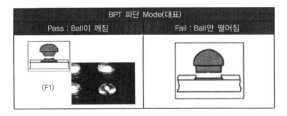

② BST(Bond Shear Test)

아래 BST 파단 모드(Mode)와 스펙(Spec) 값 두 가지를 모두 만족해야 한다(파단 모드는 대표 예시임).

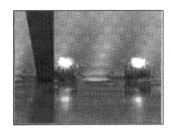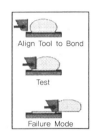

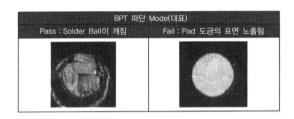

② **측정 방법**

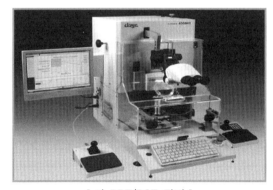

▌선 BPT/BST 장비 ▌

① 실시할 시험에 맞게 척(Chuck) 장착
② 전원 스위치를 ON(Enter키를 두 번 눌러 Test 준비 완료 상태를 만듦)
③ PC에 해당 프로그램 활성화 : 해당 Lot No와 조건 설정(한 번 조건 설정 시 Default로 저장됨)
④ 시험을 실시할 시료 장착
⑤ 현미경을 보면서 조이 스틱(Joy Stick)을 이용하여 시험을 실시할 볼로 이동
⑥ 시험할 볼로 이동 완료하였을 경우 설정 판넬의 로케이션(Location) 키를 누름.
⑦ 설정 판넬의 시작(Start) 키를 누름.
⑧ 엔터(Enter)를 눌러 다음 볼로 이동
⑨ ⑤~⑧번을 반복하여 원하는 볼 수만큼 시험 실시

5 접촉각(Contact Angle) 측정

(1) 접촉각 측정의 특징

일반적으로 접촉각 측정은 표면의 단원자층(Monolayer)의 변화도를 정밀하게 측정할 수 있고, 분석 방법이 단순하다. 또 짧은 시간에 원하는 정보를 재현성을 갖고 얻어 낼 수 있는 특징이 있다.

(2) 접촉각 측정기

접촉각 측정기는 연구 개발 및 제품 생산 시 시료의 접착성, 표면 처리의 여부, 특히 유기 박막 및 고분자 물질 표면의 화학적 성질을 규명하는 데 폭 넓게 쓰이고 있고, 임의의 용액의 표면장력을 측정하는 데 널리 사용되고 있다.

(3) 패키지 측정 부분

플라즈마 클리닝(Plasma Cleaning) 후 반도체 기판 및 리드 프레임(Substrate & Lead Frame)을 측정한다.

(4) 접촉각의 개념 및 측정 원리

접촉각이란 액체가 서로 섞이지 않는 물질과 접할 때 형성되는 경계 면의 각을 말하며, 특히 기체나 진공 상태에서 액체와 고체 간의 접촉각은 기체·액체·고체 간 표면에너지의 열역학적 평형을 이루는 것으로 알려져 있다.

예를 들면 기체 분위기에서 고체 표면에 번져 있는 액체는 고체 표면의 물리적 화학적 성질이 균일할 경우 그 접촉각은 어느 지점이나 동일하다. 이러한 접촉각은 계면의 연구 뿐만 아니라 접착(Adhesive), 코팅, 고분자 분야, 박막 기술, 표면 처리 등에서 매우 중요한 분석 기술로 활용되고 있다.

접촉각의 측정 방법은 접촉측각기에 의한 직접 측정, Tilting법, Neumann법, 모세관 이용법, Wes Burn 방법 등 여러 종류가 있다.

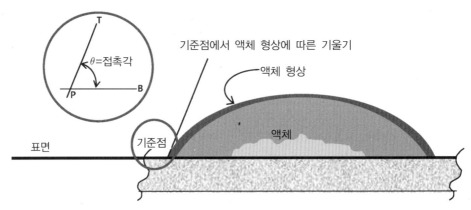

┃액적이 고체 표면에 접하는 경우의 고체·액체·기체 간의 계면에너지 평형도 ┃

앞의 그림에서 보는 바와 같이 액적이 고체 표면에 접하는 경우 액체와 고체 간에는 접촉각이 형성되며 그 열역학적 계면에너지의 평형관계는 아래와 같이 나타낼 수 있다.

$$\gamma_{sv} = \gamma_{st} + \gamma_{1v}\cos\theta_r \,(Young의\ 식)$$

위의 식이 만족하기 위한 필수 조건은 고체 표면에 놓인 액적의 각 계면이 열역학적으로 평형을 이룰 때이며, 이때 접촉각을 영(Young)의 접촉각이라 부른다.

따라서, 영(Young)의 식을 활용하는 모든 계산에 있어서 측정되는 실제의 접촉각은 꼭 영(Young)의 접촉각이어야 한다.

▌ 액적의 Dotting ▌

6 프로파일 프로젝트(Profile Project)

여러 가지 외관 측정에 따른 점, 선, 원, 호, 사각형, 평면 등의 이미지를 파인더(Finder)를 이용해 카메라가 분석한 다음 3차원 좌표를 읽어줌으로써 거리 및 높이 값을 계산하는 측정 장치이다.

다음은 프로파일 프로젝트(Profile Project) 측정 방법으로 TSOP Type Average Plane 측정을 기준으로 한 내용이다.

1 리드 높이 측정

① 패키지 상단 첫 번째 리드(Lead)의 높이를 기준점으로 설정한다.
② 패키지 리드 2개당 1회씩(Lead 개수/2) 자동 초점 파인더(Auto Focus Finder)를 이용하여 높이를 측정한다.
③ 패키지 표면(Surface)의 9지점과 리드에서 측정했던 지점을 포함, 평균값을 계산한다.

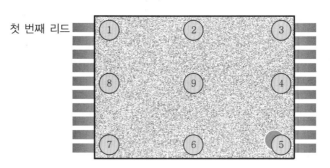

첫 번째 리드

┃기준점 설정 및 측정 포인트┃

② 패키지 높이 계산

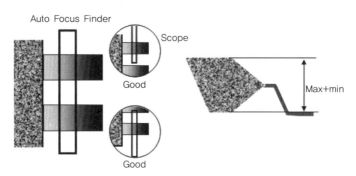

┃자동 초점 파인더를 이용한 높이 측정┃

③ 측정 방법

① 설정된 평균값(Average Plane)을 기준으로 리드(Lead)의 지점들과 패키지 표면의 지점들의 최대·최소값이 정해진다.

② 이들 값으로 패키지 휨(평탄도)값을 계산한 후 여기에 리드 두께(Lead Thickness) 를 더해 준다.

③ 높이(Height, H)=패키지 휨(Warpage)+리드 높이(Lead Height)

④ TSOP Type Average Plane 측정 방법의 특징

① 패키지의 각도(Angle) 및 평탄도(Coplanarity)에 무관하게 패키지 전체에 대한 높 이를 고려하므로 측정치가 비교적 정확하다.

② 패키지 휨 측정에 비해 측정 시간이 길고 리드가 없는 FBGA 종류는 본 방법으로 측정이 불가하다.

semiconductor package

7 엑스레이(X-Ray) 검사

1 엑스레이 검사의 의미

엑스레이(X-Ray) 검사는 엑스레이 침투력이 물질 형태나 두께에 따라 다르다는 사실을 이용한 것으로 이러한 차이점이 엑스레이 이미지를 만들어 낸다.

엑스레이를 이용하여 이물질, 파괴 정도, 선 접합 와이어(Bonding Wire)의 굴곡을 검사하거나 플라스틱 패키지 내부의 기포(Void) 등을 관찰할 수 있다.

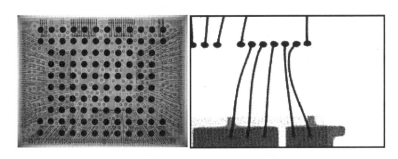

∥ X-Ray 이미지 ∥

2 엑스레이 검사의 장점

① 시료를 파괴하지 않고 시료 내부의 와이어(Wire), 리드(Lead), 기포(Void) 등을 관찰할 수 있다. 비교적 세부적이고 정확한 검사를 할 수 있다.

② 측정이 쉽고 시료에 손상을 주지 않는다(비파괴 검사).

③ 고배율 측정이 가능하다.

3 엑스레이 검사의 단점

① 이미지가 모두 투과되어 나타나므로 공간적인 정보를 알기 어렵다. 따라서, 여러 각도에서 측정하여 판단한다.

② 방사선이 인체에 유해하므로 주의하여 사용해야 한다.

③ 낮은 원자번호의 재료는 엑스레이(X-Ray) 투과율이 크므로 이미지 검출이 어렵다.

4 엑스레이 검사 후 불량 검출 사진

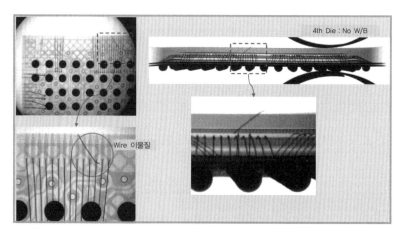

∥ X-Ray 검사 불량 사진 ∥

엑스레이는 주로 M/D 완료 후(EMC로 PKG 내부를 통합) 내부 와이어의 문제점 및 은 에폭시(Ag Epoxy)를 사용하는 제품의 내부 기포(Void)를 확인하기 위해 사용한다.

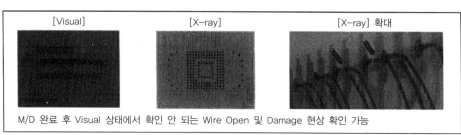

M/D 완료 후 Visual 상태에서 확인 안 되는 Wire Open 및 Damage 현상 확인 가능

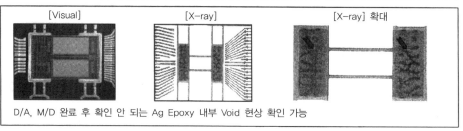

D/A, M/D 완료 후 확인 안 되는 Ag Epoxy 내부 Void 현상 확인 가능

8 초음파 비파괴 검사기

초음파를 이용한 비파괴 검사 장치로 반도체 수입 검사, 품질 검사, 신뢰성 검사에 사용된다. 내부 불량을 비파괴 검사함으로써 파괴 검사 시 발생할 수 있는 미세 불량의 손실을 방지하고 검사 후 양품의 재사용이 가능하다.

1 초음파의 특징

① 계면에서 반사한다.
② 공기층과 만나면 100% 반사한다.
③ 빛과 같은 직진성을 갖는다.

2 초음파의 장점

① 고감도이므로 미세한 결함 검출이 가능하다(검출 가능 불량 : 0.13μm).
② 결함의 크기, 위치, 방향, 모양을 정확하게 측정 가능하다.
③ 온라인(On-Line) 검사 가능 : 결함 검출 응답 속도가 빠르다.
④ 안전하다(인체에 무해).

3 초음파의 단점

① 표면이 거칠거나 기포가 많은 샘플은 검사가 곤란하다.
② 접촉 매질(액체)이 필요하다.
③ 숙련된 전문가가 필요하다(해결책 : TAMI).

4 검출 가능한 불량 종류

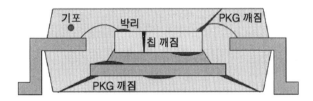

┃ 검출 가능한 불량 종류 ┃

① 계면 들뜸(Delamination)
② 패키지 깨짐(Package Crack)
③ 다이 깨짐(Die Crack)
④ 기포(Void)
⑤ 틸트(Tilt)
⑥ 이물질(Foreign Material)

5 SAT 검사 방법

(1) 펄스 반사법

① A-Scan법 : 오실로스코프에 나타난 파형으로 검사

② B-Scan법 : 수직으로 절단된 단면 검사

③ C-Scan법 : 각각의 접합면에 초점을 주어 단층 검사

④ TAMI-Scan법 : 반도체 내부를 31등분하여 검사

(2) 투과법

T-Scan법으로 초음파를 투과시켜 검사한다.

 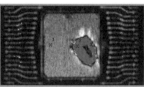 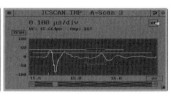

❙ T-Scan ❙   ❙ C-Scan ❙   ❙ A-Scan ❙

(3) SAT는 주로 M/D 완료 후(EMC로 PKG 내부를 봉합) 내부 박리(Delamination), 기포(Void), 깨짐(Crack)을 확인하기 위해 사용한다. 내부 박리 또는 기포를 확인하기 위해서는 T-Scan, C-Scan을, 깨짐(Crack)을 확인하기 위해서는 C-Scan을 사용한다.

[Visual]	[Normal]	[Adnormal]
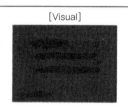		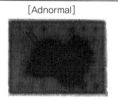
M/D 완료 후 Visual 상태에서 확인 안 되는 제품 내부의 박리(Delamination) 및 기포(Void) 확인 가능		

[Visual]	[Normal]	[Adnormal]
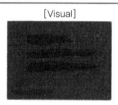	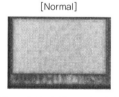	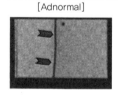
M/D 완료 후 확인 안 되는 내부 칩(Chip)의 깨짐(Crack) 상태 확인 가능(미세 Crack에는 제한적임)		

9 XRF(X-Ray Fluorescence) Spectroscopy

1 개요

비파괴 분석이 가능하며, 가벼운 원소인 붕소(B, 원자번호 5)에서 우라늄(U, 원자번호 92)까지의 전 원소를 수십 %에서 미량까지 신속, 정확하게 분석할 수 있다.

① 금속 또는 분말 시료의 경우 중요한 것은 비파괴 분석으로 시료 조제가 용이하다.

② 동시에 많은 원소의 분석이 가능하고 분석 시간이 짧다.

③ 재현성이 우수하여 분석자에 따른 오차가 적다.

④ 원자 흡수 분광법이나 유도 결합 플라즈마 분석법에 비하여 분석 비용이 저렴하다.

2 원리

① X−선관에 전압을 인가하여 연속 X−선을 발생시킨다.

② 이 연속 X−선을 이용해 시료에 쏘아 주면 시료의 원자들은 들뜨게 되고, 원자 주변에서 회전 중인 내부 전자가 궤도를 이탈하게 된다.

③ 이때 비어 있는 전자 궤도가 바깥 궤도에 있는 전자로 채워지면서 두 전자의 에너지 차에 해당하는 X−선 광자를 동시에 방출한다.

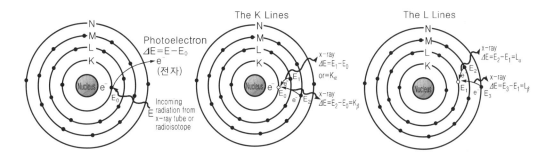

④ 모든 원소는 각각 다른 파장을 가지고 있으므로 이때 방출된 X−선 광자의 고유파장을 이용해 정성 분석, 파장의 강도를 이용해 정량 분석을 한다.

3 종류

(1) WD XRF(Wavelength Dispersive X-ray Fluorescence)

다원소 동시 분석, XRF 중에서 가장 양호한 분해 능력을 가진다. 경원소 분석이 가능(B, C, O)하고 기계적으로 복잡하다.

(2) ED XRF(Energy Dispersive X-ray Fluorescence)

다원소 동시 분석이 가능하고 양호한 분해 능력을 가지며 저전력, 기계적으로 단순하고, 액체질소를 사용한다.

(3) ND XRF(Non-Dispersive X-ray Fluorescence)

휴대성(Portable), 낮은 감도, 저전력(Low power source)의 특성을 지닌다.

⑩ Warpage 측정기

　레이저를 이용하여 기준면에서의 명암도 차이를 표현하며 이에 대한 높낮이 차이를 통해 휨 정도를 표시할 수 있는 측정 장비이다(Shadow Moire & Fringe Projection). 특히, 모바일 제품에 사용되는 POP 패키지 타입의 개발에 필수로 사용되는 장비이며, 주로 애크로메트릭스(Akrometrix) 장비가 대표적인 장비이다.

초보자를 위한 **전기기초 입문**

岩本 洋 지음 / 4 · 6배판형 / 232쪽 / 23,000원

이 책은 전자의 행동으로서 전자의 흐름 · 전자와 전위차 · 전기저항 · 전기에너지 · 교류 등을 들어 전자 현상을 물에 비유하여 전기에 입문하는 초보자도 쉽게 이해할 수 있도록 설명하였다.

기초 회로이론

백주기 지음 / 4 · 6배판형 / 428쪽 / 26,000원

본 교재는 기본서로서 수동 소자로 구성된 기초 회로이론을 바탕으로 가장 기본적인 이론을 엮었다. 또한 IT 분야의 자격증 취득을 위해 준비하는 학생들에게 가장 기본이 되는 이론을 소개함으로써 자격시험 대비에 도움이 되도록 하였다.

기초 회로이론 및 실습

백주기 지음 / 4 · 6배판형 / 404쪽 / 26,000원

본 교재는 기본을 중요시하여 수동 소자로 구성된 기초 회로이론을 토대로 가장 기본적인 이론과 실험으로 구성하였다. 또한 사진과 그림을 수록하여 이론을 보다 쉽게 이해할 수 있도록 하였고 각 장마다 예제와 상세한 풀이 과정으로 이론 확인 및 응용이 가능하도록 하였다.

공학도를 위한 전기/전자/제어/통신 **기초회로실험**

백주기 지음 / 4 · 6배판형 / 648쪽 / 30,000원

본 교재는 전기, 전자, 제어, 통신 공학도들에게 가장 기본이 되면서 중요시되는 회로실험을 기초부터 다져 나갈 수 있도록 기본에 중점을 두어 내용을 구성하였으며, 각 실험에서 중심이 되는 기본 회로이론을 자세하게 설명한 후 실험을 진행할 수 있도록 하였다.

기초 전기공학

김갑송 지음 / 4 · 6배판형 / 452쪽 / 24,000원

이 책은 전기란 무엇이고 전기가 어떻게 발생하는지부터 전자의 흐름, 전자와 전위차, 전기저항, 전기에너지, 교류 등을 전기에 입문하는 초보자도 누구나 쉽게 이해할 수 있도록 설명하였다.

기초 전기전자공학

장지근 외 지음 / 4 · 6배판형 / 248쪽 / 23,000원

이 책에서는 필수적이고 기초적인 이론에 중점을 두어 전기, 전자공학 및 이와 관련된 분야의 기초를 습득하고자 하는 사람들이 쉽게 공부할 수 있도록 구성하였다.

BM (주)도서출판 성안당

04032 서울시 마포구 양화로 127 첨단빌딩 3층(출판기획 R&D센터)
10881 경기도 파주시 문발로 112 파주 출판 문화도시(제작 및 물류)

TEL_02.3142.0036
TEL_도서:031.950.6300 I 동영상:031.950.6332

고광덕

학력
- 연세대 정경대학원 석사

경력
- 현대전자산업주식회사 전무
- SK하이닉스 중국 법인장
- Tai ji Semiconductor Co. 법인장

업적
- IR52 장영실상 수상(2008. 4.)
- 아름다운동행상 수상(2008. 5.)

반도체 패키지

2013. 1. 25. 초 판 1쇄 발행
2023. 9. 6. 2차 개정증보 2판 2쇄 발행

저자와의
협의하에
검인생략

지은이 | 고광덕
펴낸이 | 이종춘
펴낸곳 | **BM** (주)도서출판 **성안당**

주소 | 04032 서울시 마포구 양화로 127 첨단빌딩 3층(출판기획 R&D 센터)
10881 경기도 파주시 문발로 112 파주 출판 문화도시(제작 및 물류)
전화 | 02) 3142-0036
031) 950-6300
팩스 | 031) 955-0510
등록 | 1973. 2. 1. 제406-2005-000046호
출판사 홈페이지 | www.cyber.co.kr
ISBN | 978-89-315-3281-4 (13560)
정가 | 28,000원

이 책을 만든 사람들
기획 | 최옥현
진행 | 박경희
교정·교열 | 김혜린
전산편집 | 이지연
표지 디자인 | 박원석
홍보 | 김계향, 유미나, 정단비, 김주승
국제부 | 이선민, 조혜란
마케팅 | 구본철, 차정욱, 오영일, 나진호, 강호묵
마케팅 지원 | 장상범
제작 | 김유석